高等学校电子信息类专业
应用创新型人才培养精品系列

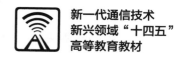

新一代通信技术
新兴领域"十四五"
高等教育教材

新一代互联网技术
与 IPv6+

卞佳丽 / 主编

朱仕耿 / 副主编

New Generation
Internet Technology
and IPv6+

U0191415

人民邮电出版社
北 京

图书在版编目（CIP）数据

新一代互联网技术与IPv6+ / 卞佳丽主编. -- 北京：人民邮电出版社，2024. --（高等学校电子信息类专业应用创新型人才培养精品系列）. -- ISBN 978-7-115-65387-1

Ⅰ. TN915.04

中国国家版本馆 CIP 数据核字第 202426ZJ22 号

内 容 提 要

本书是适应未来数（字）智（能）时代互联网络技术发展的新型富媒体教材，数字资源丰富，多种媒体展现形式，符合数字化时代自适应、研究性学习的特点。本书面向互联网前沿技术，聚焦新一代互联网和IPv6+技术，填补了国内相关领域教材的空白。全书共13章，包括三部分内容：第1部分是第1章，介绍数据通信网络基本概念、常见网络设备和组网方式、网络参考模型和端到端的数据传输过程；第2部分是第2~8章，讲解以IPv6为核心的互联网基础协议，内容涵盖IPv6基础协议、IPv6路由与以太网交换技术、IPv6网络安全，以及IPv4到IPv6的过渡技术；第3部分是第9~13章，重点介绍IPv6+的概念，分析数智时代的网络特色与需求，描述IPv6+核心技术的基本原理和应用场景，该部分涉及的IPv6+技术包括分段路由SRv6、网络切片、新型组播BIER和随流检测技术。

本书可作为高等学校计算机专业、通信专业、电子信息专业、自动化专业等相关课程的教材，也可供相关领域的科技人员参考使用。

◆ 主　　编　卞佳丽
　　副 主 编　朱仕耿
　　责任编辑　刘　博
　　责任印制　陈　犇
◆ 人民邮电出版社出版发行　　北京市丰台区成寿寺路 11 号
　　邮编　100164　电子邮件　315@ptpress.com.cn
　　网址　https://www.ptpress.com.cn
　　涿州市京南印刷厂印刷
◆ 开本：787×1092　1/16
　　印张：19　　　　　　　　　　2024 年 9 月第 1 版
　　字数：485 千字　　　　　　　2024 年 9 月河北第 1 次印刷

定价：79.80 元

读者服务热线：**(010)81055256**　印装质量热线：**(010)81055316**
反盗版热线：**(010)81055315**
广告经营许可证：京东市监广登字 20170147 号

序

伴随着社会需求的不断提高和技术的飞速发展，通信技术实现了跨越式发展，为信息通信网络基础设施的建设提供了有力支撑。同时，目前通信技术已经接近香农信息论所预言的理论极限，面对可持续发展的巨大挑战，我国对未来通信人才的培养提出了更高要求。

坚持以习近平新时代中国特色社会主义思想为指导，立足于"新一代通信技术"这一战略性新兴领域对人才的需求，结合国际进展和中国特色，发挥我国在前沿通信技术领域的引领性，打造启智增慧的"新一代通信技术"高质量教材体系，是通信人的使命和责任。为此，北京邮电大学张平院士组织了来自七所知名高校和四大领先企业的学者和专家，组建了编写团队，共同编写了"新一代通信技术新兴领域'十四五'高等教育教材"系列教材。编写团队入选了教育部"战略性新兴领域'十四五'高等教育教材体系建设团队"。

"新一代通信技术新兴领域'十四五'高等教育教材"系列教材共20本，该系列教材注重守正创新，致力于推动思教融合、科教融合和产教融合，其主要特色如下。

（1）"分层递进、纵向贯通"的教材体系。根据通信技术的知识结构和特点，结合学生的认知规律，构建了以"基础电路、综合信号、前沿通信、智能网络"四个层次逐级递进、以"校内实验-校外实践"纵向贯通的教材体系。首先在以《电子电路基础》为代表的电路教材基础上，设计编写包含各类信号处理的教材；然后以《通信原理》教材为基础，打造移动通信、光通信、微波通信和空间通信等核心专业教材；最后编著以《智能无线网络》为代表的多种新兴网络技术教材；同时，《通信与网络综合实验教程》教材以综合性、挑战性实验的形式实现四个层次教材的纵向贯通；充分体现出教材体系的完备性、系统性和科学性。

（2）"四位一体、协同融合"的专业内容。从通信技术的基础理论出发，结合我国在该领域的科技前沿成果和产业创新实践，打造出以"坚实基础理论、前沿通信技术、智能组网应用、唯真唯实实践"四位一体为特色的新一代通信技术专业内容；同时，注重基础内容和前沿技术的协同融合，理论知识和工程实践的融会贯通。教材内容的科学性、启发性和先进性突出，有助于培养学生的创新精神和实践能力。

（3）"数智赋能、多态并举"的建设方法。面向教育数字化和人工智能应用加速的未来趋势，该系列教材的建设依托教育部的虚拟教研室信息平台展开，构建了"新一代通信技术"核心专业全域知识图谱；建设了慕课、微课、智慧学习和在线实训等一系列数字资源；打造了多本具有富媒体呈现和智能化互动等特征的新形态教材；为推动人工智能赋能高等教育创造了良好条件，有助于激发学生的学习兴趣和创新潜力。

尺寸教材，国之大者。教材是立德树人的重要载体，希望以"新一代通信技术新兴领域'十四五'高等教育教材"系列教材及相关核心课程和实践项目的建设为着力点，推动"新工科"本科教学和人才培养的质效提升，为增强我国在新一代通信技术领域竞争力提供高素质人才支撑。

费爱国

中国工程院院士

2024.6

当今，数字化已经成为全球主旋律，数字经济对世界的影响比以往任何时期都显著。随着全行业数字化的加速发展，数据通信网络这一关键基础设施变得越发重要，也面临更多的需求与挑战，互联网协议向第6版（IPv6）演进成为必然趋势。为实现新一代互联网全面融入经济社会各领域，IPv6规模部署成为我国的国家战略，未来国家建设迫切需要掌握IPv6核心技术、熟悉新型互联网知识、具有未来互联网分析设计能力的网络人才。

IPv6+是基于IPv6的创新与升级，包括网络技术体系创新、智能运维体系创新及网络商业模式创新。IPv6+为各商业场景下的运营商和企业提供了高度自动化、智能化的网络，用以提供海量连接并灵活承载多种业务。IPv6+的技术体系创新包括SRv6分段路由、网络编程、网络切片、确定性转发、随流检测、新型组播等新型网络协议，以及网络分析、网络自愈、自动调优等网络智能化技术，在广连接、超宽带、自动化、确定性、低时延和安全可信六个维度全面提升IP网络能力。

当前，世界高等工程教育面临新机遇、新挑战，我国高校正加快建设和发展新工科，但是，高校网络类课程重点关注IPv4和IPv6的通用技术与理论，侧重原理和协议，未能聚焦IPv6+新技术，特别是在课程实验环境复杂度、与互联网产业结合的紧密度等方面有待进一步提升。因此，高校迫切需要在本科高年级和研究生阶段开设IPv6和IPv6+相关课程，与数据通信产业领军企业深度合作，开展相关实验内容与实验案例建设，使学生学习和掌握产业界最新的解决方案、组网架构及技术应用等，培养学生解决互联网领域复杂工程问题的能力，为学生今后从事互联网的设计和课题研究工作奠定基础。

本书具有以下特色。

（1）内容面向前沿技术，填补国内相关教材领域空白

本书以IPv6网络原理与协议为基础，强调新一代IPv6网络的核心协议与典型应用，同时聚焦IPv6+新技术、新协议，关注互联网的发展趋势，内容涵盖了分段路由SRv6、网络切片、新型组播BIER和随流检测等新技术应用。

（2）产教融合紧密，注重场景化教学

本书内容结合数据通信网络部署现状，选择网络中使用普遍、设备支持广泛的技术和协议进行介绍。知识描述注重场景化教学，通过实际生产环境中的典型场景描述网络解决方案、组网架构设计和网络技术应用。本书在描述技术及协议的工作原理时，也结合了大量场景化示例进行介绍，有助于读者加深理解。

（3）理论与实践相结合，培养工程实践能力

本书的主要章节配置了相应的实验，实验内容涵盖IPv6基础配置，IPv6无状态地址自动配置，DHCPv6、OSPFv3、IS-IS IPv6基础配置，IPv6路由综合实践，IPv6以太网多层交换配置，IPv6过渡技术等。实验类型多样，既有观察验证型实验，也有配置设计型实验，有利于培养学生理论与实践应用相结合，识别并解决互联网中的复杂工程问题的能力。

（4）富媒体教材，数字资源丰富

本书除了纸质教材外，还提供多种配套的富媒体资源，包括现网设备照片、知识讲解视频、扩展阅读资料等，符合数字化时代泛在学习、个性化学习和研究性学习的特点。

本书前8章的授课课时约为26课时（含18课时理论知识和8课时实验），IPv6+ 技术的授课课时约为6课时，教师可以根据需要选择1 ～ 2个IPv6+ 技术专题重点讲解。

本书由北京邮电大学和华为技术有限公司共同完成，华为技术有限公司负责提供实验案例和技术资料。北京邮电大学卞佳丽、张冬梅、程莉、龚向阳，华为技术有限公司朱仕耿、李伟、刘晓霞、张皖、刘肖肖、王璇、刘淑英、张亚伟、段方红等参与了本书的编写、校对和整理工作。借本书出版的机会，编者衷心地感谢华为技术有限公司王雷、赵志鹏、吴局业、杨加园、孙建平、孟文君、文慧智、王林玉、熊裕华等领导和专家一直以来的支持和帮助！

参与本书编写的人员虽然有多年教学经验、科研经验或ICT（信息与通信技术）从业经验，但书中疏漏之处在所难免，敬请读者批评指正。

编者

2024 年 9 月

目　录

第 8 章

IPv6过渡技术

第 9 章

IPv6+技术概述

第 10 章

IPv6+分段路由

第 11 章

IPv6+网络切片

第 12 章
IPv6+新型组播

第 13 章
IPv6+随流检测

附录
英文缩写词

第 **1** 章

数据通信网络基础

当今世界，随着社会的数字化，数据已成为新的关键生产要素，人与人之间、物与物之间、人与物之间的通信需求已经成为刚需，而数据通信网络便是满足上述需求的重要基座。本书所介绍的数据通信网络是由多种不同类型的网络设备、终端设备等构成的基础设施，它能满足各种通信需求。在数据通信网络中，计算机是较常见的终端类型之一，因此数据通信网络也常被称为计算机网络。

在开始学习IPv6与IPv6+之前，我们首先需要掌握关于数据通信网络的基础知识。如图 1-1 所示，数据通信网络相当于数字世界的快递系统，而IP（Internet Protocol，网际协议）是数据通信网络的核心协议。数据通信网络一方面连接海量终端；另一方面支撑各种智慧化的应用，把智慧和算力输送到万物，为社会的数字化源源不断地提供动能。

图 1-1　数据通信网络是千行百业数字化的重要基座

1.1 数据通信网络概述

1.1.1 数据通信网络的定义

本书所介绍的数据通信网络是指用于实现数据交互及信息互通的、以IP协议为核心的网络。数据通信网络由各种不同类型的数据通信设备构成，包括但不限于路由器、交换机、防火墙、无线接入控制器、无线接入点等。这些设备有机结合在一起，构成一个完整的网络，一方面连接各种类型的终端（如个人计算机、手机及应用服务器等），另一方面连接提供各类服务的应用（如办公系统等），从而满足用户需求。当然，随着数字化技术的发展，除了个人计算机等常见的终端设备外，越来越多的其他电子化设备也接入了数据通信网络，如各种类型的物联网（Internet of Things，IoT）传感器、IP摄像头、智能手环等，而随着企业上云的加速，网络的另一个重要作用也日益凸显，即连接海量终端及各种类型的云（Cloud）。

说明：企业上云是指企业通过网络，将企业的基础设施、应用系统（如办公或生产系统等）部署到云端，利用网络便捷地获取云提供的计算、存储、协作等服务。在企业上云的过程中，企业将业务及应用等从本地部署到了云端，这个过程不仅改变企业的作业方式，也改变网络架构、网络流量模型、网络安全边界等。企业上云后能够充分利用云计算的灵活性、高可靠性、高可扩展性、易获取、易升级等优势，降低技术开发成本、部署及管理运维成本、信息化建设成本，提高资源配置效率，促进共享经济发展。

1.1.2 数据通信网络的类型

根据网络的位置和功能的不同，我们可以将整个数据通信网络大致分为以下三类网络（见图1-2）。

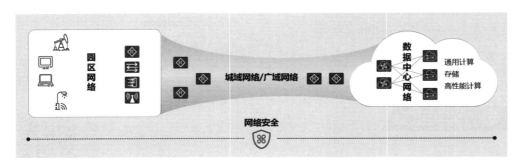

图 1-2　数据通信网络

1．园区网络

园区网络（Campus Network）覆盖各种类型的园区，如校园、企业办公园区、工业园区、商业超市等，是连接物理世界与数字世界的桥梁。园区网络可以理解为一类典型的局域网。

2．数据中心网络

数据中心网络（Data Center Network）是承载数据中心业务的基础设施，可以满足数据中心内部计算单元之间的通信需求，也可以满足数据中心内部计算单元和外部网络之间的通信需求。数据中心网络服务于应用、计算资源和存储资源。

3．城域网络/广域网络

城域网络通常用于将不同地理位置的园区连接起来，也能实现园区与同城的数据中心之间的连接。广域网络能连接多个地区、城市或国家，也可以横跨几个洲并提供远距离通信，形成国际性的远程网络。在典型的组网场景中，一个省可以构建自己的广域网络来连接该省内各城市的城域网络，进而构成一个大规模的网络，而每个城市可以构建自己的城域网络，将本城市内分散在各地的园区网络连接起来。

值得一提的是，网络安全体现在园区网络、数据中心网络、城域网络及广域网络的方方面面，需要端到端考虑。网络安全是稳固数据通信网络的关键，是数据通信网络得以发挥应有作用的重要基础。严格地说，网络安全并不特指单一的技术或产品，而是通过一系列科学的方法、技术、协议及产品等保护网络系统不受内部、外部威胁与侵害，使得数据通信网络的软件与硬件正常工作。

说明：运营商数据通信网络与企业数据通信网络在典型架构上有所不同，本节以企业数据通信网络为例进行介绍。中小型企业涉及较多的技术领域是园区网络、数据中心网络，它们通常向 ISP（Internet Service Provider，互联网服务提供商）购买广域网络专线，或者 Internet 接入服务及链路，从而实现企业分支站点之间的连接、企业站点与数据中心网络之间的连接，或者实现企业网络接入 Internet 等。中小型企业对城域网络、广域网络的感知并不明显，因此为了简单起见，我们也将企业分支站点之间、企业与 Internet 之间、企业与数据中心网络之间的网络部分统称为广域网络。相较于中小型企业，拥有较多分支站点的超大型企事业单位，如政府部门、金融机构等，往往通过自建广域网络的方式为分支站点提供站点互连及接入数据中心的连接服务。

1.2　常见的网络设备与组网

数据通信网络由路由器、交换机、防火墙、无线接入控制器、无线接入点，以及主机（Host）、网络打印机、服务器等设备构成，其基本功能是实现设备之间的数据交互。

数据通信涉及园区网络、广域网络、数据中心网络及网络安全等多个技术领域，如图 1-3 所示。首先看园区网络。园区网络作为园区的重要基础设施，为园区的数字化、信息化提供统一的平台。园区的种类多种多样，如企业办公园区、校园、产业园区、社区、超市等，园区网络首先接入园区内不同类型的终端，其次连接园区本地应用服务器及网络出口，为园区的内部通信，以及园区与外部的通信提供重要的基础。不同的园区，接入终端的类型和数量、所承载的业务类型、面积及环境、服务对象（如员工、访客等）等方面均存在差异，园区网络的架构和方案选择也存在较大差异。以较简单的家庭网络为例，通常终端设备的接入方式以无线（Wi-Fi）为主、有线为辅，而且终端数量较少，因此可用一台无线路由器（Router）充当家庭网关（Gateway），连接终端设备和 Internet 链路。对于小型门店，其面积往往较小，接入的终端数量也不多，因此也可以部署一台网络设备来提供网络服务，如路由器或无线 AP（Access Point，接入点）等，如果对网络安全要求较高，则可选用防火墙（Firewall，FW）。某些便利店或超市内除了使用 Wi-Fi 接入的 PC（Personal Computer，个人计算机）、手机、无线扫码枪等，还可能存在 ESL（Electronic Shelf Label，电子价签）等物联网终端，电子价签通常基于 RFID（Radio Frequency Identification，射频识别）技术实现，此时可以在门店内部署物联网 AP 并搭载 ESL

插卡，通过AP本身提供Wi-Fi接入服务，通过AP搭载的ESL插卡与电子价签通信，使用无线信号刷新电子价签上的商品价格，方便快捷。对于高校而言，校园网用于满足校园信息化、智慧教育等需求。由于场景丰富（如存在教学楼、宿舍楼、报告厅、操场、实验室、图书馆等）、用户规模大等特点，校园网往往采用层次化的组网架构，由多级交换机（Switch）组网实现对校园的广泛覆盖。随着无线化的加速，校园网往往需要满足用户在校园内移动时的无线漫游需求，因此Wi-Fi信号的覆盖需要是连续的、无盲区的，此时就需要部署较多的AP来保证良好的无线漫游体验，而这些AP都统一通过一台设备进行管理和控制，它便是WAC（Wireless Access Controller，无线接入控制器）。

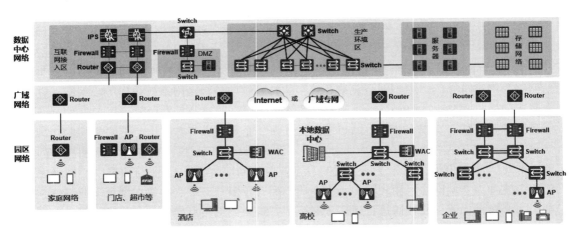

图 1-3　园区网络、广域网络与数据中心网络

广域网络可以将不同地理位置的园区网络连接起来，也能实现园区网络与数据中心之间的连接。Internet是全球较大的广域网络之一，企业可以向ISP购买Internet接入链路，从而将企业园区网络接入Internet，使园区中的用户能够访问Internet上的海量资源。除此之外，政府与企业为了满足业务需要也建设了大量的专用广域网络，如金融骨干网、电子政务网、铁路综合数据网等。以金融行业为例，典型的金融企业拥有大量的分支、网点及数据中心，通过金融广域骨干网络可以对它们进行连接。在广域网络中，较关键的设备之一便是路由器，作为网络的骨干设备，它们通常需要支持大带宽、高可靠性等。当前，越来越多的企业加快了上云的节奏，甚至选择公有云、私有云和混合云的多云接入方式，而广域网络作为连接企业与云的核心管道，已经成了加速千行百业数字化转型的关键。

数据中心是提供计算和存储能力的重要引擎，数据中心通常包含服务器、存储、各种网络设备，以及与之配套的环境控制设备、监控设备、安全设备等。数据中心网络是承载数据中心业务的基础设施，一个典型的数据中心网络往往包含多个分区。与生产业务息息相关的设备部署在生产环境区。此外，数据中心还可以设置测试环境区，用于业务测试及验证等。DMZ（Demilitarized Zone，非军事区）可以放置需要对外提供网络服务的设备，如Web服务器、文件服务器等。互联网接入区则是专门用于满足数据中心与Internet通信需求的分区，包含不同类型的安全设备，如入侵防御系统（Intrusion Prevention System，IPS）、防火墙等。作为流量汇聚、转发的核心，数据中心交换机在整个数据中心网络中起着举足轻重的作用，使用数据中心交换机可以构成一个可扩展的网络，实现不同业务分区的连接，并连接海量服务器。

1.2.1 园区交换机

园区交换机是园区网络中较常见的设备之一，在绝大多数园区网络都能看到它们的身影。此处的园区交换机指的是使用以太网（Ethernet）技术的交换设备。园区交换机的主要功能如下。

（1）组建园区网络，实现终端设备（PC、打印机、服务器等）的接入。

（2）学习与每个接口相连设备的MAC地址，并维护MAC地址表。

（3）实现以太网数据帧交换。

（4）实现终端设备的准入控制。

使用园区交换机可以组建一个园区网络，小型的园区网络中终端数量较少，一台交换机即可满足需求，如图1-4所示。交换机支持一定数量的以太网接口，PC、打印机、服务器等终端设备通过网线连接在交换机的接口上，从而实现通信。当然，一台交换机所提供的接口数量毕竟有限，随着园区规模变大、终端设备增多，就需要多台交换机共同组网来连接所有的终端设备。从单台交换机的角度看，交换机的基

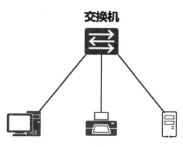

图1-4 认识园区交换机

本功能就是实现数据交换，即从一个接口收到数据，经过相关表项查询后从其他接口将数据转发出去，使连接在不同接口上的设备能够通信。除此之外，交换机还能实现终端设备的准入控制等功能。

CloudEngine S系列交换机是面向园区领域的交换机产品，支持丰富的敏捷特性，广泛应用于企业办公园区、运营商、高校、政府等场景。图1-5所示为CloudEngine S园区交换机。盒式园区交换机所拥有的接口数量往往是固定的，部分盒式园区交换机带有扩展槽，允许用户订购所需的扩展板卡插入，在固定接口的基础上获取增量服务。常见盒式园区交换机的高度通常为1U～2U（1U=44.45mm）。框式园区交换机则更加强调模块化和可订制，通常整机主体为一个机框，机框本身提供多个槽位（Slot），用户可根据业务需要选择相应的板卡安装到槽位中。框式园区交换机可扩展安装主控板、业务板、交换网板、电源模块、监控板等器件。

（a）CloudEngine S盒式园区交换机
（以CloudEngine S5755-H系列交换机为例）

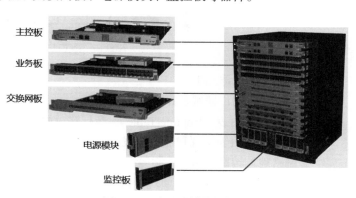

主控板
业务板
交换网板
电源模块
监控板

（b）CloudEngine S框式园区交换机
（以CloudEngine S12700E-8交换机为例）

图1-5 CloudEngine S 园区交换机

（1）主控板：交换机系统的控制和管理核心。

（2）业务板：存在多种不同的类型，如GE接口板、GE/10GE混合速率接口板、10GE接口板、

25GE接口板、40GE接口板、40GE/100GE混合速率接口板、100GE接口板等。

（3）交换网板：交换机系统的数据交换核心，主要实现各业务模块之间的业务交换功能，提供高速、无阻塞的数据通道。

（4）电源模块：交换机系统的供电模块。

（5）监控板：对设备的电源模块和风扇模块进行监控和管理。

说明：GE（Gigabit Ethernet，千兆以太网）接口支持的最大速率为1000Mbit/s。10GE接口也称为万兆接口，支持的最大速率为10000Mbit/s。25GE接口、40GE接口及100GE接口支持的最大速率分别为25Gbit/s、40Gbit/s和100Gbit/s。此外，业界还存在一种MultiGE接口，MultiGE接口是一个支持100/1000/2500/5000/10000Mbit/s多种速率的以太网接口。

1.2.2 路由器

通过交换机可以组建一个LAN，并连接LAN内的终端，这些终端默认属于同一个广播域（Broadcast Domain），通常也属于同一个IP网段，终端之间可直接通信。此外，如若某个终端发出广播，那么同一广播域内的其他终端都将收到这个广播。如图1-6所示，通过路由器可以连接不同的LAN、不同的IP网段，使不同LAN及不同IP网段的终端能够通信。

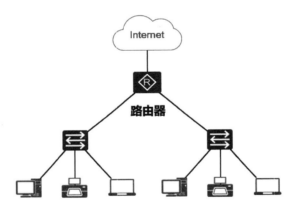

图1-6　认识路由器

路由器的主要功能如下。

（1）连接不同的广播域及IP网段。

（2）维护IP路由表（Routing Table），运行路由协议并发现数据转发路径（路由信息）。

（3）根据IP路由表实现IP报文转发。

（4）网络地址转换、访问控制等。

根据应用场景与定位的不同，路由器也可分为多种类型，如接入路由器（也可称为企业网关）、城域路由器、广域路由器或骨干路由器等。

在实际应用中，在一个园区网络的出口处，路由器的部署是常见的，此时路由器作为园区的出口网关，用于将园区网络连接到Internet或广域专网，也用于实现企业分支站点之间的广域互连；而在城域网络或广域网络中，路由器也被广泛应用，它们作为承载业务数据的关键设备，需要实现数据的高速转发。图1-7所示为NetEngine路由器。

（a）NetEngine AR接入路由器
（以NetEngine AR6700系列路由器为例）

（b）NetEngine城域路由器
（以NetEngine 8000系列路由器为例）

图 1-7　NetEngine 路由器

1.2.3　数据中心交换机

在云数据中心，服务器、存储设备、网络及应用等实现了虚拟化，用户可以按需调用各种资源。通常，数据中心网络包含数据中心交换机、防火墙、负载均衡器、入侵防御系统等设备，其中数据中心交换机用于连接包括服务器、存储设备在内的各种设备，这些设备由网络管理员基于不同的业务需求划分到不同的数据中心业务分区中，如生产环境区、测试环境区等。数据中心交换机可以实现不同业务分区的连接，以及将业务分区连接到互联网接入区、园区网络接入区及广域网络接入区等，如图 1-8 所示。

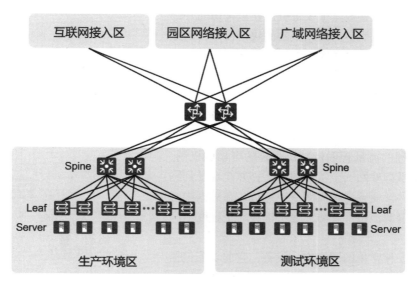

图 1-8　认识数据中心交换机

目前，数据中心网络大多采用基于 Clos 架构的两层 Spine-Leaf 架构（叶脊网络架构）。每个叶子（Leaf）交换机的上行链路数等于脊骨（Spine）交换机数，每个 Spine 交换机的下行链路数等于 Leaf 交换机数。在该架构中，Spine 交换机和 Leaf 交换机之间以全网状方式连接。Leaf 交换机直接连接物理服务器（Server），而Spine交换机则是整个网络的转发核心。Spine交换机和Leaf交换机之间通过等价多路径实现多路径转发。Spine-Leaf架构具有支持无阻塞转发、弹性和可扩展性好、网络可靠性高等优势。

图1-9所示为CloudEngine数据中心交换机。

（a）CloudEngine盒式数据中心交换机
（以CloudEngine 6800系列交换机为例）

（b）CloudEngine框式数据中心交换机
（以CloudEngine 16800系列交换机为例）

图1-9　CloudEngine 数据中心交换机

1.2.4　防火墙

在数据通信网络中，安全是在满足连通性需求的同时必须考虑的要素之一。以园区网络为例，网络中的终端设备或其他关键资产在正常访问外部网络的同时往往也成为各类网络威胁的攻击目标，因此网络需要具备威胁检测与防御功能。防火墙可以作为网络的边界防护设备对内部网络（内网）进行安全防护，如图1-10所示。数据中心的核心功能是对外提供网络服务，因此保证外部网络（外网）对数据中心服务器的正常访问极其重要，这不仅要求边界防护设备拥有强大的处理性能、合理的流量管理机制及完善的可靠性机制，还需要其具备抵御外网安全威胁的功能，并能在受到网络攻击时仍然保证业务持续无间断地运行。在数据中心出口处或安全资源池中部署防火墙可以在一定程度上满足上述需求。

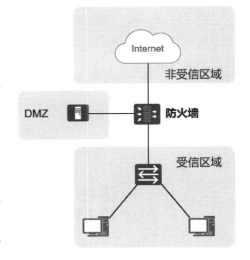

图1-10　认识防火墙

防火墙是一种常见的网络安全设备，它的功能包括但不限于以下几项。

（1）隔离不同安全级别的网络。

（2）实现流量控制（安全策略配置、带宽管理、智能选路等）。

（3）实现安全防护（入侵防御、反病毒、抵御DDoS攻击、URL过滤、内容过滤、应用行为控制等）。

（4）实现用户管理（接入认证等）。

（5）实现数据加密及虚拟专用网业务。

（6）执行网络地址转换及其他安全功能。

图1-11所示为HiSecEngine USG防火墙。

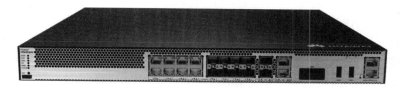

图 1-11　HiSecEngine USG 防火墙

1.2.5　WAC 及 AP

WLAN（Wireless Local Area Network，无线局域网）是一种无线计算机网络，使用无线信道代替有线传输介质连接两台或多台设备形成一个局域网，典型部署场景如家庭、校园或企业办公楼等。WLAN是一个网络系统，而我们常说的Wi-Fi是这个网络系统中的一种技术。所以，WLAN和Wi-Fi之间是包含关系，WLAN包含了Wi-Fi。在本书后续内容中，除非特别强调，否则WLAN指的是Wi-Fi。

在WLAN组网中，基本元素包括无线工作站（Station，STA）及AP，STA指的是支持IEEE 802.11标准的终端设备，如带Wi-Fi网卡的计算机、支持Wi-Fi功能的手机等。AP则为STA提供基于IEEE 802.11标准的无线接入服务，起到有线网络和无线网络的桥接作用。

常见的WLAN组网架构有如下几种（见图1-12）。

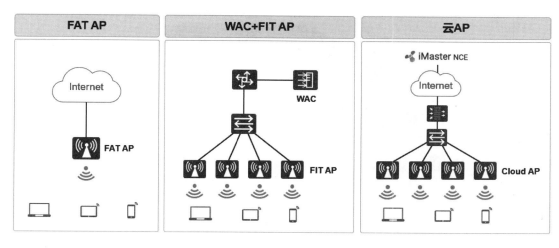

图 1-12　常见的 WLAN 组网架构

1. FAT AP

FAT AP（胖AP）架构又称自治式网络架构，FAT AP本身即可正常工作，不需要其他设备对其进行管理，部署方便，网络建设成本低。FAT AP主要应用于家庭及微型门店等场景。而在典型的企业WLAN场景中，用户要求Wi-Fi信号覆盖面积更大，接入设备更多，需要部署的AP也更多，若采用FAT AP架构，由于每个FAT AP是独立工作的，缺少统一的控制设备，因此管理与维护成本都比较高。另外，用户无法在FAT AP之间实现无线漫游。由于上述原因，FAT AP在企业WLAN中应用较少。

2. WAC+FIT AP

在企业WLAN中，主流的组网架构是WAC+FIT AP。FIT AP（瘦AP）需要在WAC的配合下工作，它无法像FAT AP那样自我管理。WAC的主要功能是对所有FIT AP进行集中管理和控制。WAC统一对FIT AP进行管理，并实现配置的批量下发，因此网络管理员不需要对AP逐个进行配置，大幅度降低了管理、控制和维护成本。同时，用户的接入认证可以由WAC统一管理，并且用户可以在AP间实现无线漫游。在典型的组网中，WAC可以旁路部署在园区的核心交换机上，而AP则可以根据Wi-Fi信号覆盖需要灵活部署在相应的位置，一方面为终端提供无线接入服务，另一方面通过有线链路连接到接入交换机，并通过园区网络与WAC连通，被后者纳管。AP可以采用壁挂安装、吸顶安装、支架安装等方式，为了让AP正常工作，则需要为AP供电，而为了让AP与有线网络连通，又需要为AP提供网络信号接入，因此通常的做法是直接通过PoE(Power over Ethernet，以太网供电）为AP供电。PoE是一种通过网线传输电能的技术，该技术可以通过网线同时为终端设备（如IP电话、IP摄像头等）提供数据传输和供电服务。PoE可以通过以太网双绞线对设备供电，可靠供电的最长距离为100米。此外，光电混合电缆也可用于结合PoE技术来给设备供电。随着WLAN技术演进至Wi-Fi 6及未来的Wi-Fi 7，传统的双绞线无法支撑带宽的长期演进，而光纤又无法解决PoE供电问题，因此光电混合电缆的方案应运而生。光电混合电缆是一种采用光纤和导电铜线的混合形式的电缆，可以用一根线缆同时解决数据传输和设备供电的问题。光电混合电缆主要用于完成交换机与AP等设备之间的连接，并支持通过交换机的PoE功能对设备进行供电。

图1-13所示为典型的WLAN组网及AirEngine WAC、AP。

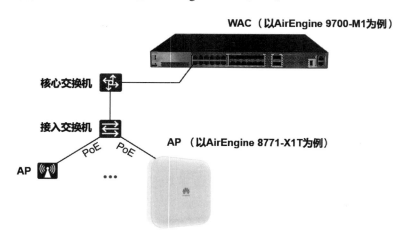

图 1-13　典型的 WLAN 组网及 AirEngine WAC、AP

3. 云AP

对于小范围Wi-Fi覆盖的场景，业务本身所需的AP较少，如果额外部署一台WAC，那么会导致整体无线网络成本较高。在这种场景下，如果没有用户无线漫游的需求，建议部署FAT AP；如果希望满足用户无线漫游的需求，则建议部署云AP（Cloud AP）。

在云AP架构中，AP统一由云管理平台（如iMaster NCE-Campus）管理和控制，设备配置也由云管理平台统一发放。云 AP 支持即插即用，部署简单，并且不受部署空间的限制，能灵活地扩展，目前常应用于分支较多的场景，如连锁门店等。

三种 WLAN 组网架构比较如下。

（1）FAT AP 除了具有无线接入功能外，一般还支持 DHCP 服务器、DNS，并支持 VPN、防火墙等安全功能。FAT AP 通常自带简单的管理系统，可以独立工作，可实现拨号上网、路由等功能。

（2）FIT AP 在 FAT AP 基础上去掉路由、DNS、DHCP 服务器等功能，只保留无线接入功能，需要配合 WAC 组成一个完整的网络系统。FIT AP 不能独立工作。

（3）云 AP 由云管理平台管理和控制，设备配置也由云管理平台统一发放，支持即插即用，部署简单，可应用于家庭、中小型企业等组网场景；同时，通过云管理平台可以对云 AP 组建的 WLAN 进行统一管理、监控和调优，将云 AP 与交换机、AR 路由器、防火墙等设备一起构建网络，满足大中型网络需求。此外，云管理平台的开放性进一步丰富了围绕云 AP 的网络应用。

闯关题1-1

1.3　网络参考模型

1.3.1　网络参考模型概述

通过将现实世界中的货物运输过程与数字世界中的数据转发过程进行比较，可以帮助我们更好地理解数据通信的工作机制。如图 1-14 所示，在现实世界中，货物被打包为包裹，并通过物流及快递系统从发件人手中运输至收件人手中。在整个过程中，物流及快递系统非常关键。而数据通信网络就相当于数字世界的物流及快递系统，通信双方之间需要交互的数据由设备进行相应的处理，然后由网络将其从源地址送达目的地址，在该过程中，这份数据可能经过了不同类型的网络设备或不同类型的链路。

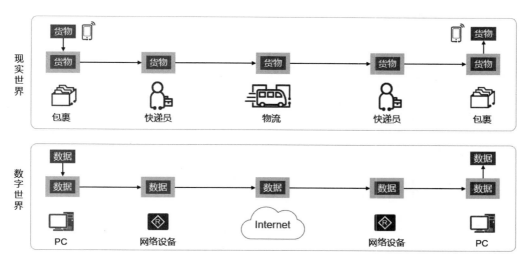

图 1-14　对比现实世界中的货物运输与数字世界中的数据转发

让我们再看一下现实世界中的业务交互过程，如图1-15所示，企业A与企业B有商务往来，企业A的经理要发送一份商务文件给企业B的经理，企业A的经理将文件交给秘书进行分类、归档，秘书将其交给前台，前台为文件加上信封并标注发件人及收件人，然后将其交给信函室，后者将其打包，然后将包裹送给快递员，快递员将包裹送到最近的物流站点，包裹通过物流系统被送达目的地，再由当地的快递员送达企业B。

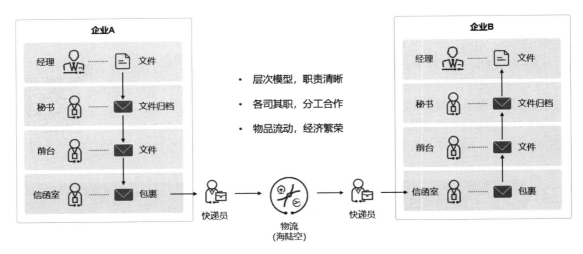

图 1-15 现实世界中的业务交互过程

这是一个层次化的模型，每个层次的职责非常清晰，大家各司其职，分工明确，并且相互协作。数据通信中采用了与其类似的"分层模型"。

20世纪80年代，ISO（International Organization for Standardization，国际标准化组织）提出了著名的OSI（Open System Interconnection，开放系统互连）参考模型，如表1-1所示。OSI参考模型的出现极大地推动了网络技术的发展。OSI参考模型是一个七层功能/协议模型，每一层有各自的功能定义，并有相应的协议来实现该功能。层次化的协议（或功能）模型更易于标准化，每一层对应的功能更聚焦，更容易制定相关标准，并且降低了层与层之间的关联性，各层可以独立发展与演进，相互之间可以做到一定程度上的解耦。在网络的发展过程中，OSI参考模型并没有得到广泛应用。

表 1-1 OSI 参考模型

编号	OSI层名称	主要功能
7	应用层	向用户应用软件提供丰富的系统应用接口
6	表示层	进行数据格式的转换，以确保一个系统生成的应用层数据被另外一个系统的应用层所识别和理解
5	会话层	在通信双方之间建立、管理和终止会话；确定双方是否应该开始进行某一方发起的通信等
4	传输层	建立、维护和取消一次端到端的数据传输过程，控制传输节奏的快慢，调整数据的排序等
3	网络层	定义网络层地址信息，实现数据从任何一个节点到另一个节点的端到端传输
2	数据链路层	在数据链路上，在相邻节点之间实现数据的点到点或点到多点通信
1	物理层	完成逻辑上的"0"和"1"向物理信号的转换；接收、发送物理信号

说明：在数据通信中，协议（Protocol）指的是计算机、路由器、交换机等网络设备为实现通信而必须遵从的、事先定义好的一系列规则和约定。

现实中被广泛应用的是TCP/IP模型，它的名字来自这个协议族中两个非常重要的协议：一个是IP（Internet Protocol，网际协议），另一个是TCP（Transmission Control Protocol，传输控制协议）。TCP/IP模型发端于ARPANET（阿帕网）的设计和实现，后来被IETF（Internet Engineering Task Force，互联网工程任务组）不断地充实和完善。TCP/IP模型存在两个版本，分别是TCP/IP标准模型和TCP/IP对等模型。如图1-16所示，TCP/IP标准模型共有四层，从下至上分别是网络接入层、网际互联层、传输层及应用层，其中TCP/IP标准模型的网络接入层对应OSI参考模型的物理层及数据链路层，TCP/IP标准模型的应用层对应OSI参考模型的会话层、表示层及应用层。实际应用得更为广泛的是TCP/IP对等模型。在本书后续内容中，如无特别说明，TCP/IP模型指的是TCP/IP对等模型。

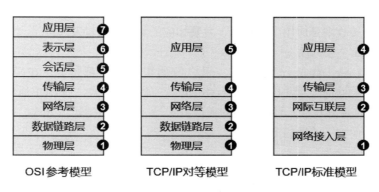

图 1-16　OSI 参考模型、TCP/IP 对等模型与 TCP/IP 标准模型

TCP/IP模型对应了诸多协议，它们统称为TCP/IP协议族，图1-17所示为其中常见的协议。

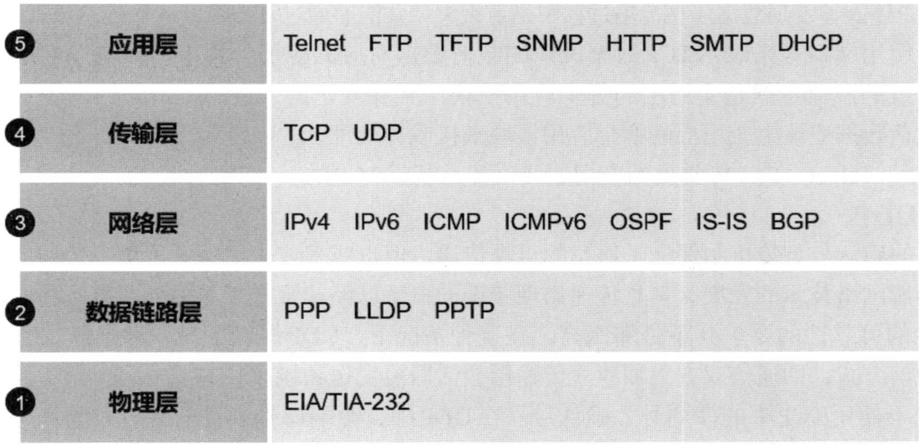

❺	应用层	Telnet　FTP　TFTP　SNMP　HTTP　SMTP　DHCP
❹	传输层	TCP　UDP
❸	网络层	IPv4　IPv6　ICMP　ICMPv6　OSPF　IS-IS　BGP
❷	数据链路层	PPP　LLDP　PPTP
❶	物理层	EIA/TIA-232

图 1-17　TCP/IP 模型与常见的协议

1.3.2　应用层

应用层为应用软件提供接口，使应用程序能够使用网络服务。值得注意的是，应用层对应的并不是用户直接使用的应用程序，例如，当用户访问网页时，用户直接使用的是Web浏览器，Web浏览器是一个应用程序，它通过应用层的协议HTTP来实现Web内容交互。应用层协议会指

定相应的传输层协议，以及所使用的传输层端口等，例如，HTTP默认指定TCP及80作为传输层协议及端口号。

本层对应的PDU（Protocol Data Unit，协议数据单元）是Data（数据），它们是网络系统需要传输的载荷数据。

说明：HTTP存在安全风险，建议使用超文本传输安全协议（Hypertext Transfer Protocol Secure，HTTPS）。

1.3.3 传输层

传输层负责建立、维护和取消一次端到端的数据传输过程，控制传输节奏的快慢，调整数据的排序等。传输层接收来自应用层的数据，封装相应的头部，帮助其建立端到端的连接。本层对应的PDU是Segment（数据段）。

TCP和UDP（User Datagram Protocol，用户数据报协议）都是TCP/IP模型中传输层的协议。TCP通信是一种面向连接（Connection-Oriented）的通信方式，而UDP通信则是一种无连接（Connectionless）的通信方式。面向连接的通信方式是一种可靠的通信方式，而无连接的通信方式则是一种"尽力而为"的通信方式。

1. TCP

通信双方使用基于TCP的应用进行通信时，必须首先建立TCP会话，TCP会话建立之后，发送方的TCP模块和接收方的TCP模块之间才能进行TCP数据段的传递，而通信结束时，TCP会话需要拆除，这便是"面向连接"的体现。在TCP数据段的传递期间，通信双方对每个TCP数据段进行序列号及确认号的设置，通过这两个号码可以确认TCP数据段的顺序，并对所收到的TCP数据段进行确认。TCP还能够发现数据段在传输过程中是否丢失，并能够通过重传机制确保信息正常到达。

TCP使用端口号来表示TCP数据段中的载荷数据对应的应用。其中，源端口号用来表示该TCP数据段的载荷数据是应用层的哪个应用模块产生并发送的，目的端口号用来表示该TCP数据段的载荷数据应该由应用层的哪个应用模块来接收并处理。

HTTP、Telnet、FTP等常见的应用层协议都是基于TCP的。

2. UDP

TCP的确认与重传机制保证了信息的可靠传递，但也或多或少地降低了信息传递的效率。实际上，随着网络技术的发展，信息传递出现错误的概率已经非常低了。另外，有一些网络应用对信息传递的可靠性的要求并不是那么高。在这种情况下，UDP提供了另一种选择。UDP采用无连接的通信方式，即通信双方无须建立传输层会话即可发送和接收UDP数据段。

UDP不使用TCP中的序列号、确认号。在UDP中，源端口号、目的端口号的作用与在TCP中相似。

DNS、DHCP等常见的应用层协议都是基于UDP的。

1.3.4 网络层

传输层负责建立节点与节点之间的连接，而网络层则负责数据从一个节点到另一个节点之间的端到端传输过程，也就是将数据从源地址转发到目的地址。本层定义数据包的网络层格式，为节点提供逻辑地址，并负责数据包的寻址与转发。本层对应的PDU是Packet（数据包，又称报文）。

1．IP

IP是网络层较关键的协议之一，也是当今Internet的核心协议。一份数据要在IP网络中传输，就需要进行IP封装，IP定义了报文的格式，也定义了网络地址结构和寻址方式。IP网络中的节点与其他节点进行通信时，需具备唯一的IP地址。载荷数据从源节点（Source Node）发送出来之前，在源节点的网络层会被节点执行IP封装，可以简单地将这个过程理解为在载荷数据外面套一个数字信封，该信封的内容遵循IP，设备在信封中写入源地址与目的地址，此处的地址便是IP地址。

目前，IP主要有两个版本，即IPv4（Internet Protocol Version 4，网际协议版本4）和IPv6（Internet Protocol Version 6，网际协议版本6）。在Internet发展初期，IPv4以其协议简单、易于实现、互操作性好的优势而得到快速发展。但随着Internet的迅猛发展，IPv4的不足日益明显，IPv6的出现解决了IPv4的一些弊端。

2．基于网络地址的报文转发过程

正如前文所述，源节点发出的报文会在其网络层头部携带该报文的源节点及目的节点的网络地址，在IPv4网络中，这个地址是IPv4地址，如192.168.1.1，而在IPv6网络中，这个地址是IPv6地址，如2001:DB8:1234::1。源节点将报文发送到网络中，网络中具备路由功能的网络设备（如路由器等）会维护路由表（相当于地图），这些设备收到报文时，会读取报文的目的地址，并在路由表中查询该地址，找到匹配的路由表表项后，按照该表项的指示转发报文。图1-18所示为基于网络地址的报文转发过程。

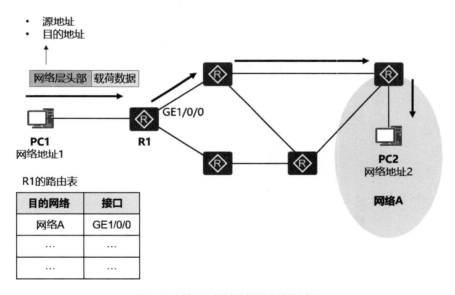

图 1-18　基于网络地址的报文转发过程

3．ICMP

ICMP（Internet Control Message Protocol，网际控制报文协议）是TCP/IP协议族中的重要协议之一，用于传递差错及控制信息，如用于通知目的地不可达、用于通知更优的下一跳、用于通知报文TTL（Time To Live，生存时间）递减到0，或者用于目的网络可达性测试等。

在现实中，ICMP较典型的应用之一就是Ping。Ping是一个经典的网络应用，用于探测目的网络的IP可达性，如图1-19所示。Ping应用依赖于ICMP的Echo Request报文和Echo Reply报文。用户在PC1上执行Ping 2.2.2.2命令后，PC1将产生源地址为1.1.1.1、目的地址为2.2.2.2的ICMP Echo Request

报文，该报文被发送到网络，并由网络中的设备进行转发，如果网络的配置正确，那么报文是能够到达 PC2 的，后者再产生源地址为 2.2.2.2、目的地址为 1.1.1.1 的 ICMP Echo Reply 报文，PC1 收到该报文时，便在界面上打印出收到应答的信息，这表示 PC1 与 PC2 之间的 IP 可达性是正常的。

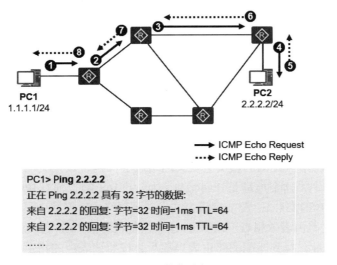

图 1-19　ICMP 的典型应用 Ping

4．工作在网络层的设备

路由器通常被视为工作在网络层的设备。路由器的功能往往非常丰富，路由只是其基本功能之一。路由器能够隔离广播域（见图 1-20），默认情况下，路由器不会转发广播及组播报文。路由器可以根据报文的网络层头部中的网络地址来确定将该报文转发到哪一个下一跳设备。路由器会维护路由表，路由表中的路由表表项用于指导数据转发。

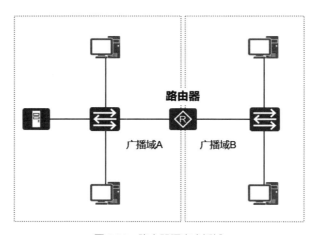

图 1-20　路由器隔离广播域

1.3.5　数据链路层

数据链路层负责实现在一个物理链路上的两个相邻节点之间的数据传输，并处理错误通知、流量控制等。如图 1-21 所示，网络层实现的是网络中的任意两个节点之间的、全局性的数据传递，在该过程中，数据可能会经过多段链路；而数据链路层的基本功能之一就是在这些链路上将数据从一个节点传输到与之相邻的另一个节点。数据链路层对应的PDU是Frame（数据帧）。

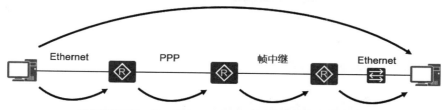

网络层的目标：将数据从源地址转发到目的地址

Ethernet　　PPP　　帧中继　　Ethernet

数据链路层的目标：将数据从一个节点传输到链路上的相邻节点

图 1-21　数据链路层与网络层的目标不同

数据链路层负责将来自网络层的报文封装成数据帧，然后转换为比特，以便物理层进行传输。在数据帧封装过程中，地址信息被写入数据帧的头部，用于实现寻址及转发。此处的地址有别于网络层地址，读者需要将二者区分开。

常见的数据链路层协议有LLDP（Link Layer Discovery Protocol，链路层发现协议）、PPP（Point-to-Point Protocol，点对点协议）、STP（Spanning Tree Protocol，生成树协议）等。

1．以太网

以太网（Ethernet）是一种广为人知、应用相当广泛的技术。现在的个人计算机的网络接口遵循的就是以太网标准。

1980年2月，IEEE（Institute of Electrical and Electronics Engineers，电气和电子工程师协会）召开了一次会议，启动了IEEE 802项目，该项目旨在制定一系列关于局域网的标准。我们把IEEE 802项目所制定的各种标准统称为IEEE 802标准，其中IEEE 802.3对应以太网标准。

以太网在数据链路层定义的地址称为MAC（Media Access Control，媒体访问控制）地址。凡是符合IEEE 802标准的网卡都拥有一个MAC地址。MAC地址的长度为48位，通常采用十六进制格式呈现，如00-21-0A-B9-DC-79或者0021-0AB9-DC79。

在以太网环境中，上层（如网络层）下送的报文被封装到一个"信封"里，形成以太网数据帧（Ethernet Frame），以太网数据帧包含帧头及帧尾，帧头包含该帧的目的MAC地址及源MAC地址。

2．工作在数据链路层的设备

二层交换机指的是只具备二层交换功能（此处二层指的是数据链路层）的交换机。二层交换，指的是根据数据链路层信息对数据进行转发的行为。每台二层交换机都维护着一个MAC地址表，交换机在转发数据帧时，会在MAC地址表中查询该数据帧的目的MAC地址，以决定将其从哪一个接口发送出去。由于此时交换机是根据数据链路层头部信息来进行转发操作的，而数据链路层在TCP/IP对等模型中处于第二层，因此这种行为称为二层交换。

二层交换机只具备二层交换功能，而三层交换机兼具二层及三层交换功能，其中三层交换指的是根据报文的网络层头部信息进行数据转发的行为。

以太网二层交换机通常作为终端设备（如PC、服务器等）的网络接入设备，如图1-22所示。

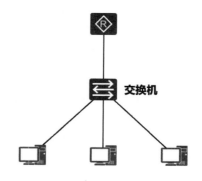

交换机

图 1-22　以太网二层交换机

1.3.6 物理层

数据到达物理层之后，物理层会根据物理介质的不同，将数字信号转换成光信号、电信号等。物理层关注的是单个"0"和"1"的发送、传输和接收。物理层定义了线缆、针脚、接口等的物理特性与规范。

本层对应的 PDU 是 bit（音译比特，位）。

闯关题1-2

1.4 数据传输过程

1.4.1 数据的封装与解封装

图 1-23 所示为数据传输过程，以 PC1 发往 PC2 的数据为例，从 TCP/IP 模型的角度来看，PC1 的应用层负责产生应用对应的载荷数据，该载荷数据从 PC1 的应用层产生后，向底层逐层传递，在传递过程中进行相应的封装（Encapsulation），并最终通过物理层转换为光/电信号发送出去。PC2 在物理层接收光/电信号后，将其从物理层向高层逐层传递，在传递过程中进行相应的解封装（Decapsulation）。

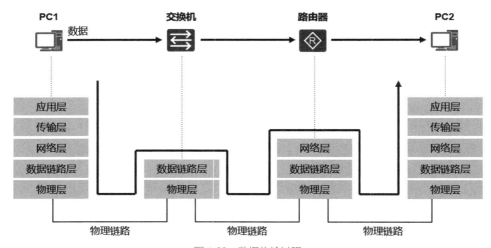

图 1-23 数据传输过程

在本例中，PC1 发出的数据并不直接到达 PC2，中途会经过交换机和路由器。交换机在物理层接收光/电信号后，将其还原为数据帧并上送数据链路层；在数据链路层，交换机通过查询相关表项发现需要将数据从某个接口发送给直连链路上的相邻节点——路由器，于是将数据下送到物理层，通过物理层转换为光/电信号发送给路由器。路由器的操作过程与交换机类似，与交换机的差别是，它同时具有网络层、数据链路层及物理层的功能，因此它处理数据的层次与交换机不同。

图 1-24 所示为数据传输过程中的封装与解封装。当源节点发送一份数据给目的节点时，在

典型的场景中，源节点的应用层产生载荷数据，载荷数据首先被下送到传输层。在传输层中，载荷数据被封装传输层头部并形成数据段，如封装 TCP 头部或 UDP 头部，具体封装什么头部取决于该应用所使用的传输层协议。在传输层头部中，源端口号及目的端口号被写入对应的字段。然后数据段被下送到网络层，在本层中，数据段被封装网络层头部并形成报文，如封装 IPv4 头部或 IPv6 头部。在网络层头部中，源 IP 地址及目的 IP 地址被写入对应的字段。接下来，报文被下送到数据链路层，在该层中（以 Ethernet 为例）报文被封装以太网帧头及帧尾。在以太网帧头中，源 MAC 地址及目的 MAC 地址被写入对应的字段。最后，报文被下送到物理层，通过物理层转换为光/电信号发送出去。

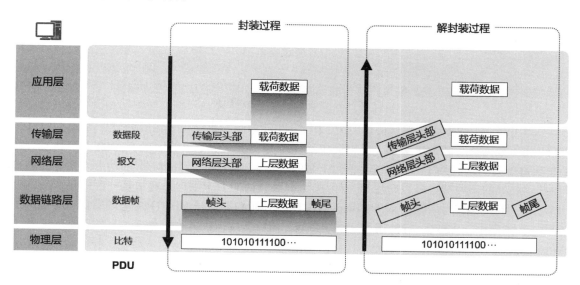

图 1-24　数据传输过程中的封装与解封装

1.4.2　端到端数据转发过程举例

根据图 1-25 所示的例子，我们来分析 PC 访问 Web 服务器（WebServer）的详细过程。本节内容聚焦数据转发过程，因此会忽略部分技术细节，如 DNS 解析过程、TCP 连接建立过程等。现在我们换一种视角来看待这个"世界"，想象图 1-25 中的终端和路由器都对应一个个 TCP/IP 模型。

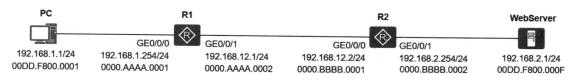

图 1-25　用于理解数据转发过程的例子

（1）PC 用户在 Web 浏览器中访问 WebServer（在浏览器中输入 WebServer 的 IP 地址或域名），该操作将触发 HTTP 为用户构造应用数据，该数据是即将传输的有效载荷（见图 1-26）。当然这个载荷数据最终要传输到 WebServer 并"递交"给其 HTTP 应用去处理，但是 HTTP 不关心载荷数据怎样传、怎样寻址、怎样做差错校验等，这些事情交由其他层来完成。

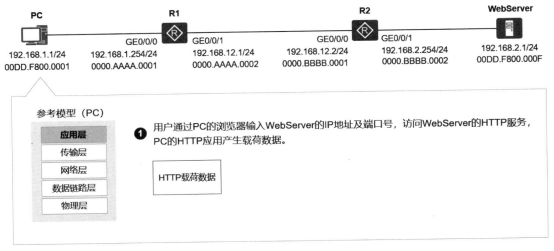

图 1-26 PC 产生 HTTP 载荷数据

（2）由于HTTP基于传输层协议TCP，因此HTTP载荷数据交由传输层进一步处理。在该层，HTTP载荷数据被封装TCP头部（可以简单地理解为套了一个TCP的信封），如图1-27所示。在TCP头部中我们重点关注两个字段（信封上写的内容），一个是"源端口号"，另一个是"目的端口号"。此处的"源端口号"对应PC专门用于本次会话的TCP端口，通常是一个随机产生的端口号；而"目的端口号"则为WebServer的HTTP所侦听的端口号，HTTP对应的默认TCP端口号为80，在本例中，WebServer使用了这个端口号。然后，这个数据段被交给下一层进行处理。

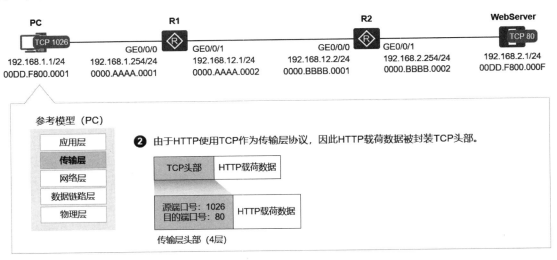

图 1-27 HTTP 载荷数据被封装 TCP 头部

（3）网络层的IP为上层下送的数据封装IP头部（在先前的信封上又套了一个信封），如图1-28所示，以便该数据在IP网络中被网络设备从源地址转发到目的地址。在IP头部中我们重点关注"源IP地址""目的IP地址""协议"这三个字段。其中"源IP地址"字段填写的是PC的IP地址192.168.1.1；"目的IP地址"字段填写的是WebServer的IP地址192.168.2.1；而"协议"字段则填写的是6，这个值是一个约定的值，该值对应的上层协议为TCP，表示这个IP头部后面封装的上层协议为TCP。然后，这个IP报文被交给下一层进行处理。

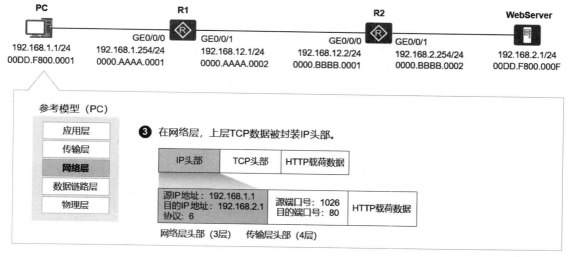

图 1-28　上层 TCP 数据段被封装 IP 头部

（4）为了让这个IP报文能够在链路上传输（从链路的一个节点传输到相邻节点），还要给报文封装数据链路层头部，如图1-29所示。由于PC与R1通过以太网链路互连，PC根据以太网标准为该IP报文封装以太网帧头和帧尾。帧头中写入的"源MAC地址"为PC的网卡MAC地址，而"目的MAC地址"则是PC的默认网关所对应的MAC地址。因为PC判断该报文需要发送到本地网段之外的网络，于是求助于自己的默认网关，让网关来帮助自己将报文转发出去，因此"目的MAC地址"填写的就是网关192.168.1.254对应的MAC地址。但是初始情况下，PC可能并不知晓192.168.1.254对应的MAC地址，所以，它会广播一个ARP（Address Resolution Protocol，地址解析协议）请求报文来请求192.168.1.254的MAC地址，R1的GE0/0/0接口收到该请求后回送ARP响应报文，如此一来，PC就知道了网关的MAC地址，它将网关MAC地址填写在帧头的"目的MAC地址"字段中。另外，以太网帧头的"类型"字段写入"0x0800"这个值，表示这个数据帧后面封装的上层协议是IP。数据帧的帧尾主要包含CRC字段，该字段用于实现错误检测。

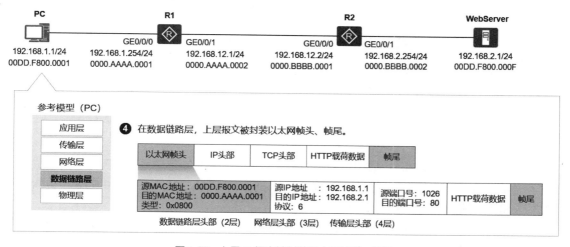

图 1-29　上层 IP 报文被封装以太网帧头、帧尾

（5）在物理层，PC将数据帧对应的比特流转换为光/电信号发往R1，如图1-30所示。

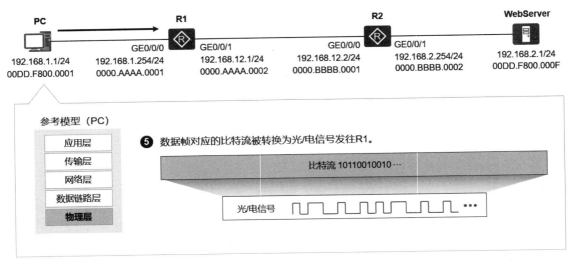

图 1-30 数据帧对应的比特流被转换为光/电信号发往 R1

（6）路由器R1在收到光/电信号后，将其转换为比特流。

（7）R1将比特流还原为数据帧，然后会采用相应的机制检查数据帧在传输过程中是否损坏，如果没有损坏则解析帧头，此时发现该数据帧的目的MAC地址与收到该数据帧的接口GE0/0/0的MAC地址相同，于是接收该帧，并通过帧头中的"类型"字段判断出该帧所承载的上层数据是IP报文。它将数据帧解封装，将里面的IP报文递交IP去处理，如图1-31所示。

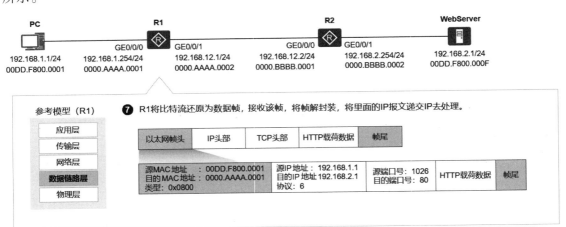

图 1-31 R1 解析数据帧

（8）在网络层，R1解析IP头部后发现目的IP地址并非本设备的IP地址，因此它判断该报文并非发送给自己，于是在其路由表中查询到达192.168.2.1的路由，从匹配的路由表表项得知需将报文转发给下一跳设备R2，如图1-32所示。

（9）R1在数据链路层继续处理上层下送的IP报文，它为这个IP报文封装新的以太网帧头及帧尾，在帧头中写入的"源MAC地址"为R1的GE0/0/1接口的MAC地址，"目的MAC地址"为报文即将前往的下一跳路由器（192.168.12.2）对应的MAC地址，如图1-33所示。

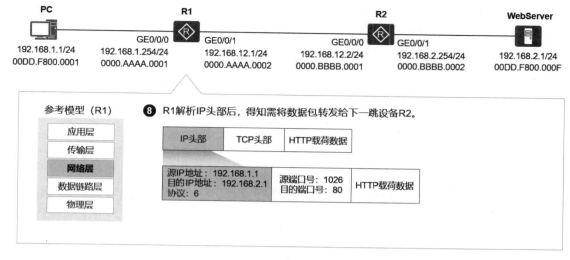

图 1-32 R1 解析 IP 报文

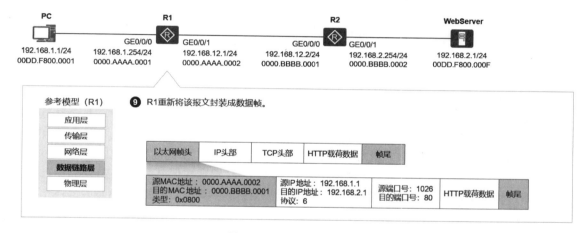

图 1-33 R1 重新封装数据帧

（10）完成新的数据帧封装后，数据帧对应的比特流被转换为光/电信号发往R2。

（11）R2接收光/电信号，并将其转换为比特流。

（12）R2将比特流还原为数据帧，解析帧头后发现，该数据帧的目的MAC地址与收到该数据帧的接口的MAC地址相同，于是接收该数据帧，并通过帧头中的"类型"字段判断出该数据帧所承载的上层数据是IP报文。它将帧头解封装，将里面的IP报文上送IP去处理。

（13）R2解析IP头部后发现报文的目的IP地址并非本设备的IP地址，因此判断该报文并非发送给自己，于是在其路由表中查询到达192.168.2.1的路由，从匹配的路由表表项得知需将报文转发给位于直连网络中的目标设备WebServer。

（14）R2重新将该报文封装成数据帧。在帧头中写入的"源MAC地址"为R2的GE0/0/1接口的MAC地址，而"目的MAC地址"则为该报文的下一跳（WebServer）的MAC地址。

（15）数据帧对应的比特流被转换为光/电信号发往WebServer。

（16）WebServer接收光/电信号，并将其转换为比特流。

（17）WebServer发现数据帧的目的MAC地址与收到该数据帧的网卡的MAC地址相同，于是接收该帧，并通过"类型"字段判断出该帧所承载的上层数据是IP报文。它将帧头解封装，将里面的IP报文上送IP去处理。

（18）WebServer解析IP头部后发现报文的目的IP地址是本设备的IP地址，因此判断该报文就是发送给自己的，它通过"协议"字段判断出IP头部后面封装的是TCP数据，于是将IP头部解封装，将TCP数据上送TCP去处理。

（19）WebServer通过解析TCP头部发现该数据段的目的TCP端口号为80，而本设备的TCP 80端口的确处于侦听状态，并且对应应用层的HTTP服务，于是它将TCP头部解封装，将HTTP载荷数据递交给HTTP应用。至此，PC的HTTP发往WebServer的HTTP载荷数据抵达目的地。

1.5 本章小结

本章介绍数据通信网络的基础知识，主要包括以下内容。

（1）数据通信网络指的是用于实现数据交互及信息互通的、以IP协议为核心的网络。企业数据通信网络按照功能划分主要包括三种类型，即园区网络、数据中心网络、城域网络/广域网络（也可以称为承载网络）。此外，网络安全在上述网络类型中均需考虑。

（2）数据通信网络由各种不同类型的数据通信设备构成，常用的网络通信设备包括路由器、交换机、防火墙、无线接入控制器、无线接入点，这些设备的基本目标是实现设备之间的数据转发，但是由于设备工作的协议层不同，因此实现的主要功能和组网方式有差异。

（3）数据通信网络采用层次化模型，每个协议层功能明确，层间接口清晰，下层为上层提供服务，对等层之间使用协议进行通信。目前，有代表性的网络模型有两个，即OSI参考模型和TCP/IP模型。本书使用五层TCP/IP对等模型（简称TCP/IP模型）进行协议描述。

（4）TCP/IP模型数据从发送方主机应用层向底层逐层传递，在传递过程中进行相应的封装，并最终通过物理层转换为光/电信号发送出去；接收方主机在物理层接收光/电信号后，将其从物理层向高层逐层传递，在传递过程中进行相应的解封装。

📝 1.6 思考与练习

1-1 请说明企业数据通信网络按照功能划分主要包括哪些类型，并说明不同类型网络的功能。

1-2 请简述园区交换机、路由器及防火墙的主要功能与应用场景。

1-3 请简述常见的WLAN组网架构，以及它们的特点。

1-4 请分别描述OSI参考模型、TCP/IP对等模型及TCP/IP标准模型的层次结构，并比较三个模型的不同之处。

1-5 请解释IP地址与端口号的作用，并举一个在实际应用中二者组合使用的例子。

1-6 请使用自己的浏览器访问北京邮电大学的Web服务器，并使用协议分析软件抓包分析HTTP数据从应用层向底层逐层传递过程中的协议封装情况。

第 **2** 章
IPv6 基础

IP是网络层较关键的协议之一，也是当今Internet的核心协议。IP主要有两个版本，即IPv4和IPv6。在Internet发展初期，IPv4以其协议简单、易于实现、互操作性强的优势而得到快速发展，应用于人们工作和生活的方方面面。随着Internet及5G（第五代移动通信技术）、物联网、人工智能及大数据等技术的蓬勃发展，业务对网络提出了更高的要求，IPv4技术体系已不能满足越来越丰富的网络业务要求；同时，IPv4带来的问题也日益凸显。近年来，IPv6迎来井喷式发展。

学习目标：

知识图谱

1. 了解IPv6的基本概念，以及相较于IPv4的优势；
2. 了解IPv6报文结构，熟悉IPv6报文扩展头部及其主要功能；
3. 理解IPv6地址类型和应用场景；
4. 理解常用的IPv6地址配置方式，掌握DHCPv6服务器的配置方法。

2.1 IPv4 回顾

2.1.1 IPv4 报文

在TCP/IP模型中，网络层提供了无连接的数据传输服务，即网络在发送IP报文时不需要先建立连接，每一个IP报文独立发送。在Internet发展初期，IPv4为数据链路层和传输层实现互通提供了保障，它可以屏蔽各种链路层协议的差异，为传输层提供统一的网络层传输标准。

IPv4报文需遵循IPv4所定义的格式。图2-1所示为IPv4报文格式，一个IPv4报文包含IPv4头部和载荷数据两部分，在IPv4头部中，从"Version"字段到"Destination Address"字段这部分共计20B，这是每个IPv4报文都必须具备的，"Options"字段是可选字段，并且是可变长的。表2-1列出了IPv4报文相关字段的解释。

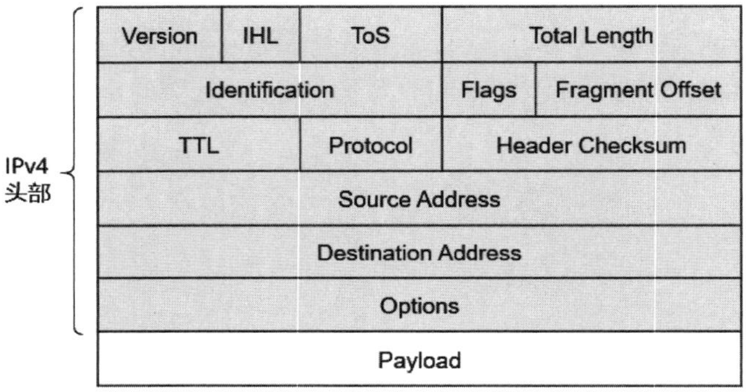

图 2-1 IPv4 报文格式

表 2-1 IPv4 报文相关字段

字段	长度	含义
版本（Version）	4bit	IP的版本号，在IPv4中，该字段的值始终为4
头部长度（Internet Header Length，IHL）	4bit	本报文的IPv4头部长度
区分服务（Type of Service，ToS）	8bit	主要用于QoS
总长度（Total Length）	16bit	指本报文的IPv4头部与载荷数据的总长度
标识（Identification）	16bit	IPv4软件在存储器中维持一个计数器，每产生一个报文，计数器就加1，并将此值赋给本字段
标志（Flags）	3bit	目前主要使用其中两位。最低位为1表示后面"还有分片"，为0表示这已经是最后一个数据片；中间位为1表示"不能分片"，为0才允许分片
分片位移（Fragment Offset）	13bit	指出较长的分组在分片后，该片在原分组中的相对位置
生存时间（Time To Live，TTL）	8bit	表示报文在网络中的寿命，功能是"跳数限制"，可以用于防止报文被无休止地转发
协议（Protocol）	8bit	指出此报文携带的载荷数据使用何种协议
头部检验和（Header Checksum）	16bit	用于检验报文头部是否在传输过程中发生变化
源地址（Source Address）	32bit	报文发送方的IPv4地址

续表

字段	长度	含义
目的地址（Destination Address）	32bit	报文接收方的IPv4地址
选项（Options）	0Byte ～ 40Byte	长度可变，用来支持排错、测量及安全等措施，在必要的时候插入值为0的填充字节
载荷数据（Payload）	可变	IPv4报文所封装的有效载荷

2.1.2　IPv4 地址

1．IPv4地址概述

IPv4地址用于在IPv4网络中标识节点。一个IPv4地址的长度为32bit，通常采用"点分十进制"格式表示，如192.168.1.1，该地址也可以表达为二进制格式"11000000 10101000 00000001 00000001"，一共4组，每组的长度为8bit，称为"八位组（Octets）"。

如图2-2所示，在IPv4网络中，一个节点要与其他节点通信，就必须具备IPv4地址。一个节点可以拥有一个或多个IPv4地址。当节点有多个接口接入IPv4网络，并且这些接口都需要与网络中的其他节点通信时，那么每个接口都需要具备IPv4地址，并且通常情况下这些接口必须使用不同网段的IPv4地址。一个接口可以具备一个或者多个IPv4地址，后者往往发生在接口需要同时与多个网段进行通信的时候。

PC1
1.1.1.1/24

PC2
2.2.2.2/24

图 2-2　IPv4 网络与 IPv4 地址

2．IPv4单播地址、组播地址与广播地址

在IPv4网络中，存在三种通信方式，分别是单播、广播及组播。

单播通信是一种一对一的通信方式，每个单播报文的目的IP地址都是一个单播IP地址，并且只会发给一个接收者，而这个接收者也就是该目的IP地址的拥有者。

广播通信大家也并不陌生，以常见的目的IP地址为255.255.255.255的报文为例，这种类型的报文将被发往同一个广播域中的所有设备，每一个收到广播报文的设备都需要解析该报文。当然，如果设备解析报文后发现自己并不需要该报文（通常情况下，设备至少需将报文解析到网络层甚至传输层头部才能判断自己是否需要该报文），则会丢弃它。因此，广播这种通信方式容易造成资源消耗。

组播通信是一种一对多的通信方式，目的IP地址为组播IP地址的报文会发向一组接收者，这些接收者需要加入相应的组播组。针对某个特定的组播组，即使网络中存在多个接收者，对于组播源而言，每次也只需发送一份报文，网络中的组播转发设备负责复制组播报文并向有需要的接口转发。一般而言，路由设备在收到组播报文后，默认不会对其进行转发。只有在激活组播路由功能，并维护组播路由表表项的情况下，路由设备才会依据这些表项对组播报文进行合理转发。因此，组播流量的传输需要一个组播网络来承载。

3．IPv4地址分类

IPv4地址分为五类，分别是A、B、C、D及E类。A、B、C、D及E类IPv4地址的首个八位组的最高位分别是二进制数0、10、110、1110、1111，由此可以得到这五类地址的地址范围，如表2-2所示。

表2-2　IPv4地址类型及对应的地址范围

类型	地址范围
A	0.0.0.0 ~ 127.255.255.255
B	128.0.0.0 ~ 191.255.255.255
C	192.0.0.0 ~ 223.255.255.255
D	224.0.0.0 ~ 239.255.255.255
E	240.0.0.0 ~ 255.255.255.255

D类地址是组播地址。E类地址保留供特殊用途。A、B及C类地址主要用于单播通信，其中有一小部分地址可用于广播通信。一个属于这些类别的IPv4地址可分为网络部分及主机部分，其中网络部分用于标识网络，主机部分则用于区分网络内的不同主机。

4．网络掩码

如上文所述，IPv4地址包含网络部分与主机部分，网络掩码用于区分一个地址中的网络部分与主机部分。网络掩码的长度为32 bit，与IPv4地址长度相同，可采用"点分十进制"或"/掩码长度"格式表示。网络掩码在二进制格式中值为1的位对应IPv4地址中的网络位，值为0的位对应IP地址中的主机位，由此可以识别一个IP地址中的网络部分与主机部分。如图2-3所示，在IPv4地址10.1.1.1与网络掩码255.255.255.0的组合中，网络掩码为1的位对应IPv4地址中的"10.1.1"，即前面3个八位组，因此这部分为该IPv4地址中的网络部分，剩余的为主机部分。在本例中，255.255.255.0在二进制格式下有24个1，表示IPv4地址10.1.1.1的最高24bit为网络部分，由此，10.1.1.1与网络掩码255.255.255.0的组合也可简写为10.1.1.1/24，其中"24"为掩码长度。

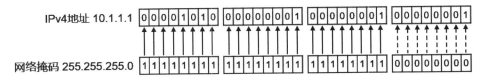

图 2-3　网络掩码

5．私网IPv4地址

IPv4地址的长度仅有32bit，即整个IPv4地址空间包含2^{32}个地址，而且其中D、E类地址无法用于单播通信，真正能分配给节点使用的单播地址数量有限。随着计算机网络的广泛应用，IPv4地址短缺的问题逐渐暴露。为了解决IPv4地址短缺的问题，业界提出了私网IPv4地址（Private IPv4 Address）的概念。

公网IPv4地址（Public IPv4 Address）指的是能直接访问Internet或被Internet直接访问的地址，而私网IPv4地址则只能用于私有网络，如用于家庭或企业内部。私网IPv4地址不能直接访问Internet，同理Internet中的节点也无法直接访问处于某个内部网络的私网IPv4地址。用户在使用公网IPv4地址前需要向地址分配机构或ISP申请，而私网IPv4地址则可以在内部网络中随意使用。

私网IPv4地址的出现极大缓解了IPv4地址资源紧缺的问题，目前大多数内部网络都采用私网IPv4地址来实现网络互联互通。RFC 1918文档"Address Allocation for Private Internets（私有网络地址分配）"描述了为私网地址预留的3个IPv4地址段，如表2-3所示。

表 2-3　私网 IPv4 地址

类型	私网地址范围
A	10.0.0.0 ～ 10.255.255.255
B	172.16.0.0 ～ 172.31.255.255
C	192.168.0.0 ～ 192.168.255.255

使用私网IPv4地址的主机访问Internet前需要进行NAT（Network Address Translation，网络地址转换）。NAT技术通常应用于网络边界处，当内网发往Internet的IPv4报文到达位于网络边界处的NAT设备时，设备将报文头部中的私网IPv4地址转换为一个预先指定的公网IPv4地址，然后将报文发送出去。

2.2　IPv6 概述

20世纪90年代初期，随着Internet的蓬勃发展和网络规模的急剧扩大，IPv4地址短缺和资源分配不均的问题开始显现。而随着5G、物联网、人工智能及大数据等技术的蓬勃发展，业务对网络提出了更高的要求，IPv4已逐渐不能满足技术演进的需求，IP向IPv6演进成为必然趋势。IPv6解决了IPv4的一些弊端，也体现出诸多优势。

1．IPv6提供庞大的地址空间

目前IPv4地址已经耗尽，与此同时，移动IP、宽带技术、物联网的发展需要更多的IP地址。IPv6地址长度为128bit。128bit的地址结构使IPv6理论上可以拥有（43亿×43亿×43亿×43亿）个地址。近乎无限的地址空间是IPv6的最大优势之一。此外，在IPv4网段中，攻击者可以轻易对本网段内的IPv4地址进行扫描从而发现攻击目标，而对于IPv6而言，传统的扫描攻击手段难以达成攻击目标。IPv4与IPv6的对比（一）如图2-4所示。

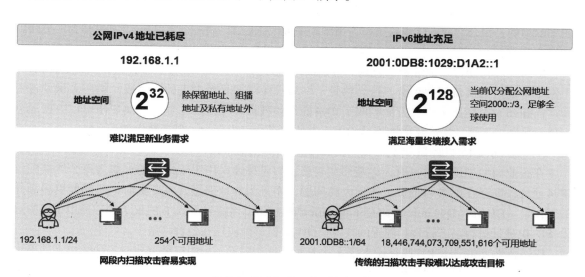

图 2-4　IPv4 与 IPv6 的对比（一）

虽然私网 IPv4 地址与 NAT 的应用缓解了 IPv4 地址短缺问题，但是 NAT 的使用破坏了互联网端到端通信的基本原则，使安全维度的地址溯源变得困难，在地址转换过程中引入额外的时延，也对 NAT 设备本身的处理性能造成压力。此外，NAT 会影响某些应用程序的运行，需要通过一些其他手段干预。相比之下，公网 IPv6 地址资源丰富，因此终端可以获得全球唯一的公网 IPv6 地址，从而直接访问 Internet，转发效率相对更高。IPv4 与 IPv6 的对比（二）如图 2-5 所示。

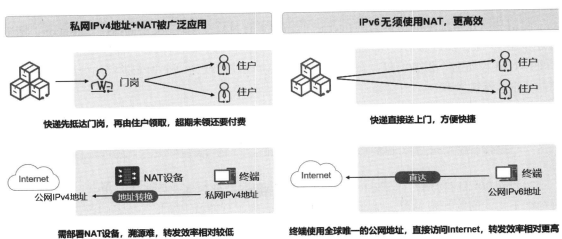

图 2-5　IPv4 与 IPv6 的对比（二）

2．IPv6 层次化网络结构更便于进行路由聚合

对于一个大规模的网络来说，网络设备势必需要维护大量的路由表表项，这将对设备的性能形成挑战。此外，在一个大规模的路由表中查询时，路由器也会显得更加吃力。因此在保证网络中的路由器到各网段都具备 IP 可达性的同时，如何缩小设备的路由表规模就是一个非常重要的课题，一个通用而又有效的方法就是路由聚合（Route Aggregation 或 Route Summarization）。路由聚合，就是将一组连续的路由汇聚成一条路由，从而达到减小路由表规模以及优化设备资源利用率的目的，聚合之前的这组路由称为精细路由或明细路由，聚合之后的这条路由称为汇总路由或聚合路由。

IPv4 发展初期存在地址资源规划和分配的问题，公网 IPv4 地址分配不连续，因此 Internet 骨干网络不能有效实现路由聚合，这导致骨干网络设备维护日益庞大的路由表，耗用大量设备资源。而 IPv6 在公网路由聚合方面吸取了 IPv4 的经验教训，巨大的地址空间使 IPv6 可以方便地进行层次化网络部署。层次化的网络结构可以方便地进行路由聚合，提高转发效率。

3．IPv6 支持"轻量化的"无状态地址自动配置方式

在企业内网中部署 IPv4 时，终端往往较多，如果单纯采用手工配置的方式为每个终端配置 IPv4 地址，则存在配置与维护工作量大的问题，而且当地址前缀发生变更时，还需要更多额外的工作量。DHCP（Dynamic Host Configuration Protocol，动态主机配置协议）是一种用于集中对设备的 IP 地址进行动态管理和配置的技术。DHCP 被广泛应用在各种网络中。

IPv6 依然支持 DHCP，此外还支持无状态地址自动配置，采用这种方式时，网络中无须单独部署地址配置服务器，仅需通过网络设备向终端所在的网段通告 IPv6 前缀，即可实现终端地址自动化配置。

4．IPv6更加安全

无论是IPv4网络还是IPv6网络，都会面临各种网络安全威胁。相比IPv4，IPv6在安全性方面实现了一定程度的优化。

（1）攻击溯源更容易：IPv6地址空间巨大，每个终端都可以获得独一无二的IPv6地址，无须使用网络地址转换技术，这使攻击溯源变得更加容易。

（2）反黑客嗅探与扫描能力增强：在IPv4中，分配给终端的网络地址段往往是24bit的前缀长度，每个地址段包含254个可用IP地址，针对这样的地址数量进行嗅探或扫描是非常容易的。而在IPv6中，分配给终端的网络地址段往往是64bit的前缀长度，针对如此庞大的地址空间，使用传统的嗅探与扫描方式已经难以达成攻击目标。

（3）数据传输更加安全：IPv6内置的安全协议IPSec（Internet Protocol Security，IP安全协议）对IP数据包进行加密和认证，防止中间转发设备对IP数据包的窃听、篡改和伪造攻击。

（4）避免广播攻击：在IPv6中，广播地址已经被取消，从而避免了广播地址引起的广播风暴和DDoS攻击。

（5）减少分片攻击：IPv6仅允许报文发送方执行分片，禁止中间转发设备对报文进行分片，这与IPv4不同。在这个层面上，IPv6减小了分片攻击的可能性。

5．IPv6更灵活，有丰富的创新空间

IPv4头部可以包含"Options"可选字段，内容涉及Security（安全）、Timestamp（时间戳）、Record Route（记录路由）等。携带这些选项的IPv4报文在转发过程中往往需要中间路由转发设备进行软件处理，会对设备性能造成额外消耗，因此现实中很少使用。

随着数字化转型和产业升级的不断推进，数据通信网络变成了非常重要的基础设施，已经不仅仅充当"管道"，网络需要响应上层应用数据的需求，以便更好地为应用提供服务，如识别出工业控制类应用的数据并提供确定性时延保障等，而这要求应用数据可以携带一些相关信息。IPv6为了更好地支持各种扩展功能，提出了扩展头部的概念，有了扩展头部后，新增选项时便不必修改报文现有主体结构，理论上可以无限扩展，体现了优异的灵活性。

当前业界基于IPv6实现了一系列技术创新，以APN（Application-aware Networking，应用感知网络）为例，应用可以在IPv6报文的扩展头部中写入用于体现应用类型的标识（APN ID），甚至可以写入应用对网络的需求（如带宽、时延等）。

未来，应用势必对网络提出更多新的需求，在满足这些新需求的过程中，IPv6的扩展头部可以提供丰富的创新空间。

2.3 IPv6 报文结构

2.3.1 IPv6 基本头部

IPv6报文由IPv6基本头部、IPv6扩展头部、上层协议数据（如TCP、UDP或ICMPv6等）三部分组成。其中IPv6基本头部的格式如图2-6所示。IPv6基本头部的大小为固定的40B。表2-4列出了IPv6基本头部中各个字段的含义。

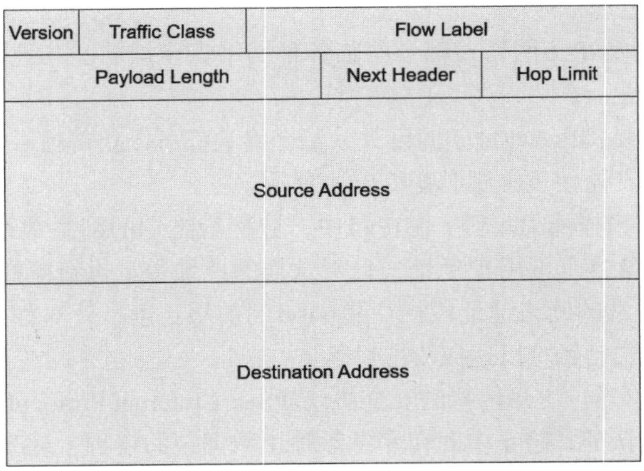

图 2-6　IPv6 基本头部格式

表 2-4　IPv6 基本头部字段

字段	长度/bit	含义
版本（Version）	4	值为6，表示IPv6
流类别（Traffic Class）	8	表示IPv6报文的类别或优先级，主要应用于QoS
流标签（Flow Label）	20	用于区分实时流量，不同的"流标签+源地址"可以唯一确定数据流，中间网络设备可以根据这些信息更加高效地区分数据流
有效载荷长度（Payload Length）	16	IPv6基本头部后面的有效载荷的长度，包含IPv6扩展头部和上层协议数据单元
下一个报头（Next Header）	8	定义紧跟在IPv6基本头部后面的第一个扩展头部（如果存在）的类型，或者上层协议数据单元中的协议类型
跳数限制（Hop Limit）	8	类似于IPv4中的TTL字段，它定义了报文所能经过的最大跳数。每经过一个设备，该值减1，当该字段的值为0时，报文被丢弃
源地址（Source Address）	128	表示报文发送方的地址
目的地址（Destination Address）	128	表示报文接收方的地址

2.3.2　IPv6 扩展头部

在某些场景下，IP报文需要携带一些额外的信息，IPv4头部可以通过"Options"可选字段携带 Timestamp、Record Route 等信息。在报文转发过程中，处理携带这些"Options"的IPv4报文会占用设备较多的资源。另外，IPv4允许的选项数量有限且内容固定，扩展困难。

IPv6采用了更加灵活的处理方式，它将"Options"放到了扩展头部中。一个IPv6报文必须包含一个IPv6基本头部（大小为40B），同时可以包含0个、1个或多个扩展头部，如图2-7所示。仅当需要中间转发节点或目的节点做某些特殊处理时，才由报文发送方添加一个或多个扩展头部。IPv6扩展头部的长度是可变的（但总是8B的整数倍），这样便于日后新增选项。

如果一个IPv6报文不携带扩展头部，那么IPv6基本头部中的"Next Header"字段值指示载荷数据的类型，如"58"对应ICMPv6（Internet Control Message Protocol for the IPv6，IPv6网际控制报文协议）；如果一个IPv6报文携带多个扩展头部，那么IPv6基本头部中的"Next Header"字段指示紧跟在基本头部后面的第一个扩展头部的类型，而该扩展头部中的"Next Header"字段则指示下一个扩展头部的类型，最后一个扩展头部中的"Next Header"字段值指示载荷数据的类型。

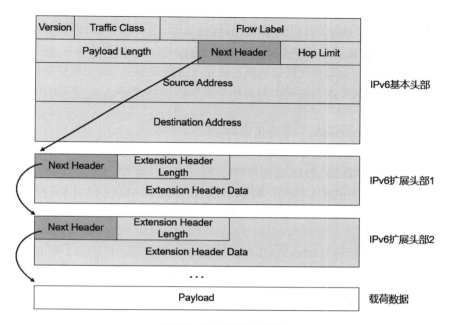

图 2-7　IPv6 扩展头部格式

"报头""报文头部""头部"在本书中含义相同。

IPv6扩展头部中主要字段的解释如下。

（1）Next Header（下一个报头）：长度为8bit，与IPv6基本头部的"Next Header"字段的作用相同，指明下一个扩展头部（如果存在）或上层协议的类型。

（2）Extension Header Length（扩展报头长度）：长度为8bit，表示扩展头部的长度（不包含"Next Header"字段）。

（3）Extension Header Data（扩展报头数据）：长度可变，扩展头部的内容，为一系列选项字段和填充字段的组合。

RFC 2460文档"Internet Protocol, Version 6 (IPv6) Specification（互联网协议IPv6规范）"中定义了6种常用的IPv6扩展头部。

1．逐跳选项报头

逐跳选项报头（Hop-by-Hop Options Header）也称HBH扩展头部，用于携带数据包传输路径上的每个节点必须检查的信息。例如，在IP网络切片方案中使用HBH扩展头部来携带切片ID信息，每一跳转发设备通过该信息判断报文所属的切片。

代表该类报头的"Next Header"字段值为0。

2．目的选项报头

目的选项报头（Destination Options Header，DOH）也称为DOH扩展头部，该扩展头部携带了一些只有目的节点才会处理的信息，即仅当设备是该报文的目的IPv6地址对应的设备时，它才会处理该扩展头部。例如，在新型组播技术BIERv6中，使用DOH扩展头部携带 BitString（比特串）信息，BitString信息中的每一位代表一个组播报文接收节点，BIERv6网络中的每个节点可以根据所接收报文中的BitString信息完成组播报文转发。

代表该类报头的"Next Header"字段值为60。

3．路由报头

路由报头（Routing Header，RH）也称为RH扩展头部，头节点使用RH扩展头部列出在前往数据包目的地的途中要"访问"的一个或多个中间节点。例如，在SRv6中，源节点可以为报文封装RH扩展头部，让报文沿着事先指定的路径转发（该路径可以为报文提供更好的网络服务质量，如较低的时延），报文转发过程中，对应的节点根据RH扩展头部所携带的信息对报文进行转发与处理。

代表该类报头的"Next Header"字段值为43。

4．分片报头

分片报头（Fragment Header，FH）也称为FH扩展头部，当报文长度超过链路MTU（Maximum Transmission Unit，最大传输单元）时就需要将报文分片发送，此时需要使用本扩展头部。

代表该类报头的"Next Header"字段值为44。

5．认证报头

认证报头（Authentication Header，AH）也称为AH扩展头部，该扩展头部由IPSec使用，实现对IPv6数据包的源认证、数据完整性保护，以及抗重放攻击。

代表该类报头的"Next Header"字段值为51。

6．封装安全载荷报头

封装安全载荷报头（Encapsulating Security Payload Header）也称为ESP扩展头部，该扩展头部由IPSec使用，实现对IPv6数据包的源认证、数据完整性与数据机密性保护，以及抗重放攻击。

代表该类报头的"Next Header"字段值为50。

当超过一种扩展报头被用在同一个IPv6报文里时，报头必须按照下列顺序出现（DOH扩展头部可以出现一次或两次，并且出现的位置不同；其他扩展头部只能出现一次）：①IPv6基本头部；②逐跳选项报头；③目的选项报头；④路由报头；⑤分片报头；⑥认证报头；⑦封装安全载荷报头；⑧目的选项报头；⑨上层协议数据报文。

闯关题2-1

2.4 IPv6 编址方案

2.4.1 IPv6 地址简介

IPv6地址的长度为128bit，一般用冒号分割为8段，每一段16bit，每一段用十六进制数表示，如图2-8所示。IPv6地址中的字母大小写不敏感，如A等同于a。

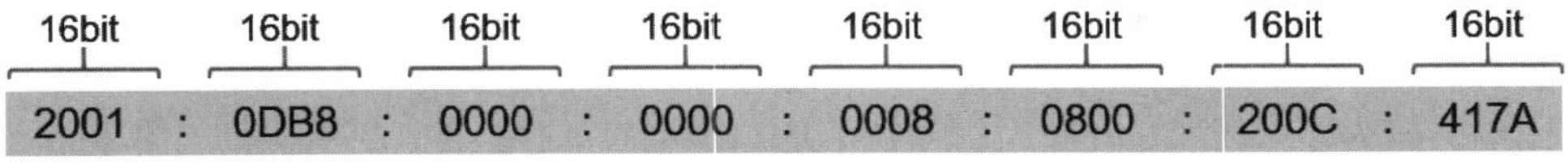

16bit	16bit	16bit	16bit	16bit	16bit	16bit	16bit
2001 :	0DB8 :	0000 :	0000 :	0008 :	0800 :	200C :	417A

图 2-8　IPv6 地址示例

从示例可以看出，书写IPv6地址还是比较麻烦的，因此IPv6地址提供了压缩表示格式，具体压缩规则如下。

（1）前导0压缩规则：每个16bit段中起始位置的0可以省略（压缩），如果16bit均为0，则至少要保留一个"0"。

（2）双冒号规则：一个或多个连续16bit段为0时，可用双冒号"::"表示，双冒号在地址中只能出现一次。

图2-9所示为IPv6地址的简化方法。

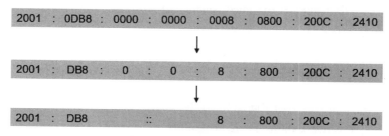

图 2-9　IPv6 地址的简化方法

示例如下。

（1）压缩前地址：0000:0000:0000:0000:0000:0000:0000:0000。

压缩后地址：::。

（2）压缩前地址：0000:0000:0000:0000:0000:0000:0000:0001。

压缩后地址：::1。

（3）压缩前地址：2001:0DB8:0000:0000:0000:1000:0002:00F0。

压缩后地址：2001:DB8::1000:2:F0。

（4）压缩前地址：2001:0DB8:0000:1234:AB00:0000:00CD:2410。

压缩后地址：2001:DB8::1234:AB00:0:CD:2410 或 2001:DB8:0:1234:AB00::CD:2410。

2.4.2　IPv6 地址类型

闯关题2-2

IPv6地址包含单播地址（Unicast Address）、组播地址（Multicast Address）及任播地址（Anycast Address）三种类型，如图2-10所示。

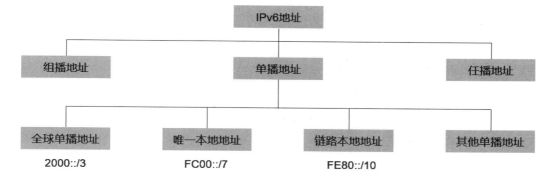

图 2-10　IPv6 地址类型

（1）单播地址：标识一个网络接口。目的地址为单播地址的报文会被送到被标识的网络接口。一个IPv6网络接口可以拥有一个或多个IPv6单播地址。

（2）组播地址：标识一组网络接口。目的地址为组播地址的报文会被送到被标识的所有网络接口，只有加入相应组播组的设备接口才会侦听发往该组播地址的报文。

（3）任播地址：标识一组网络接口（通常属于不同的节点）。目的地址是任播地址的报文将发送给其中路由层面最近的一个网络接口。

在IPv6中，广播这种通信方式没有被使用，因此，IPv6没有定义广播地址（Broadcast Address）。

读者可以通过IANA（Internet Assigned Numbers Authority，互联网数字分配机构）网站了解目前的IPv6地址分配情况。

2.4.3　IPv6 单播地址

一个IPv6单播地址可以分为如下两部分（见图2-11）。

（1）网络前缀（Network Prefix）：长度为 n bit，相当于IPv4地址中的网络部分。

（2）接口标识（Interface Identifier）：长度为 $128-n$ bit，即接口ID，相当于IPv4地址中的主机ID。

IPv6单播地址中的接口ID用于标识链路上的接口。在一个IPv6网段内，接口ID必须唯一。接口ID可以由网络管理员手工指定，也可以由设备自动生成。同一接口ID可以用于单个节点上的多个接口，只要它们连接到不同的IPv6网段。

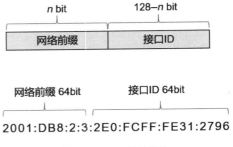

图 2-11　IPv6 地址结构

1．全球单播地址

全球单播地址（Global Unicast Address，GUA）指的是具有全球可路由的网络前缀的IPv6地址（见图2-12），即公网IPv6地址，该地址在Internet上可路由。一般而言，终端只有具备全球单播地址才能直接访问Internet。

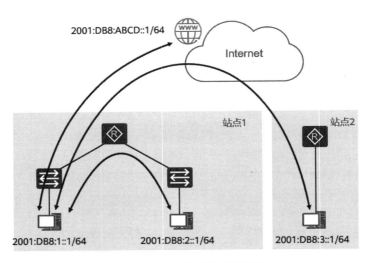

图 2-12　全球单播地址应用范围

目前，IANA已经分配的全球路由前缀的最高3 bit为001，即目前已经分配的全球单播地址空间为2000::/3。如图2-13所示，全球单播地址由"全球路由前缀（Global Routing Prefix）""子网ID（Subnet ID）"和"接口ID"组成，在典型的场景下，企业可从ISP购买Internet接入链路后获得IPv6全球单播地址，其中"全球路由前缀"由ISP分配，通常至少为48bit，"子网ID"可以由该企业自行分配，用于在企业网络内划分子网，而"接口ID"则用于在一个子网中标识一个节点，可以多种方式配置。

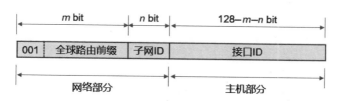

图 2-13　IPv6 全球单播地址

图2-14所示为某个大型银行全球单播地址的规划案例，假设该银行获得一个网络前缀长度为32bit的IPv6地址块，该银行根据组织架构及其IT基础设施情况，层次化地进行网络地址规划。在本案例中，总行-生产-生产业务区的IPv6地址段为XXXX:XXXX:0000:4000::/64。

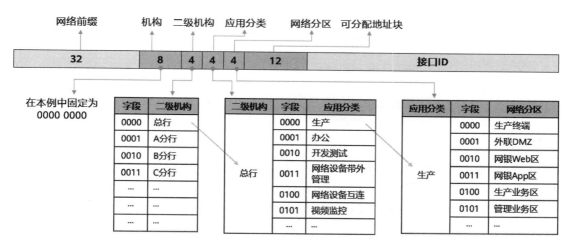

图 2-14　IPv6 地址规划案例

2．唯一本地地址

唯一本地地址（Unique Local Address，ULA）相当于私网IPv6地址，只能在组织机构的内部网络中使用，用户可以在一个内部网络中随意使用唯一本地地址。如图2-15所示，该地址空间在IPv6公网（如Internet）中不可被路由，因此不能直接访问公网。使用唯一本地地址的设备如需访问IPv6公网，先要进行网络地址转换。

目前，IANA已经分配的唯一本地地址的最高7bit为1111 110，即唯一本地地址空间为FC00::/7。

如图2-16所示，在唯一本地地址的地址结构中，"L"代表L标志位，值为1时表示该地址为在本地网络范围内使用的地址（即FD00::/8），为0的值被保留（即FC00::/8），用于以后扩展；"Global ID"是一个通过伪随机方式产生的40bit长度的ID，这种方式可以使一个唯一本地地址即使在全球范围内也具有极高的唯一可能性。随机产生的ID没有任何规律，因此在全球范围内冲突的可能性较高，而采用伪随机方式，如基于网络内的某个MAC地址或当前时间计算得出

Global ID等，产生冲突的可能性更低；"子网ID"可以由用户自行分配，用于在网络内划分子网；而"接口ID"则用于在一个子网中标识一个节点，可以多种方式配置。

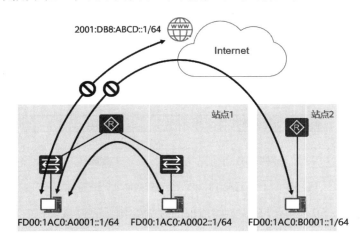

图 2-15　唯一本地地址应用范围

说明：RFC 4193文档"Unique Local IPv6 Unicast Addresses（IPv6唯一本地单播地址）"列举了一些用于伪随机生成Global ID的方法。

图 2-16　IPv6 唯一本地地址

说明：站点本地地址（Site Local Address，SLA）是一种特殊的IPv6单播地址，其地址空间为FEC0::/10。该类地址只能在一个站点内使用，相当于IPv6中的私网地址。站点本地地址在RFC 3513文档"Internet Protocol Version 6 (IPv6) Addressing Architecture（IPv6寻址架构）"中定义，但是由于"站点"一词的定义模糊及其他问题，RFC 3879已将站点本地地址弃用。目前，站点本地地址已经被唯一本地地址所取代。

3．链路本地地址

链路本地地址（Link-Local Address，LLA）的应用范围受限，该地址被配置到节点的接口之后，只能在该接口所连接的本地链路范围内使用，例如，两台PC使用网线直连，此时二者互连的网卡处于同一本地链路，那么双方可以通过链路本地地址实现通信。当然，如果多台PC通过一台以太网二层交换机互连，那么这些PC也被认为属于同一本地链路，也可通过链路本地地址实现通信（见图2-17）。

IPv6主机的网卡或者网络设备的接口可以拥有多个全球单播地址或唯一本地地址，但是这些接口要能够正常工作，就必须具备一个链路范围内唯一的链路本地地址。以链路本地地址为源地址或目的地址的IPv6报文不会被路由设备转发到其他链路。

华为网络设备支持自动生成和手工指定两种链路本地地址配置方式。在华为NetEngine AR路由器上，在接口获得一个IPv6全球单播地址或唯一本地地址后，设备会自动为该接口生成链路本地地址。

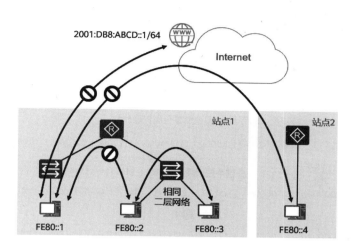

图 2-17　链路本地地址应用范围

链路本地地址的前缀为FE80::/10（最高10bit为1111111010），"接口ID"添加在前缀后面作为地址的低64bit，如图2-18所示。

图 2-18　IPv6 链路本地地址

4．环回地址

IPv6环回地址即 0:0:0:0:0:0:0:1/128 或者 ::1/128。环回地址可以作为IP报文的目的地址使用，主要用于设备给自己发送报文。我们经常在一个设备上探测本设备到::1/128的可达性来验证设备的协议栈是否正常工作。

5．未指定地址

IPv6未指定地址即 0:0:0:0:0:0:0:0/128 或者 ::/128。该地址可以表示某个接口还没有IPv6地址，可以作为某些报文的源IPv6地址（如在重复地址检测中出现）。源地址是::的报文不会被路由设备转发。

6．接口ID

接口ID可以由网络管理员手工指定，也可以由设备自动生成，其中自动生成有多种方式，如基于IEEE EUI-64规范生成接口ID、基于RFC 4941（已被RFC 8981取代）所定义的规范生成接口ID，以及基于RFC 7217所定义的规范生成接口ID等。目前，基于IEEE EUI-64规范自动生成接口ID最为常用。

IEEE EUI-64规范将接口的数据链路层地址（如48bit长度的MAC地址）转换为64bit长度的IPv6接口ID。如图2-19所示，假设一个接口的MAC地址为00E0-FCF0-6741，接口可基于IEEE EUI-64规范根据该MAC地址生成接口ID，由于该MAC地址全局唯一，因此该接口ID也相应地具备唯一性，计算过程如下。

（1）在48bit的MAC地址中间插入"FFFE"。

（2）对第7位（U/L位）取反，即可得到对应的接口ID。

在单播MAC地址中，第7位是U/L（Universal/Local，也称为G/L，其中G表示Global）位，

用于表示 MAC 地址的唯一性。如果 U/L=0，则该 MAC 地址是全局管理地址，是由拥有 OUI（Organizationally Unique Identifier，组织唯一标识符）的厂商所分配的 MAC 地址；如果 U/L=1，则该 MAC 地址是本地管理地址，是网络管理员基于业务目的自定义的 MAC 地址。

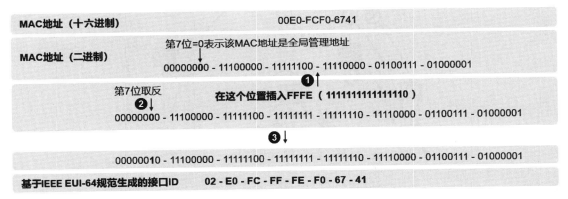

图 2-19　基于 IEEE EUI-64 规范自动生成 64bit 接口 ID 示例

基于 IEEE EUI-64 规范自动产生的接口 ID 常用于 IPv6 无状态地址自动配置，这样基于数据链路层地址产生稳定的接口 ID 实际上是存在一定的安全隐患的，难以防范位置跟踪、地址扫描及特定设备漏洞利用等。以位置跟踪为例，由于设备接口的 MAC 地址是固定的，因此设备基于 IEEE EUI-64 规范所产生的接口 ID 也是固定的，那么当设备在 IPv6 网络中移动时，虽然其所使用的 IPv6 地址前缀可能会发生变化，但是利用固定的接口 ID，攻击者是能够跟踪到该设备的。RFC 7721 文档 "Security and Privacy Considerations for IPv6 Address Generation Mechanisms（IPv6 地址生成机制的安全与隐私考量）"详细描述了上述安全隐患。

RFC 7217 文档 "A Method for Generating Semantically Opaque Interface Identifiers with IPv6 Stateless Address Auto Configuration (SLAAC)（使用 IPv6 无状态地址自动配置生成语义模糊的接口 ID 的方法）"给出了一种更加安全的方案，该文档定义了一种语义模糊的接口 ID 的生成方案，在该方案中，接口 ID 通过伪随机函数计算得到，函数的输入包括多个参数及一个至少 128bit 的密钥。通过这种方式生成的接口 ID 可用于 IPv6 无状态地址自动配置，并在一定程度上避免部分攻击行为。这种接口 ID 在一个子网内是稳定的，但是当主机从一个网络移动到另一个网络时会发生变化。

RFC 8981 文档 "Temporary Address Extensions for Stateless Address Auto Configuration in IPv6（IPv6 无状态地址自动配置中的临时地址扩展）"介绍了一种针对 IPv6 无状态地址自动配置的临时地址扩展方案，采用该方案时，设备会在启动无状态地址自动配置功能的接口上，针对所收到的 IPv6 地址前缀生成具有随机接口 ID 的临时 IPv6 地址，该随机接口 ID 会在一定时间后发生变化。设备可以采用这些临时 IPv6 地址与外界进行通信。采用这个方案也可以在一定程度上避免部分攻击行为。

闯关题2-3

2.4.4　IPv6 组播地址

组播通信是一种一对多的通信方式，目的 IP 地址为组播 IP 地址的报文发向一组接收者，这些接收者需要加入相应的组播组。针对某个特定的组播组，即使网络中存在多个接收者，对于组播源而言，每次也只需发送一份报文，网络中的组播转发设备负责复制组播报文并向有需要的接口转发。

在IPv6组播应用中需要使用IPv6组播地址，IPv6组播地址用于标识一个组播组。为了更加形象地理解组播，我们可以对比现实中的电视节目。我们在观看电视时，将电视机调节到某个频道（加入组播组），就可以观看相应的电视内容（收到组播数据），而频道的内容提供方持续向该频道输送电视内容（以组播组对应的组播地址为目的地址发送数据），如图2-20所示。

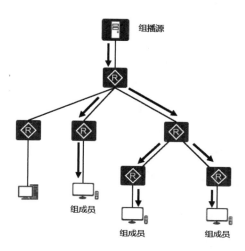

图 2-20　组播

RFC 4291文档"IP Version 6 Addressing Architecture（IPv6寻址架构）"定义了IPv6组播地址的一般格式，一个IPv6组播地址由地址前缀、标志、范围及组播组ID这4个部分组成，如图2-21所示。

图 2-21　IPv6 组播地址

（1）地址前缀：IPv6组播地址的地址前缀是FF00::/8，即IPv6组播地址总是以FF开头。

（2）标志（Flags）：长度为4bit，目前主要使用的是最后一位，该位为0，表示当前的组播地址是由IANA分配的一个永久分配地址；值为1，表示当前的组播地址是一个非永久分配地址。

（3）范围（Scope）：长度为4bit，用来限制组播数据流在网络中发送的范围。例如，Scope取值为2表示本地链路范围。

（4）组播组ID（Group ID）：长度为112bit，用于标识组播组。

IANA定义了一些知名的组播地址，详见IANA网站。

IPv6组播地址中有一类特殊的地址，它们是被请求节点组播地址（Solicited-Node Multicast Address）。在以太网环境中，节点向某个网络地址发送数据前，需要获得该网络地址对应的数据链路层地址（MAC地址），方可构造数据帧。如图2-22所示，在IPv4中，节点通过广播ARP Request（请求）报文来请求一个IPv4地址对应的MAC地址，IPv4地址的拥有者通过ARP Reply（响应）报文进行回应。之所以要发送广播帧，是因为要确保广播域内所有节点都能收到（不知道目的节点的具体位置）。然而除了目的节点，该广播帧对于其他节点而言是个困扰，因为它们不得不去解析这个广播帧（从数据链路层封装一直解析到ARP载荷数据），这会浪费设备的性能。在IPv6中，ARP及广播通信机制都被取消，当节点需要获得某个IPv6地址对应的MAC地址时，节点依然需要发送请求报文，但是该报文是一种ICMPv6报文，即邻居请求报文（本书将在第3章中详细介绍这种报文），并且以组播的方式发送，其目的IPv6地址是IPv6单播地址对应的被请求节点组播地址，目的节点会侦听这个被请求节点组播地址，它收到邻居请求报文后，再使用ICMPv6邻居通告报文进行应答，告知对方自己的MAC地址。

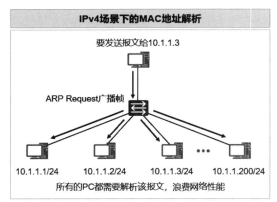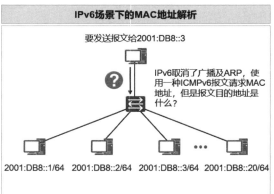

图 2-22　被请求节点组播地址的技术背景

当一个节点具有单播或任播地址，就会对应生成一个被请求节点组播地址，并加入对应的组播组。被请求节点组播地址的有效范围为本地链路范围。该地址除了用于地址解析外，还可用于重复地址检测等场景。本书将在后续章节中详细介绍相关概念及原理。

被请求节点组播地址由固定前缀FF02::1:FF00:0/104和对应IPv6地址的低24bit组成，如图2-23所示。

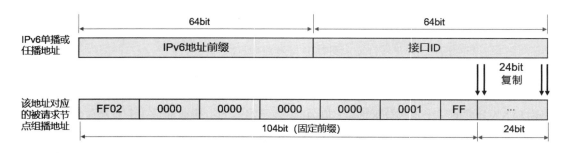

图 2-23　IPv6 地址对应的被请求节点组播地址

2.4.5　IPv6 任播地址

任播地址标识一组网络接口（通常属于不同的节点），其设计目的是在给多个主机或者节点提供相同服务时实现冗余功能和负载分担功能。在典型场景中，一个IPv6任播地址同时属于多个不同节点的接口，这些节点通过该地址对外提供相同的服务。目的地址为任播地址的报文将被发往该地址所标识的一组接口中距离源节点最近的一个接口，此处"最近"指的是路由的度量值最优（见图2-24）。IPv6没有为任播指定单独的地址空间，任播地址和单播地址使用相同的地址空间。

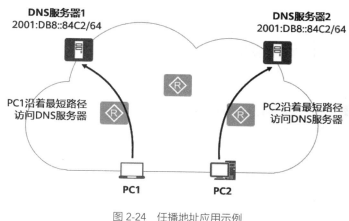

图 2-24　任播地址应用示例

闯关题2-4

2.5　IPv6 地址配置

2.5.1　IPv6 地址配置概述

通常，一个典型的IPv6网络包含终端（如PC、手机等）及网络设备（如路由器、交换机等），这些设备要正常工作往往都需要具备IPv6地址。此外，设备在网络接入位置发生变化时也需要获取新的IP地址和相关参数。网络设备需要配置的参数主要包括以下两类。

（1）IPv6地址前缀或IPv6地址。

（2）其他网络配置参数，如DNS服务器地址、SNTP（Simple Network Time Protocol，简单网络时间协议）服务器地址等。

IPv6设备可以灵活、便捷地获取IPv6地址和相关网络配置参数。IPv6地址的配置方式主要有三种，分别是手工配置、通过DHCPv6（Dynamic Host Configuration Protocol for IPv6，IPv6动态主机配置协议）配置（即有状态地址自动配置），以及无状态地址自动配置（Stateless Address Auto configuration，SLAAC）。

1．手工配置

用户可以在终端或网络设备上通过手工配置的方式指定IPv6地址/前缀长度及其他网络参数（DNS、NIS、SNTP服务器地址等），如图2-25所示。手工配置IPv6地址的方式适用于设备数量不多或在配置、维护工作量方面无明显压力的场景，以及需要设备使用固定的IPv6地址的场景。

2．有状态地址自动配置

有状态地址自动配置使用DHCPv6，DHCPv6服务器负责保存每个节点的状态信息，并管理这些保存的信息，属于C/S（客户/服务器）应用模式，网络中需部署DHCPv6服务器，客户端也需支持DHCPv6。该地址配置方式适用于对IPv6地址分配过程有集中管理的需求，或分配的网络参数较多的场景，DHCPv6目前广泛应用在IPv6网络中。

3．无状态地址自动配置

IPv6无状态地址自动配置方式只需相邻设备开启IPv6路由通告功能，主机即可以根据路由通告报文包含的网络前缀信息自动配置本机地址。IPv6无状态地址自动配置方式基于邻居发现协议（Neighbor Discovery Protocol，NDP）来实现，无须部署独立的地址分配服务器，部署成本低，适用于对IPv6地址松散管理，需快速获得服务的场景；但是由于地址前缀通告设备（通常是本地路由器）并不记录IPv6主机的具体地址信息，因此地址可管理性差。

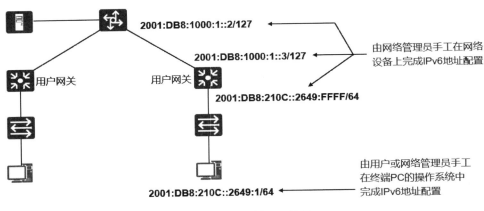

图 2-25　手工配置 IPv6 地址

2.5.2　DHCPv6

客户端设备通过DHCPv6自动从服务器获取IPv6地址/前缀及其他网络配置参数（如DNS服务器地址、SNTP服务器地址等参数），如图2-26所示。通过DHCPv6配置IPv6地址的方式适用于设备规模较大，或对配置维护效率有高要求的场景，如园区网络中存在大量终端时。

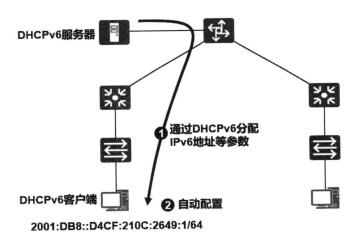

图 2-26　通过 DHCPv6 配置 IPv6 地址

DHCPv6的典型组网架构中主要有如下三个角色。

（1）DHCPv6客户端（DHCPv6 Client）：DHCPv6客户端与DHCPv6服务器通过DHCPv6进行交互，然后DHCPv6客户端从DHCPv6服务器获取IPv6地址/前缀和网络配置信息，自动完成自身的网络参数配置。

（2）DHCPv6 服务器（DHCPv6 Server）：DHCPv6 服务器通常是安装了 DHCPv6 服务软件的设备，它处理来自客户端的地址分配、地址续租、地址释放等请求。网络管理员往往需要在 DHCPv6 服务器上配置 IPv6 地址池及其他网络信息，以便服务器能够响应客户端的上述请求。

（3）DHCPv6 中继代理（DHCPv6 Relay Agent）：DHCPv6 客户端不需要配置 DHCPv6 服务器的 IPv6 地址，而是发送目的地址为知名组播地址 FF02::1:2（所有 DHCP 中继代理和服务器）的 DHCPv6 Solicit（请求）报文来定位 DHCPv6 服务器。如果 DHCPv6 客户端和 DHCPv6 服务器位于同一链路范围内，那么 DHCPv6 客户端能够正常定位 DHCPv6 服务器并从后者获取 IPv6 地址等网络配置信息，而当二者不在同一链路范围内时，DHCPv6 客户端发出的组播报文无法正常到达 DHCPv6 服务器，此时便需要 DHCPv6 中继代理的参与。从逻辑上看，DHCPv6 中继代理位于 DHCPv6 客户端和 DHCPv6 服务器之间，负责接收来自 DHCPv6 客户端方向的 DHCPv6 报文，然后向 DHCPv6 服务器进行转发，反之亦然，以此来协助 DHCPv6 客户端和 DHCPv6 服务器完成地址配置过程。

DHCPv6 报文承载于 UDP 之上，DHCPv6 客户端侦听的 UDP 端口号是 546。DHCPv6 服务器、DHCPv6 中继代理侦听的 UDP 端口号是 547。

DHCPv6 也包含有状态自动分配和无状态自动分配两种分配方式。

（1）DHCPv6 有状态自动分配：终端作为 DHCPv6 客户端通过 DHCPv6 自动配置 IPv6 地址/前缀，以及 DNS、SNTP 服务器地址等网络配置参数。

（2）DHCPv6 无状态自动分配：终端配置 IPv6 地址采用 SLAAC 方式，但是通过 DHCPv6 自动配置除 IPv6 地址之外的其他网络配置参数，如 DNS、NIS、SNTP 服务器地址等。

图 2-27 所示为 DHCPv6 有状态自动分配的典型工作原理。

（1）初始时，DHCPv6 客户端并不知道 DHCPv6 服务器的所在，于是 DHCPv6 客户端发送目的地址为知名组播地址 FF02::1:2 的 DHCPv6 Solicit 报文，请求网络中的 DHCPv6 服务器为其分配 IPv6 地址/前缀和网络配置参数。

（2）网络中的 DHCPv6 服务器会加入组播组 FF02::1:2，其收到 DHCPv6 Solicit 报文后，从 DHCPv6 地址池中挑选一个 IPv6 地址，然后将地址及其他网络配置参数通过 DHCPv6 Advertise（通告）报文回复给 DHCPv6 客户端。

（3）网络中可能存在多台 DHCPv6 服务

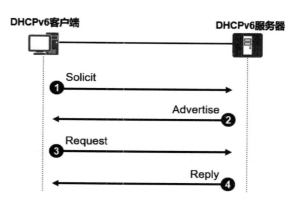

图 2-27　DHCPv6 有状态自动分配（四步交互）

器，此时 DHCPv6 客户端有可能收到多个 DHCPv6 Advertise 报文，当发生这种情况时，DHCPv6 客户端根据报文接收的先后顺序、DHCPv6 服务器优先级等选择其中一台 DHCPv6 服务器，并向该服务器发送 DHCPv6 Request 报文，请求服务器确认为其分配地址/前缀和网络配置参数。

（4）DHCPv6 服务器收到客户端发来的 DHCPv6 Request 报文后，使用 DHCPv6 Reply 报文进行回应，确认将地址/前缀和网络配置参数分配给客户端使用。

以上描述的是 DHCPv6 的四步交互过程，四步交互常用于网络中存在多个 DHCPv6 服务器的情况。此外，DHCPv6 还支持效率更高的两步交互快速分配过程。DHCPv6 两步交互适用于网络中仅有一台DHCPv6服务器的情况，DHCPv6客户端首先通过组播发送DHCPv6 Solicit报文来定位可以为其提供服务的DHCPv6服务器，并在报文中携带Rapid Commit（快速提交）选项，支持两步交互的DHCPv6服务器收到客户端的DHCPv6 Solicit报文后，直接回应DHCPv6 Reply报文为其分配地址和网络配置参数。

2.5.3 SLAAC

SLAAC方式指的是设备自动生成IPv6链路本地地址后，根据ICMPv6 RA（Router Advertisement，路由器通告）报文所携带的IPv6前缀信息，自动配置自己的IPv6单播地址（见图2-28），也可获得其他网络配置参数。SLAAC无须像DHCPv6那样部署独立的地址分配服务器，只需相邻设备开启ICMPv6 RA报文通告功能，主机即可根据RA报文包含的前缀信息自动配置本机IPv6地址，部署成本低，适用于对IPv6地址松散管理、需快速获得IPv6连接服务的场景。在SLAAC方式中，IPv6地址前缀通告设备（如网络中的路由器或交换机等）并不记录IPv6主机的具体地址信息，因此其比DHCPv6方式可管理性更差。目前，主流的PC操作系统、智能手机操作系统均支持通过SLAAC方式获取IPv6地址。本书将在第3章中详细介绍SLAAC的原理与实现。

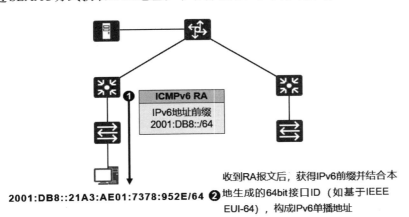

闯关题2-5

图 2-28　通过 SLAAC 方式配置 IPv6 地址

2.6　实验：构建一个简单的 IPv6 网络

在图2-29所示的网络中，R1的GE0/0/10接口连接着一个LAN，其中有终端PC，为简单起见，图中仅体现一台PC。PC的默认网关为R1。R1与R2直连，后者连接着一个IPv6办公网络。我们将在R1上完成IPv6的相关配置，使R1在收到PC发往IPv6办公网络的流量后，能够将流量转发给R2。

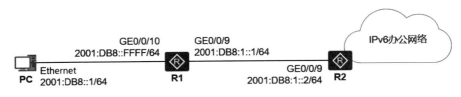

图 2-29　构建一个简单的 IPv6 网络

R1的配置如下：

```
<Huawei> system-view
[Huawei] sysname R1
[R1] ipv6
[R1] interface GigabitEthernet 0/0/10
[R1-GigabitEthernet0/0/10] ipv6 enable
[R1-GigabitEthernet0/0/10] ipv6 address 2001:DB8::FFFF 64
[R1-GigabitEthernet0/0/10] quit
[R1] interface GigabitEthernet 0/0/9
[R1-GigabitEthernet0/0/9] ipv6 enable
[R1-GigabitEthernet0/0/9] ipv6 address 2001:DB8:1::1 64
[R1-GigabitEthernet0/0/9] quit
[R1] ipv6 route-static :: 0 2001:DB8:1::2
```

在以上配置中，**system-view**命令用于从用户视图进入系统视图，**sysname R1**命令用于将设备的系统名称修改为R1，**ipv6**命令用于全局激活设备的IPv6功能。另外，**interface GigabitEthernet 0/0/10**命令用于进入GE0/0/10接口的配置视图，在该视图下，**ipv6 enable**命令用于激活本接口IPv6功能，**ipv6 address 2001:DB8::FFFF 64**命令则用于配置本接口的IPv6地址和前缀长度。GE0/0/9接口的配置与之类似，此处不再赘述。最后，**ipv6 route-static :: 0 2001:DB8:1::2**命令用于在R1的IPv6路由表中添加一条静态默认路由，在PC发往IPv6办公网络的报文到达R1后，R1使用这条默认路由将报文引导到下一跳地址2001:DB8:1::2，也就是R2。在本例中，为了确保PC能够访问IPv6办公网络（该通信过程涉及去向报文及回程报文），R2也需要进行相关配置，包括配置到达PC所在网段的路由等。路由的概念本书将在后续章节中详细介绍。

2.7 实验：DHCPv6 在路由器上的基本配置

在图2-30所示的网络中，路由器（Router）上连一个IPv6网络（Network），下连交换机，并通过Switch连接多台PC。现在，我们将在Router上完成IPv6配置并部署DHCPv6服务，使它能够充当DHCPv6服务器，为Switch所连接的PC（DHCPv6客户端）分配IPv6地址、DNS服务器地址。

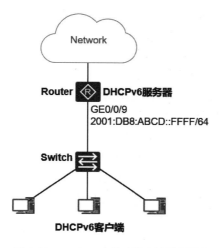

图 2-30　DHCPv6 在路由器上的基本配置

Router 的关键配置如下：

```
<Huawei> system-view
[Huawei] sysname Router
[Router] ipv6                                              #全局激活 IPv6功能
[Router] dhcp enable                                       #启动 DHCP服务
[Router] dhcpv6 pool pool1                                 #配置 DHCPv6地址池
[Router-dhcpv6-pool-pool1] address prefix 2001:DB8:ABCD::/64
[Router-dhcpv6-pool-pool1] dns-server 2001:DB8:8::8
[Router-dhcpv6-pool-pool1] excluded-address 2001:DB8:ABCD::FFFF
[Router-dhcpv6-pool-pool1] quit
[Router] interface GigabitEthernet 0/0/9 #配置GE0/0/9接口的IPv6功能、DHCPv6服务器功能等
[Router-GigabitEthernet0/0/9] ipv6 enable
[Router-GigabitEthernet0/0/9] ipv6 address 2001:DB8:ABCD::FFFF 64
[Router-GigabitEthernet0/0/9] dhcpv6 server pool1
[Router-GigabitEthernet0/0/9] undo ipv6 nd ra halt
[Router-GigabitEthernet0/0/9] ipv6 nd autoconfig managed-address-flag
[Router-GigabitEthernet0/0/9] ipv6 nd autoconfig other-flag
[Router-GigabitEthernet0/0/9] ipv6 nd ra prefix default no-advertise
[Router-GigabitEthernet0/0/9] quit
......
```

在以上配置中，在设备的系统视图下执行的 **dhcp enable** 命令用于启动 DHCP 服务，**dhcpv6 pool pool1** 命令用于创建一个名称为 pool1 的 DHCPv6 地址池并进入地址池视图，在该视图下，**address prefix 2001:DB8:ABCD::/64** 命令用于配置地址池的网络前缀为 2001:DB8:ABCD::/64，**dns-server 2001:DB8:8::8** 命令用于配置 DNS 服务器地址为 2001:DB8:8::8，**excluded-address 2001:DB8:ABCD::FFFF** 命令用于将 2001:DB8:ABCD::FFFF 这个 IPv6 地址从 **address prefix** 命令所指定的地址范围中排除掉，因为该地址已经被 Router 使用，所以需要将该地址从地址池中排除掉，以免其被分配给 DHCPv6 客户端。

完成上述配置后，我们便在设备上创建好了 DHCPv6 地址池。接下来，进入 GE0/0/9 接口视图，在该接口上激活 IPv6 功能，并配置 IPv6 地址，然后配置 DHCPv6 服务器功能。其中，**dhcpv6 server pool1** 命令用于将该接口的 DHCPv6 服务器功能激活并指定对应的地址池为 pool1。

为了让 GE0/0/9 接口所连接的 PC 使用 DHCPv6 来获取 IPv6 地址及其他网络配置参数，我们还需要在该接口上发布 ICMPv6 RA 报文，并通过在该报文中设置相应标志位来指示 PC 进行相应的操作。在 GE0/0/9 接口上执行的 **undo ipv6 nd ra halt** 命令用于激活接口发布 RA 报文的功能，**ipv6 nd autoconfig managed-address-flag** 命令用来设置 RA 报文中的有状态自动配置地址的标志位，如果设置了该标志位，则 PC 通过 DHCPv6 有状态自动分配方式获得 IPv6 地址，**ipv6 nd autoconfig other-flag** 命令用来设置 RA 报文中的有状态自动配置其他信息的标志位，如果设置了该标志位，则 PC 可通过 DHCPv6 有状态自动分配方式获得除 IPv6 地址外的其他配置信息。最后，**ipv6 nd ra prefix default no-advertise** 命令用于指定 RA 报文不携带接口 IPv6 地址生成的默认前缀，因为我们希望 PC 通过 DHCPv6 来获取 IPv6 地址前缀，而不是通过 RA 报文获取。

说明：ICMPv6 及 RA 报文本书将在后续章节中详细介绍。

完成上述配置后，可以使用 **display dhcpv6 pool** 命令用来查看 DHCPv6 地址池信息。

```
[Router] display dhcpv6 pool pool1
DHCPv6 pool: pool1
  Address prefix: 2001:DB8:ABCD::/64
```

```
    Lifetime valid 172800 seconds, preferred 86400 seconds
    1 in use, 0 conflicts
excluded-address 2001:DB8:ABCD::FFFF
1 excluded addresses
Information refresh time: 86400
DNS server address: 2001:DB8:8::8
conflict-address expire-time: 172800
renew-time-percent : 50
rebind-time-percent : 80
Active normal clients: 1
Logging : Disable
```

使用 **display dhcpv6 server** 命令可以查看 DHCPv6 服务器信息。

```
[Router] display dhcpv6 server
 Interface                              DHCPv6 pool
 GigabitEthernet0/0/9                   pool1
```

此时，只要在 PC 上配置通过 DHCPv6 自动获取地址，PC 便可以从 Router 获取 IPv6 地址等网络配置参数。

2.8　本章小结

本章介绍了 IPv6 基础知识，包括以下主要内容。

（1）一个 IPv4 报文包含 IPv4 头部和载荷数据两部分，IPv4 地址长度 32bit，包括单播地址、组播地址和广播地址三类。为了解决 IPv4 地址短缺的问题，家庭或企业内部的私有网络可以使用私网 IPv4 地址进行通信，私网设备访问 Internet 时需要利用网络边界处的 NAT 设备进行私网 IPv4 地址与公网 IPv4 地址的转换。

（2）IPv6 的使用彻底解决了 IPv4 网络地址资源枯竭和路由表膨胀等问题。IPv6 提供庞大的地址空间，使用层次化网络结构，便于精简路由表，支持轻量化的无状态地址自动配置，同时，IPv6 也更加安全和灵活，能够更好地支持各种扩展功能。

（3）IPv6 报文由 IPv6 基本头部、IPv6 扩展头部，以及上层协议数据三部分组成，基本头部的大小为固定的 40B。IPv6 扩展头部的使用体现了 IPv6 的无限扩展功能，用户可以根据需要在基本头部后添加一个或多个扩展头部，为了提高网络处理效率，同一个 IPv6 报文包含超过一种扩展头部时，扩展头部需要按照规定的顺序出现。

（4）IPv6 地址长度为 128bit，地址种类包括单播地址、组播地址和任播地址。IPv6 单播地址由网络前缀和接口 ID 组成，设备可以基于 IEEE EUI-64 规范由网卡 MAC 地址自动生成接口 ID。根据通信范围的不同，单播地址可以分为全球单播地址、唯一本地地址和链路本地地址。IPv6 组播地址用于标识一个组播组。被请求节点组播地址是一类特殊组播地址，有效范围为本地链路范围，具有单播或任播 IPv6 地址的设备都会对应生成一个被请求节点组播地址，并加入该组播组。任播地址标识一组网络接口，IPv6 中任播地址和单播地址使用相同的地址空间。

（5）IPv6 地址的配置方式主要有三种，即手工配置、通过 DHCPv6 配置和通过 SLAAC 方式配置。DHCPv6 是应用层协议，采用 C/S 模式，客户端通过 DHCPv6 自动从服务器获取 IPv6 地址/前缀及其他网络配置参数。DHCPv6 架构包含 DHCPv6 客户端、DHCPv6 服务器和 DHCPv6 中继代理三个功能角色，服务器负责保存每个节点的状态信息。通过DHCPv6配置IPv6地址适用于对IPv6地址分配过程有集中管理需求或分配的网络参数较多的场景。使用IPv6无状态地址自动配置方式时，IPv6主机基于路由器通告报文自动配置本机地址，部署成本低，该方式适用于对IPv6地址松散管理，需快速获得服务的场景。

📝 2.9 思考与练习

2-1 请对比IPv4与IPv6，并描述当今互联网从IPv4向IPv6演进的必要性和意义。

2-2 请综述我国IPv6发展现状（如IPv6用户数、IPv6地址拥有量、常用网站的IPv6部署情况等），并测试你的家用计算机的IPv6支持情况。

2-3 在IPv6报文头部中表示报文在网络中的寿命，可以用于防止报文被无休止地转发的字段是哪个？

2-4 请简要描述基于DHCPv6配置地址与SLAAC的基本原理，并对两种方案的特点、适用场景、性能及未来发展方向展开分析。

2-5 请简述DHCPv6有状态自动分配和无状态自动分配的区别。

第 **3** 章

ICMPv6 与 NDP

在 IPv4 中，ICMP 用于在网络中通告错误和信息，它为错误诊断和网络管理定义了一些报文，如目的地不可达、报文过大、超时、回送请求和回送应答等。我们在工程中常用的 Ping、Tracert 便是基于 ICMP 实现的。

在 IPv6 中，ICMPv6 除了提供 IPv4 中 ICMP 常用的功能外，也是 NDP 的重要基础。NDP 是 IPv6 体系中一个重要的基础协议，它替代了 IPv4 的 ARP 和 ICMP 路由器发现，使用 ICMPv6 报文实现地址解析、邻居不可达检测、重复地址检测、路由器发现和重定向，以及 ND（Neighbor Discovery，邻居发现）代理等功能。

⚙ 学习目标：

知识图谱

1. 了解 ICMPv6 报文的类型、格式，掌握 ICMPv6 差错报文和信息报文的基本功能；
2. 理解和掌握 ICMPv6 常见应用的技术原理；
3. 了解 NDP 报文格式、报文类型和主要功能；
4. 理解和掌握 NDP 实现地址解析的技术原理；
5. 理解和掌握 NDP 实现重复地址检测的技术原理；
6. 理解和掌握 NDP 实现邻居不可达检测的技术原理；
7. 理解和掌握 NDP 实现路由器发现和 IPv6 无状态地址自动配置的技术原理；
8. 理解和掌握 NDP 实现重定向的技术原理。

3.1 ICMPv6 的报文类型

ICMPv6报文的格式如图3-1所示，ICMPv6报文在IPv6基本头部中对应的"Next Header"字段值为58。

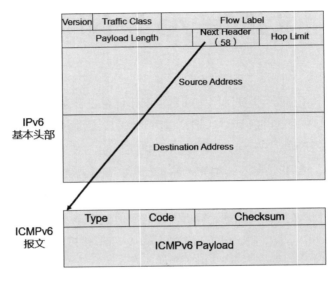

图 3-1　ICMPv6 报文格式

ICMPv6报文中的各字段含义如下。

（1）Type（类型）：长度为8bit，表示报文的类型。该字段的值为0 ～ 127时表示差错报文（Error Message）类型，该字段的值为128 ～ 255时表示信息报文（Information Message）类型。

（2）Code（代码）：长度为8bit，表示报文类型下面的细分类型。例如，"Type"字段值为1，表示"目的地不可达"；该类型包含多个"Code"字段值，其中"Code"为3，表示"地址不可达"；"Code"为4，表示"端口不可达"。

（3）Checksum（校验和）：长度为16bit，表示ICMPv6报文的校验和，采用伪头标校验。

（4）ICMPv6 Payload（载荷数据）：ICMPv6报文的载荷数据，长度可变。

ICMPv6差错报文主要用于通告一些错误，而信息报文则主要用于网络可达性探测、邻居发现、组播侦听器/路由器发现等。表3-1罗列了常见的ICMPv6报文类型，访问IANA网站可以查看ICMPv6报文类型及参数的完整定义。

表 3-1　ICMPv6 报文类型

"Type" 字段值	含义	RFC 文档
0	Reserved（保留）	
1	Destination Unreachable（目的地不可达）	RFC4443
2	Packet Too Big（报文过大）	RFC4443
3	Time Exceeded（超时）	RFC4443
4	Parameter Problem（参数问题）	RFC4443

续表

"Type" 字段值	含义	RFC 文档
…	…	…
128	Echo Request（回送请求）	RFC4443
129	Echo Reply（回送应答）	RFC4443
130	Multicast Listener Query（组播侦听器查询）	RFC2710
131	Multicast Listener Report（组播侦听器报告）	RFC2710
132	Multicast Listener Done（组播侦听器离开）	RFC2710
133	Router Solicitation（路由器请求）	RFC4861
134	Router Advertisement（路由器通告）	RFC4861
135	Neighbor Solicitation（邻居请求）	RFC4861
136	Neighbor Advertisement（邻居通告）	RFC4861
137	Redirect Message（重定向）	RFC4861
…	…	…
143	Version 2 Multicast Listener Report（版本 2 组播侦听器报告）	RFC3810
…	…	…
151	Multicast Router Advertisement（组播路由器通告）	RFC4286
152	Multicast Router Solicitation（组播路由器请求）	RFC4286
153	Multicast Router Termination（组播路由器终止）	RFC4286
…	…	…

1．ICMPv6 差错报文

ICMPv6 差错报文主要包含以下四种类型。

（1）目的地不可达差错报文

IPv6 节点在转发 IPv6 报文的过程中发现目的地不可达时，便会将该报文丢弃，并向该报文对应的源节点发送目的地不可达差错报文以通知对方该差错（报文会携带引起该差错的具体原因）。

目的地不可达差错报文的 "Type" 字段值为 1，根据差错具体原因又可以细分如下。

① Code=0：没有到达目的地的路由。

② Code=1：与目的地的通信被管理策略禁止。

③ Code=2：超出源地址范围。

④ Code=3：地址不可达。

⑤ Code=4：端口不可达。

⑥ Code=5：入口或出口过滤策略不允许使用该源地址的报文。

⑦ Code=6：到目的地的路由是拒绝路由。

⑧ Code=7：源路由报头（Source Routing Header）错误。

⑨ Code=8：报头过长。

（2）报文过大差错报文

IPv6 节点在转发 IPv6 报文过程中发现报文超过出接口的 MTU 时，则丢弃该报文，并向该报文对应的源节点发送报文过大差错报文。该差错报文携带出接口的 MTU 值，以通知源节点基于该MTU值来发送后续报文。

报文过大差错报文的"Type"字段值为2，"Code"字段值为0。

（3）超时差错报文

在IPv6基本头部中，"Hop Limit"字段类似于IPv4中的TTL字段，它定义了报文所能经过的最大跳数。IPv6报文每经过一个节点，该字段的值减1，当该字段的值为0时报文被丢弃，此时丢弃该报文的节点会向报文对应的源节点发送超时差错报文。对分片重组报文的操作如果超过规定时间，也会触发超时差错报文。

超时差错报文的"Type"字段值为3，根据差错具体原因又可以细分如下。

① Code=0：在传输过程中超出跳数限制。

② Code=1：分片重组超时。

（4）参数问题差错报文

如果处理IPv6报文的节点发现IPv6基本头部或扩展头部中的字段存在问题，以致节点无法完成报文的处理，则必须将报文丢弃，并应向报文对应的源节点发送参数问题差错报文，指示问题的类型和位置。

参数问题差错报文的"Type"字段值为4，根据差错具体原因又可以细分如下。

① Code=0：遇到错误的报头字段。

② Code=1：遇到无法识别的Next Header类型。

③ Code=2：遇到无法识别的IPv6选项。

④ Code=3：第一个IPv6报文分片具有不完整的IPv6报头链（IPv6 Header Chain）。

⑤ Code=4：Segment Routing（分段路由）上层头部错误。

⑥ Code=5：中间节点遇到无法识别的Next Header类型。

⑦ Code=6：扩展头部太大。

⑧ Code=7：扩展头部链太长。

⑨ Code=8：扩展头部太多。

⑩ Code=9：扩展头部中的选项太多。

⑪ Code=10：选项太大。

2．ICMPv6信息报文

ICMPv6信息报文主要用于网络可达性探测、邻居发现、组播侦听器/路由器发现等。与网络可达性探测相关的ICMPv6信息报文包括回送请求（Echo Request）报文和回送应答（Echo Reply）报文，这两种报文主要应用于Ping。当然，不仅仅是Ping在使用这两种报文，一些用于保障网络可靠性的技术也在使用它们，此处以Ping为例进行介绍。

（1）Echo Request

当用户在一个节点上通过Ping探测某个目的节点的IP可达性时，源节点将发送Echo Request报文给目的节点，以使目的节点立即回应Echo Reply报文。Echo Request报文的"Type"字段值为128，"Code"字段值为0。

（2）Echo Reply

当节点收到其他节点发送给它的Echo Request报文时，前者会使用Echo Reply报文进行回应，该报文的"Type"字段值为129，"Code"字段值为0。

本书将在后续章节中详细介绍ICMPv6在邻居发现中的应用。ICMPv6在组播侦听器/路由器发现中的应用超出了本书的范围，读者可查阅相关资料学习。

闯关题3-1

3.2 ICMPv6 的常见应用

3.2.1 Ping

Ping是一种常用的网络测试命令，在网络中，IP可达性往往是基本要求，只有两个节点之间的IP可达性正常时，双方才能够进行通信。用户可以通过具体的应用来验证节点之间的IP可达性，例如，在节点之间通过文件传输协议来传输文件，但是这种验证方式成本较高，相比之下，使用Ping则更加高效、灵活和便捷。主流的网络设备、终端设备（如安装Windows操作系统或Linux操作系统的PC）通常都预置了Ping应用。

如图3-2所示，路由器R1与R2接入了同一个网络，如需验证双方之间的IP可达性，可在R1上执行**ping ipv6 2001:DB8:2::2**命令：

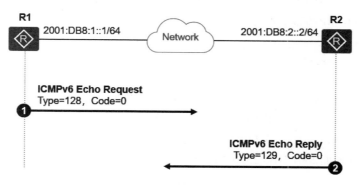

图 3-2　Ping 的工作原理

```
[R1] ping ipv6 2001:db8:2::2
  PING 2001:db8:2::2 : 56  data bytes, press CTRL_C to break
    Reply from 2001:DB8:2::2
    bytes=56 Sequence=1 hop limit=64  time = 1 ms
    Reply from 2001:DB8:2::2
    bytes=56 Sequence=2 hop limit=64  time = 1 ms
    Reply from 2001:DB8:2::2
    bytes=56 Sequence=3 hop limit=64  time = 1 ms
    Reply from 2001:DB8:2::2
    bytes=56 Sequence=4 hop limit=64  time = 1 ms
    Reply from 2001:DB8:2::2
    bytes=56 Sequence=5 hop limit=64  time = 1 ms

--- 2001:db8:2::2 ping statistics ---
    5 packet(s) transmitted
    5 packet(s) received
    0.00% packet loss
    round-trip min/avg/max = 1/1/1 ms
```

从以上输出可以看出，当执行**ping ipv6 2001:db8:2::2**命令时，触发R1发送了5个ICMPv6 Echo Request报文到R2，并且每个报文都收到了应答。

以下是在某台设备执行**ping**命令测试某个目的地址后未收到Echo Reply报文的情况。

```
[Huawei] ping ipv6 2001:db8:8::8
  PING 2001:db8:8::8 : 56  data bytes, press CTRL_C to break
    Request time out
    Request time out
    Request time out
    Request time out
    Request time out

  --- 2001:db8:8::8 ping statistics ---
    5 packet(s) transmitted
    0 packet(s) received
    100.00% packet loss
round-trip min/avg/max = 0/0/0 ms
```

值得注意的是，在节点上执行**ping**命令后，如果未收到目的节点的Echo Reply报文，并不代表双方的IP可达性一定有问题，因为有可能是中间设备将ICMPv6报文过滤掉了，或者目的节点的防火墙功能对ICMPv6报文进行了过滤等。

3.2.2　Tracert

Tracert主要用于查看数据包从源端口到目的端口的逐跳路径信息，从而检查网络连接是否可用。当网络出现故障时，用户可以使用该命令定位故障点。

以图3-3所示的情况为例，我们可以在R1上执行**tracert ipv6 2001:DB8:23::3**命令来查看数据包从R1到目的地址2001:DB8:23::3（R3）沿途的每一跳IPv6地址。

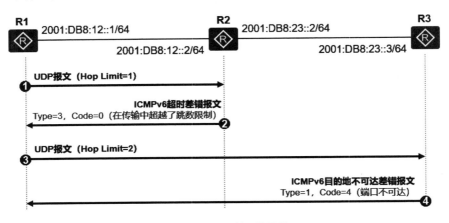

图 3-3　Tracert 的工作原理

```
[R1] tracert ipv6 2001:DB8:23::3
 traceroute to 2001:DB8:23::3  30 hops max,60 bytes packet
 1 2001:DB8:12::2 10 ms  1 ms  1 ms
 2 2001:DB8:23::3 10 ms  1 ms  10 ms
```

整个流程描述如下。

（1）R1首先构造第一个发往2001:DB8:23::3的UDP报文（UDP目的端口为特殊端口，该端口不会被具体的应用所使用），在该报文的IPv6头部中，R1将"Hop Limit"字段值设置为1，这意味着报文在发出去之后只能传递一跳。R1 可能会一次发出该 UDP 报文的多份副本。

（2）R2 收到该报文后，将"Hop Limit"字段值减 1 后发现值已为 0，于是丢弃该报文，并立即向 R1 发送 ICMPv6 超时差错报文，告知 R1 该报文在传输中超越了跳数限制，这个差错报文的源地址为 R2 的接口地址。R1 收到这个差错报文后，便获得了第一跳设备 R2 的接口地址，然后将该地址回显。

（3）R1 以"Hop Limit"字段值为 2 继续发送 UDP 报文。上述过程不断进行，直至报文到达目的地。

（4）R1 发出的 UDP 报文到达目的地 R3 后，由于 R1 在 Tracert 中所使用的 UDP 端口在 R3 处并未侦听，因此 R3 回应 ICMPv6 目的地不可达差错报文，告知 R1 目的端口不可达。R1 收到该差错报文后便知道最后一跳已到达，然后将对应的地址回显。

3.2.3　PMTUD

在 IPv4 网络中，网络设备收到一个报文并将报文从相应接口转发出去时，会判断报文大小是否超出了出接口的 MTU；如果报文小于出接口 MTU，则可直接发送；如果超出了出接口 MTU，则对报文进行分片，报文对应的目的节点收到这些分片后，再进行组装。网络设备执行分片的过程对设备性能有一定的消耗。

在 IPv6 中，为了减小中间转发设备的处理压力，中间转发设备不对 IPv6 报文进行分片。中间转发设备收到一个报文后，如果发现报文大小超过出接口的 MTU，则会将报文丢弃。在 IPv6 中，报文的分片在源节点进行，但是源节点要想准确完成分片，就需要知道从本地到目的地沿途的最小出接口 MTU，即 Path MTU。PMTUD（Path MTU Discovery，Path MTU 发现）的主要目的是发现路径上的 Path MTU，从而使源节点发送数据时可以根据 Path MTU 进行准确分片。

在图 3-4 所示的网络中，PC1 需要与 PC2 进行通信，通过 PMTUD 可以使 PC1 发现到达 PC2 的 Path MTU。

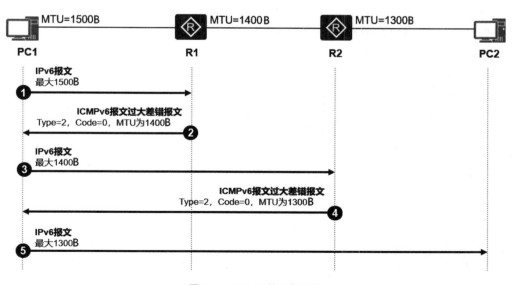

图 3-4　PMTUD 的工作原理

（1）PC1使用本地出接口的MTU（1500B）向PC2发送IPv6报文。假设PC1发出了一个1500B的报文，报文被发往R1。

（2）R1意识到报文的大小超出了本地出接口的MTU（1400B），于是将报文丢弃，同时回复一个ICMPv6差错报文（Type=2，Code=0）给PC1，该差错报文包含出接口MTU（1400B）。

（3）PC1开始使用1400B作为MTU向PC2发送IPv6报文。假设PC1发出了一个1400B的报文给PC2（当PC1需要发送更大的报文给PC2时，PC1会对报文进行分片，每个分片的大小不会超过MTU），该报文经R1转发到达R2。

（4）R2意识到报文的大小超出了本地出接口的MTU（1300B），于是将报文丢弃，同时回复一个ICMPv6差错报文（Type=2，Code=0）给PC1，该差错报文包含出接口MTU（1300B）。

闯关题3-2

（5）PC1开始使用1300B作为MTU向PC2发送IPv6报文。

3.3 NDP

3.3.1 NDP 概述

NDP是IPv6体系中一个重要的基础协议，在RFC 4861文档"Neighbor Discovery for IP version 6（IPv6邻居发现）"中定义，它替代了IPv4的ARP和ICMP路由器发现，使用ICMPv6报文实现地址解析、重复地址检测、邻居不可达检测、路由器发现及重定向等功能。

1．地址解析

IPv6取消了IPv4中的ARP，通过NDP来实现地址解析功能，使设备在知晓目的节点的IPv6地址后，能解析对应的数据链路层地址。

2．重复地址检测

NDP可以发现网络中的IPv6地址冲突，避免冲突引发的网络问题。

3．邻居不可达检测

NDP可以确认IPv6邻居的可达性，并建立IPv6邻居表表项，存储关于邻居的信息，包括该邻居的IPv6地址、数据链路层地址、当前的状态等。NDP可以通过相关动作来检测邻居是否依然可达。

4．路由器发现

设备通过该功能发现连接在相同链路上的路由器，并获得路由器通告的相关信息，如IPv6地址前缀、默认路由器优先级及路由信息等。

5．无状态地址自动配置

IPv6通过无状态地址自动配置使终端能够以一种低成本的方式便捷地实现地址自动配置，实现终端即插即用。在这个过程中用户无须部署应用服务器（如DHCP服务器）来为终端分发地址。

6．路由器重定向

当网关设备发现报文从其他网关设备转发比自己转发更好时，它可以发送重定向报文告知报文的发送者，让报文发送者选择更优的网关设备，实现优化主机路由表。

闯关题3-3

3.3.2　NDP 报文

NDP 使用以下几种 ICMPv6 报文。

1．RS 报文

RS 报文的"Type"字段值为 133，"Code"字段值为 0。设备在需要接收路由器发送的 RA 报文以获取路由器所通告的相关信息时，可以向网络中发送 RS 报文来触发链路上的路由器快速回应 RA 报文。在典型场景中，RS 报文以组播的方式发送，报文的目的地址为知名组播地址 FF02::2（所有路由器组播地址），所有路由器都会加入该组播地址对应的组播组。

RS 报文的格式如图 3-5 所示。

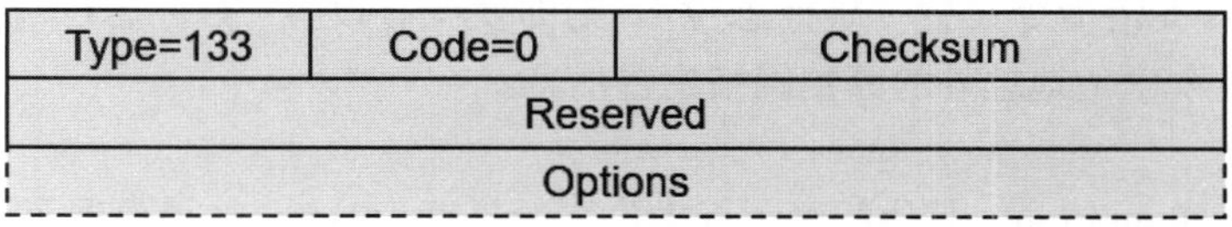

Type=133	Code=0	Checksum
Reserved		
Options		

图 3-5　RS 报文格式

ICMPv6 报文的"Options（选项）"字段可以包含 ICMPv6 所定义的选项内容，这些选项内容以 TLV（Type-Length-Value，类型 - 长度 - 值）的形式描述。在 RS 报文中，"Options"字段可以包含 Source Link-Layer Address（源链路层地址）选项，并在该选项中写入源节点的数据链路层地址（如 MAC 地址）。"Reserved"字段是未使用的保留字段。

2．RA 报文

RA 报文的"Type"字段值为 134，"Code"字段值为 0。路由器通过发送 RA 报文来通告一些网络参数及自己的存在。路由器可以在接口上周期性地发送 RA 报文，也可以在收到 RS 报文后发送 RA 报文进行回应。RA 报文的源地址为该报文始发路由器接口的链路本地地址，目的地址通常为 FF02::1（所有节点组播地址）或触发该 RA 报文的 RS 报文的源地址。所有的 IPv6 节点都会加入 FF02::1 对应的组播组。

说明：实际上，不仅路由器可以发送 RA 报文，许多支持 IPv6 功能的交换机、防火墙等路由设备也具备发送 RA 报文的功能。本书以路由器为例进行介绍。

RA 报文的格式如图 3-6 所示，关键字段解释如下。

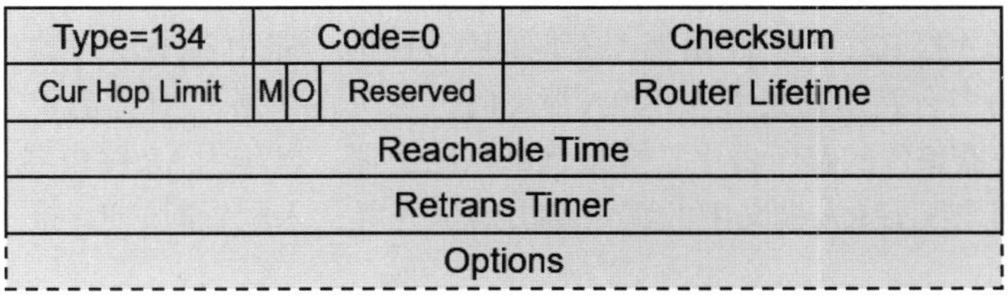

Type=134	Code=0			Checksum
Cur Hop Limit	M	O	Reserved	Router Lifetime
Reachable Time				
Retrans Timer				
Options				

图 3-6　RA 报文格式

（1）Cur Hop Limit

"Cur Hop Limit（当前跳数限制）"字段的长度为 8bit，用于帮助主机完成默认跳数限制（即主机始发的 IPv6 单播报文的默认跳数限制）的自动配置。

以华为 AR 路由器为例，在设备接口上执行 **ipv6 nd ra hop-limit** 命令可以对接口所发出的

RA报文的Cur Hop Limit字段值进行设置。

（2）M标志位

"M（Managed Address Configuration，管理地址配置）标志位"的长度为1bit。如果设置了该标志位（标志位的值为1），则主机通过有状态地址自动配置（DHCPv6）获得IPv6地址；如果清除了该标志位（标志位置为0），则主机通过无状态地址自动配置获得IPv6地址。从以上描述来看，RA报文是可以影响主机执行地址自动配置的方式的。

以华为AR路由器为例，在设备接口上执行**ipv6 nd autoconfig managed-address-flag**命令可以设置RA报文中的"M标志位"（该标志位默认被清除）。

根据RFC 4861文档的描述，如果设置了"M标志位"，则"O标志位"是冗余的，可以忽略，因为DHCPv6将返回所有可用的配置信息。因此，如果已经执行**ipv6 nd autoconfig managed-address-flag**命令设置"M标志位"，则即使没有设置"O标志位"，设备也会使主机通过DHCPv6获得除IPv6地址外的其他网络配置信息。

（3）O标志位

"O（Other Configuration，其他配置）标志位"的长度为1bit，如果设置了该标志位，则主机可通过DHCPv6获得除IPv6地址外的其他网络配置信息，如DNS服务器地址等。

如果没有设置"M标志位"和"O标志位"，则主机不通过DHCPv6获取任何可用的配置信息。

以华为AR路由器为例，**ipv6 nd autoconfig other-flag**命令用来设置RA报文中的"O标志位"（该标志位默认被清除）。

说明：针对RA报文的标志位，RFC 4861文档重点描述了"M标志位"和"O标志位"，实际上，RA报文能够携带的标志位不限于它们，还包括紧跟在它们之后的"H（Mobile IPv6 Home Agent，主机代理）标志位"（RFC3775）、"Prf（Router Selection Preferences，路由优选）标志位"（RFC 4191）和"P（Neighbor Discovery Proxy Flag，邻居发现代理）标志位"（RFC 4389）等。按照从高位到低位的字段顺序，在RA报文中这些标志位依序为M、O、H、Prf和P。其中"Prf标志位"的长度为2bit，RFC 4191文档"Default Router Preferences and More-Specific Routes（默认路由器优先级和更具体路由）"对其做了详细描述。关于其他标志位的介绍超出了本书的范围。在某些场景中，主机的直连网段中会存在多台网关路由器，当主机要发送数据给位于本地链路之外的其他网段的节点时，主机需要将数据发给自己的网关路由器。网关路由器可以向主机发送RA报文，并在RA报文的"Prf标志位"中声明自己作为默认路由器的优先级，Prf=01（二进制格式）表示优先级为High（高），Prf=00表示优先级为Medium（中等），Prf=11表示优先级为Low（低）。当RA报文中的"路由器生存时间"为0时，路由器不作为默认路由器。当主机收到直连网段中的多台路由器所发布的RA报文时，主机将根据"Prf标志位"对应的优先级在具备作为默认路由器条件的路由器中选择最优默认路由器。以华为AR路由器为例，**ipv6 nd ra preference**命令用来配置RA报文中的默认路由器优先级，未配置时，RA报文中的默认路由器优先级为Medium。

（4）Router Lifetime

"Router Lifetime（路由器生存时间）"字段的长度为16bit，这是一个与默认路由器（Default Router）相关联的生存时间，单位为s。主机收到路由器所通告的RA报文后，可以通过RA报文将路由器识别为默认路由器，该字段的值便是路由器作为默认路由器的生存时间。当该字段的值为0时，该路由器不作为默认路由器，并且不应该出现在主机的默认路由器列表中。

以华为AR路由器为例，在设备接口上执行**ipv6 nd ra router-lifetime**命令可以设置RA报

文的 "Router Lifetime" 字段值（该字段的默认值为1800）。

（5）Reachable Time

"Reachable Time（可达时间）" 字段的长度为32bit，用于配置主机的邻居可达时间，单位为ms。路由器在接口上发布RA报文时可以设置该可达时间，以便同一链路上的所有节点都使用相同的时间。可达时间指的是节点在收到邻居的可达性确认后，假定该邻居可达的时间。该字段的值为0，表示该路由器未指定可达时间。

以华为AR路由器为例，在设备接口上执行 **ipv6 nd nud reachable-time** 命令可以设置RA报文的 "Reachable Time" 字段值。

（6）Retrans Timer

"Retrans Timer（重传定时器）" 字段的长度为32bit，用于配置节点重传NS报文的时间间隔，单位为ms，主要用于地址解析和邻居不可达检测等。该字段的值为0，表示该路由器未指定重传定时器。

以华为AR路由器为例，在设备接口上执行 **ipv6 nd ns retrans-timer** 命令可以设置RA报文的 "Retrans Timer" 字段值。

（7）Options

RA报文可以携带的Options（选项）主要包含Source Link-Layer Address选项、MTU选项和Prefix Information（前缀信息）选项。其中，Prefix Information选项所携带的IPv6地址前缀等信息便是RA报文实现无状态地址自动配置的关键。关于ICMPv6的选项，本章将在后续章节中详细介绍。

3．NS报文

NS报文的 "Type" 字段值为135，"Code" 字段值为0。NS报文主要用于请求IPv6邻居节点的数据链路层地址，也可以用于通告本节点的数据链路层地址。此外，NS报文还用于邻居不可达检测、重复地址检测等。

NS报文的格式如图3-7所示。

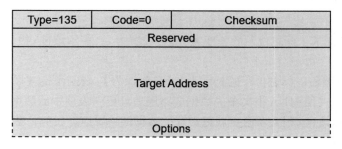

图 3-7　NS 报文格式

NS报文的源地址可以为发送该报文的接口的IPv6单播地址，也可以是未指定地址 "::"（如在NS报文用于重复地址检测的过程中）。NS报文的目的地址可以是 "Target Address（目标地址）" 对应的被请求节点组播地址，也可以是 "Target Address" 本身。此处的 "Target Address" 指的是NS报文的 "Target Address" 字段对应的地址。

当NS报文用于地址解析时，如节点需要请求某个IPv6地址对应的MAC地址，那么 "Target Address" 字段填写的是目标IPv6地址；当NS报文用于重复地址检测时，"Target Address" 字段填写的是待检测的目标IPv6地址；当NS报文用于邻居不可达检测时，"Target Address" 字段填写的是该邻居的IPv6地址。

在典型场景中，NS报文中的"Options"字段可以包含Source Link-Layer Address选项，该选项中写入源节点的数据链路层地址（如MAC地址），以告知邻居本节点的数据链路层地址。

4．NA报文

NA报文的"Type"字段值为136，"Code"字段值为0。

IPv6节点在收到发送给自己的NS报文时，可以使用NA报文进行回应，此外，节点也可以在未收到NS报文时主动发送NA报文，例如，当节点接口的数据链路层地址发生变化时，通过主动发送NA报文来通知其他节点这个变化的发生。

NA报文的源地址是发送该报文的接口的IPv6地址；当NA报文作为某个NS报文的回应时，该NA报文的目的地址通常为NS报文的源地址，而当NS报文的源地址为未指定地址"::"时，对应的NA报文的目的地址为知名组播地址FF02::1。当NA报文为非NS报文所触发的、节点主动发送的报文时，报文的目的地址通常为知名组播地址FF02::1。

NA报文的格式如图3-8所示，关键字段解释如下。

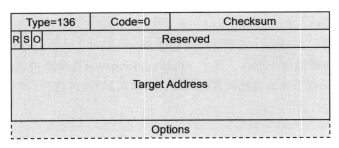

图 3-8　NA 报文格式

（1）R标志位

"R（Router，路由器）标志位"的长度为1bit，设置为1，表示发送该NA报文的节点为路由器。

（2）S标志位

"S（Solicited，请求）标志位"的长度为1bit，设置为1，表示该NA报文是NS报文的应答。

（3）O标志位

"O（Override，覆盖）标志位"的长度为1bit，设置为1，表示该NA报文所携带的信息应覆盖现有的缓存表项，并使用NA报文中的数据链路层地址更新表项中的数据链路层地址；当未设置该标志位时，表示该NA报文不会更新已缓存的数据链路层地址，但是会更新一个未知数据链路层地址的缓存表项。

（4）Target Address

如果NA报文是由一个NS报文所触发的，那么该NA报文的"Target Address"字段填充的是NS报文中的"Target Address"字段值；对于并非由NS报文所触发的NA报文，"Target Address"字段填充的是对应的数据链路层地址已经修改的IPv6地址。

（5）Options

NA报文可以携带的Options（选项）主要为Target Link-Layer address（目标链路层地址）选项。该选项的内容为目标节点的数据链路层地址，即发送该NA报文的接口的数据链路层地址。

5．Redirect报文

Redirect（重定向）报文的"Type"字段值为137，"Code"字段值为0。路由器可以向主机发

送Redirect报文以通知该主机在前往目的地的路径上有更好的第一跳节点（First-Hop Node）。第一
跳节点指的是主机发出的前往某个目的地
的报文经过的第一跳设备，通常是主机的网
关设备。Redirect报文的源地址必须是发送
该报文的接口的链路本地地址；Redirect报
文的目的地址是触发该重定向的数据包的
源地址。此处的源地址和目的地址指的是
Redirect报文的IPv6头部中的字段。

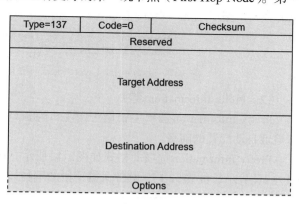

图 3-9　Redirect 报文格式

　　Redirect报文的格式如图3-9所示，关
键字段解释如下。

（1）Target Address

"Target Address"字段填充的IPv6地
址是前往"Destination Address"字段所标识的目的地的更优第一跳IPv6地址。当"Destination
Address"字段所标识的目的地就是一个邻居时，"Target Address"字段填充的地址必须与
"Destination Address"字段的值相同。

（2）Destination Address

"Destination Address（目的地址）"字段填充的是目的地的IPv6地址，去往该目的地的报文
将被重定向到"Target Address"字段所填充的地址。

（3）Options

　　Redirect报文可以携带的Options（选项）主要为Target Link-Layer Address选项和Redirected
Header（被重定向的报文的头部）选项。Target Link-Layer Address选项包含"Target Address"字
段填充的IPv6地址对应的数据链路层地址。Redirected Header选项包含触发该Redirect报文的原
始数据包的所有或部分内容。

6．NDP报文中的选项

　　本节在前面介绍了NDP报文的格式，NDP报文可以包含0个、1个或多个选项。正如前文所述，
这些选项以TLV的形式存在，每个TLV都包含"Type""Length"和"Value"三要素，每个选项都
包含一个TLV。NDP报文中选项的格式如图3-10所示。"Type"字段的长度为8bit，用于表示本选
项的类型，随着协议的演进，如果需要增加新的选项，那么可以增加新的选项类型用于描述相关
内容，因此TLV的可扩展性是非常高的；"Length"字段的长度为8bit，用于指示整个选项的长度，
该字段的值的单位为8B；"Value"字段存放的是该选项的内容，该字段是可变长的。

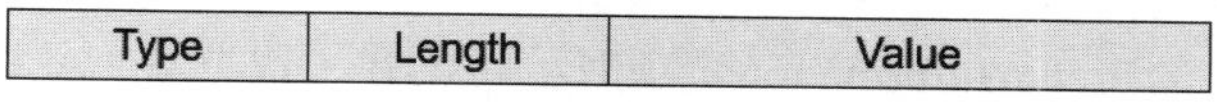

Type	Length	Value

图 3-10　NDP 报文中选项的格式

接下来介绍几种常见的NDP选项，这些选项在RFC 4861文档中定义。

（1）Source Link-Layer Address 和 Target Link-Layer Address 选项

　　Source Link-layer Address和Target Link-layer Address选项的格式相同，如图3-11所示。"Type"
字段值为1，表示Source Link-layer Address选项；值为2，表示Target Link-layer Address选项。

　　"Link-Layer Address（链路层地址）"字段用于存储数据链路层地址。在Source Link-Layer
Address选项中，该字段的值包含数据包发送者的数据链路层地址，Source Link-Layer Address选

项主要用在RS、RA和NS报文中；在Target Link-Layer Address选项中，该字段的值包含目标节点的数据链路层地址，Target Link-Layer Address选项主要用在NA和Redirect报文中。

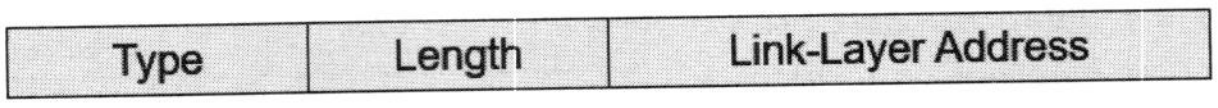

Type	Length	Link-Layer Address

图3-11　Source Link-Layer Address 和 Target Link-Layer Address 选项的格式

（2）Prefix Information选项

Prefix Information选项主要用于向主机通告On-Link（在链路上）前缀，以及通告用于无状态地址自动配置的前缀。

Prefix Information选项的格式如图3-12所示，该选项的"Type"字段值为3，"Length"字段值为4（表示长度为32B），其他关键字段的解释如下。

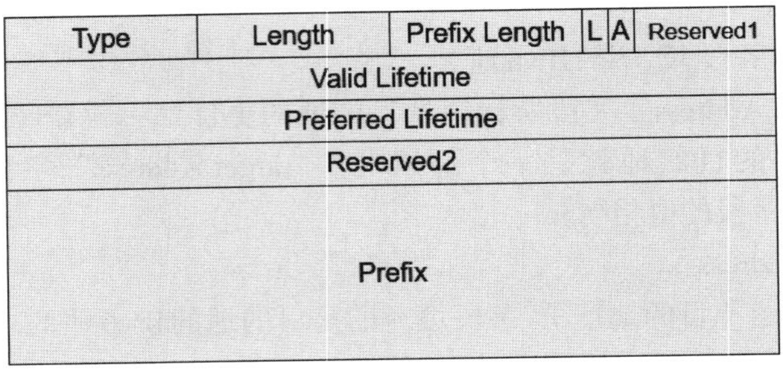

Type	Length	Prefix Length	L	A	Reserved1
Valid Lifetime					
Preferred Lifetime					
Reserved2					
Prefix					

图3-12　Prefix Information 选项的格式

① Prefix Length（前缀长度）：该字段的长度为8bit，表示"Prefix"字段中有效的前导位数。

② L（On-Link）标志位：长度为1bit。当该标志位置位时，该选项包含的前缀可以用于On-Link判断。当未设置该标志位时，针对前缀的On-Link或Off-Link（不在链路上）属性不做声明，即接收该选项的主机不能根据选项所包含的前缀来判断这些前缀是On-Link，还是Off-Link的。

说明：在IPv4中，分配给一个接口的IPv4地址与网络掩码共同指定一个On-Link前缀，例如，192.168.1.1及255.255.255.0这个IPv4地址及网络掩码被分配给某个主机的网卡后，主机认为192.168.1.0/24这个前缀对于自己而言是On-Link前缀，而该前缀所覆盖的IPv4地址都与本主机的网卡直连到了相同的链路上，如192.168.1.2、192.168.1.3、……、192.168.1.254，当主机要发送流量给这些地址对应的接口时，主机能够基于本地IPv4地址及网络掩码判断出这些目的地址在On-Link前缀的覆盖范围内，因此流量被主机直接发往这些地址，无须经过网关路由器转发。对于IPv6，判断某个前缀是否为On-Link前缀，与主机所拥有的IPv6地址是无关的。主机会维护一个前缀列表（Prefix List），即一组On-Link前缀所组成的列表。主机在收到"L标志位"置位和非零"Valid Lifetime"的Prefix Information选项时，将创建（或更新）前缀列表中的条目。主机前缀列表中尚未超时的前缀都被该主机视为是On-Link的。详细内容请参考RFC 4861文档，以及RFC 5942文档"IPv6 Subnet Model: The Relationship between Links and Subnet Prefixes（IPv6子网模型：链路与子网前缀的关系）"。

③ A（Autonomous Address-Configuration，自动地址配置）标志位：长度为1bit。当该标志位设置为1时，"Prefix"字段包含的IPv6前缀用于无状态地址自动配置；如果该标志位被清除，则对应的IPv6前缀不能用于无状态地址自动配置。

④ Valid Lifetime（有效生存时间）：该字段的长度为32bit，表示"Prefix"所包含的前缀用于On-Link状态确定的有效时间长度，单位为s。

⑤ Preferred Lifetime（首选生存时间）：该字段的长度为32bit，表示通过无状态地址自动配置从"Prefix"字段所包含的前缀生成的地址保持首选的时间长度，单位为s。

⑥ Prefix（前缀）：一个IPv6地址或一个IPv6地址前缀。

以AR路由器为例，默认情况下，设备的接口抑制RA报文的发送功能，当路由器与主机相连接，需要周期性地向主机发布RA报文中的IPv6前缀并通告相关标志位的信息时，需使用**undo ipv6 nd ra halt**命令激活接口发布RA报文的功能。在接口视图下，**ipv6 nd ra prefix**命令用来配置RA报文中的Prefix Information选项信息。默认情况下，在接口激活RA报文发布功能后，若接口获得了IPv6单播地址，该地址对应的IPv6前缀会被包含在RA报文的Prefix Information选项中，从接口发送出去；若接口获得多个IPv6单播地址，那么这些地址对应的前缀都会被RA报文所携带，RA报文通过不同的Prefix Information选项来包含不同的前缀。如果用户希望RA报文在默认情况下不携带接口的任何地址前缀，则可以执行**ipv6 nd ra prefix default no-advertise**命令。

以**ipv6 nd ra prefix 2001:DB8:12::/64 2592000 604800**命令为例，该命令指定包含在RA报文中的IPv6前缀为2001:DB8:12::/64，并且该前缀对应的有效生存时间为2592000s，首选生存时间为604800s。默认情况下，前缀对应的"A标志位""L标志位"都是置位的，如果希望清除"A标志位"，例如，不希望IPv6前缀2001:DB8:12::/64被用于无状态地址自动配置，那么可以使用命令**ipv6 nd ra prefix 2001:DB8:12::/64 2592000 604800 no-autoconfig**。在上述命令中使用**off-link**关键字可以清除"L标志位"。

（3）Redirected Header 选项

Redirected Header选项用于Redirect报文，包含正在被重定向的全部或部分数据包。

Redirected Header选项的格式如图3-13所示，该选项的"Type"字段值为4，"IP Header + Data"字段是可变长的，包含正在被重定向的全部或部分数据包。

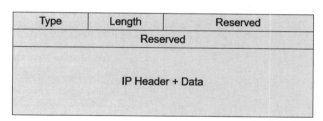

图 3-13　Redirected Header 选项的格式

（4）MTU选项

MTU选项用于确保链路上的所有节点使用相同的MTU值。该选项用在RA报文中，"Type"字段值为5。MTU选项的格式如图3-14所示。

Type	Length	Reserved
MTU		

图 3-14　MTU 选项的格式

3.3.3　地址解析

同一个链路上的两个节点之间要进行IP通信时，节点除了需要知道对方的IP地址外，还需要知道IP地址对应的数据链路层地址以便组装数据帧，在以太网环境中，这个数据链路层地址就是MAC地址。在IPv4中，节点使用ARP进行地址解析（即获取目的IP地址对应的MAC地址）。ARP使用广播的方式发送ARP Request报文以请求目的地址对应的MAC地址，这实际上造成了链路上其他节点的额外负担。

NDP使用NS报文和NA报文来替代ARP实现地址解析。具体的过程如下。

（1）如图3-15所示，PC1要请求2001:DB8::2这个地址对应的MAC地址，PC1以组播的方式发送一个NS报文到网络中，这个NS报文的源IPv6地址是2001:DB8::1，目的IPv6地址则是2001:DB8::2对应的被请求节点组播地址。网络中除PC2之外的其他节点也会收到这个报文，但是这些节点并未加入组播组FF02::1:FF00:2，因此在收到该NS报文后不做应答。

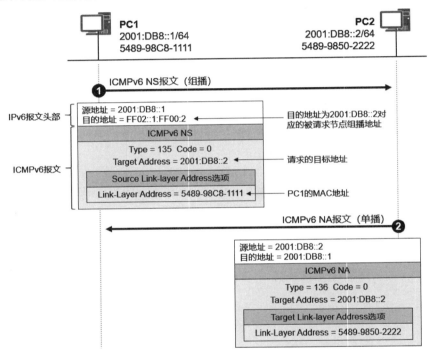

图 3-15　NDP 实现地址解析

（2）PC2收到这个NS报文后，发现报文的目的地址为组播地址，而本地网卡加入了这个组播组，于是PC2继续处理该报文，它从报文的IPv6头部的"Next Header"字段得知载荷数据为ICMPv6报文，因此将报文解封装，将ICMPv6载荷数据交给ICMPv6去处理。ICMPv6发现这是个NS报文，报文的目的是请求自己的MAC地址，于是回应一个NA报文给PC1，该报文包含PC2的MAC地址。如此一来，PC1便知道了PC2的MAC地址，它将该信息记录在自己的IPv6邻居表中。

在安装了Windows10操作系统的PC上，可以使用**netsh interface ipv6 show neighbors**命令查看IPv6邻居表的内容。IPv6不像IPv4那样使用ARP表来缓存IP地址与MAC地址的映射，而是维护一个IPv6邻居表。在华为网络设备上则可使用**display ipv6 neighbors**命令来查看IPv6邻居表。

3.3.4　重复地址检测

DAD（Duplicate Address Detection，重复地址检测）用于确保IPv6单播地址在链路上不存在冲突。所有的 IPv6 单播地址（包括链路本地地址）都需要通过 DAD 确保无冲突后才能够正式启用。一个 IPv6 地址在通过 DAD 之前，接口暂时还不能使用这个地址进行正常的 IPv6 通信。NDP 使用 NS 报文和 NA 报文来实现 DAD 功能。

在执行 DAD 的过程中，节点向目的 IPv6 地址对应的被请求节点组播地址发送一个 NS 报文，如果收到 NA 报文，就证明该地址已被链路上的其他节点使用了，它将不能使用该地址，否则，一段时间后如果没有收到应答，则正式启用该地址。

如图 3-16 所示，R2 已是在线的设备，该设备使用了地址 2001:0DB8::FFFF，现在我们为连接在同一链路上的 R1 新分配一个与之相同的地址，观察一下会发生什么事情。

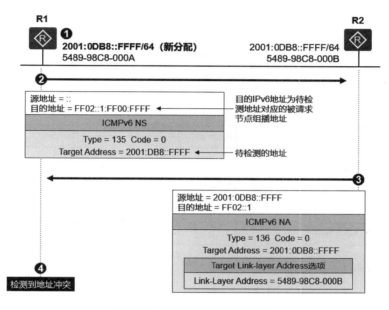

图 3-16　NDP 实现重复地址检测

（1）R1 的接口配置该地址后，该地址首先成为暂时地址（Tentative Address），此时 R1 不能使用这个地址进行通常的单播通信，但是可以用该地址发送 NS 报文和 NA 报文。

（2）R1 向直连链路以组播的方式发送一个 NS 报文，该 NS 报文的源 IPv6 地址为未指定地址 "::"，目的 IPv6 地址为要进行 DAD 的 2001:0DB8::FFFF 对应的被请求节点组播地址，也就是 FF02::1:FF00:FFFF。这个 NS 报文的载荷数据包含着要进行 DAD 的目标地址 2001:0DB8::FFFF。

（3）链路上的节点都会收到这个组播的 NS 报文，没有配置 2001:0DB8::FFFF 地址的节点由于没有加入该地址对应的被请求节点组播组，因此在收到这个 NS 报文的时候会丢弃该报文。而 R2 在收到这个 NS 报文后会解析该报文，它发现对方进行 DAD 的目标地址与自己本地接口的地址相同，于是立即回应一个 NA 报文，该报文的目的地址是 FF02::1，也就是所有节点组播地址（所有节点都会加入这个组播组）。R2 在该报文的 "Target Address" 字段中写入目标地址 2001:0DB8::FFFF，并在 Target Link-layer Address 选项的 "Link-Layer Address" 字段中写入本地接口的 MAC 地址。

（4）R1 收到这个 NA 报文后，它知道 2001:0DB8::FFFF 在链路上已经有节点在使用了，于是将该地址标记为 Duplicate（重复的），该地址将不能用于通信。

3.3.5 邻居不可达检测

IPv6节点与某个邻居的通信或经过某个邻居的通信在任何时候都可能因多种原因而失败，包括硬件故障、接口卡热插拔等。节点需要维护一张邻居表，每个邻居都有相应的状态，状态之间可以迁移。IPv6邻居状态有5种，分别是未完成（Incomplete）、可达（Reachable）、陈旧（Stale）、延迟（Delay）和探查（Probe）。

节点一旦发现一个IPv6邻居，便会在IPv6邻居表中为该邻居创建一个表项，并维护邻居的相关信息，包括该邻居的状态，随着网络的变化，状态之间也会发生迁移。图3-17所示为一个简单的邻居状态迁移示例，在这个示例中，初始时R1从未与R2进行过通信，我们将以R1的视角进行观察。

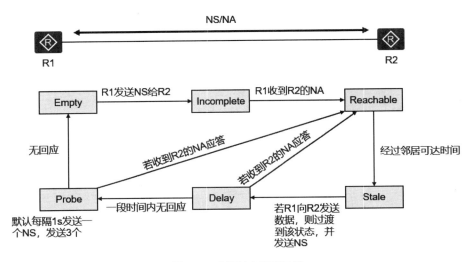

图 3-17　邻居状态迁移示例

（1）若R1要与R2进行通信，R1首先发送NS报文，并在IPv6邻居表中为R2生成一个邻居表表项，此时邻居状态为Incomplete。

（2）若R2回复NA报文，则邻居状态由Incomplete变为Reachable（表示邻居的状态为可达），否则固定时间后邻居状态由Incomplete变为Empty，即删除表项。

（3）在Reachable状态下，经过邻居可达时间（默认约为30s），邻居状态由Reachable变为Stale（陈旧）。

（4）如果在Reachable状态下，R1收到R2的非请求NA报文（该NA报文由R2主动发送，而不是由R1的NS报文触发），且报文携带的R2的数据链路层地址和邻居表表项中已缓存的内容不同，则邻居状态立刻变为Stale，表示表项已经陈旧。

（5）在Stale状态下，若R1要向R2发送数据，则邻居状态由Stale变为Delay，R1发送NS报文给R2，如果收到了R2回应的NA报文，则邻居状态变为Reachable。

（6）在经过一段固定时间后，如果R1依然没有收到R2回应的NA报文，则邻居状态由Delay变为Probe。

（7）在Probe状态，R1每隔一定时间发送单播NS报文，发送固定次数后，若收到应答则邻居状态变为Reachable，否则邻居状态变为Empty，即删除表项。

以下是某台华为路由器上的IPv6邻居表：

```
<R1> display ipv6 neighbors
--------------------------------------------------------------------
IPv6 Address : 2001:DB8::2
Link-layer   : 00e0-fca5-51aa          State : REACH
Interface    : GE0/0/0                 Age   : 0
VLAN         : -                       CEVLAN: -
VPN name     :                         Is Router: TRUE
Secure FLAG  : UN-SECURE
```

3.3.6　路由器发现与前缀发现

设备通过NDP的路由器发现功能来发现连接在相同链路上的路由器，并获得路由器通告的相关信息，如IPv6地址前缀、默认路由器优先级及路由信息等。

NDP使用RS报文和RA报文实现路由器发现功能。设备可以向直连链路上发送RS报文来发现该链路上的路由器，后者可以使用RA报文进行回应。当然，路由器也可主动发送RA报文，如采用周期性发送RA报文的方式。

RA报文中定义了"当前跳数限制""M标志位""O标志位""Prf标志位""路由器生存时间""可达时间""重传定时器"等字段，并可以携带多种ICMPv6选项，包括Source Link-Layer Address选项、MTU选项和Prefix Information选项等。在RA报文中，"M标志位"用于指示主机采用何种方式自动配置IPv6地址，"O标志位"用于指示主机采用何种方式自动配置除IPv6地址之外的其他参数。"Prf标志位"用于声明默认路由器优先级，它与"路由器生存时间"等字段主要用于默认路由器和默认路由器优先级通告。

1. 默认路由器优先级和路由信息发现

网关路由器可以向主机发送RA报文，并在RA报文中通告"默认路由器优先级"。"默认路由器优先级"存在3种可选值，按优先级从高到低分别为High、Medium和Low，默认为Medium。主机收到RA报文后，会在路由表中产生一条下一跳为RA报文通告路由器的默认路由，并且该路由的度量值（用于路由优选，当前往相同目的地存在多条路由时，在其他条件相等的情况下，度量值越优，则路由越优）与RA报文所携带的默认路由器优先级字段相关。当主机所在的链路中存在多个路由器时，如果这些路由器都向主机发送RA报文，那么主机路由表中可能存在多条默认路由，而拥有更高默认路由器优先级的RA报文所触发的默认路由的优先级更高。当主机发送报文到本地网段之外时，如果没有具体路由可选，则选择优先级最高的路由器发送报文；如果该路由器发生故障，则主机根据优先级从高到低的顺序依次选择其他路由器。

RA报文还可以携带路由信息，主机收到包含路由信息的RA报文后，会解析路由信息并更新自己的路由表。用于在该场景中携带路由信息的是ICMPv6的Route Information（路由信息）选项。当路由器需要在RA报文中通告路由信息时，可以让报文携带该选项。在Route Information选项中，"Route Preference（路由优先级）"字段用于指示路由的优先级，主机收到多个路由器通告的相同路由前缀时，将对本字段进行比较，选择"Route Preference"更优的路由。"Route Preference"存在3种可选值，按优先级从高到低分别为High、Medium和Low。"Prefix"字段和"Prefix Length"字段用于指示路由器所通告的路由前缀和前缀长度。

在图3-18所示的场景中,我们让R1、R2均发布RA报文,R1所发布的RA报文中"默认路由器优先级"为默认值Medium,该报文通过Route Information选项携带路由2001:DB8:1111::/64,并且路由的"Route Preference"为高优先级(High)。因为R1连接着这个网段,我们希望主机将到达这个网段的报文发给R1;R2所通告的RA报文中"默认路由器优先级"为High,并且不携带Route Information选项。为了简单起见,我们在图中只体现了与案例相关的关键字段与信息。

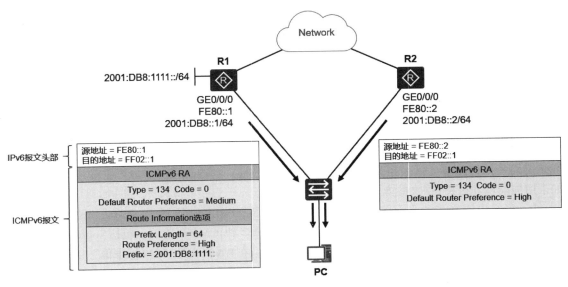

图 3-18　默认路由器优先级和路由信息发现

R1的关键配置如下:

```
[R1]interface GigabitEthernet 0/0/0
[R1-GigabitEthernet0/0/0] ipv6 enable
[R1-GigabitEthernet0/0/0] ipv6 address 2001:DB8::1/64
[R1-GigabitEthernet0/0/0] ipv6 address FE80::1 link-local
[R1-GigabitEthernet0/0/0] ipv6 nd ra prefix default no-advertise
[R1-GigabitEthernet0/0/0] ipv6 nd ra route-information 2001:DB8:1111:: 64
lifetime 4294967295 preference high
[R1-GigabitEthernet0/0/0] undo ipv6 nd ra halt
```

在以上配置中,**ipv6 nd ra route-information**命令用于配置RA报文中的Route Information选项信息,包括IPv6前缀、前缀长度、路由器生存时间、路由优先级。

R2的关键配置如下:

```
[R2]interface GigabitEthernet 0/0/0
[R2-GigabitEthernet0/0/0] ipv6 enable
[R2-GigabitEthernet0/0/0] ipv6 address 2001:DB8::2/64
[R2-GigabitEthernet0/0/0] ipv6 address FE80::2 link-local
[R2-GigabitEthernet0/0/0] ipv6 nd ra preference high
[R2-GigabitEthernet0/0/0] ipv6 nd ra prefix default no-advertise
[R2-GigabitEthernet0/0/0] undo ipv6 nd ra halt
```

如此一来,主机收到这两个RA报文后,会在其路由表中生成两条默认路由,其中下一跳为R2的默认路由更优,另一条次优。此外,还会产生一条到达2001:DB8:1111::/64的具体路由,下一跳为R1。于是,PC访问2001:DB8:1111::/64时会将报文发送给R1,访问Network中的网段时,则将报文通过默认路由发送给R2，当R2发生故障时，则自动切换至R1。

2．无状态地址自动配置

通过NDP的RS报文和RA报文，除了能实现上述功能外，还能实现IPv6地址的自动配置。RA报文可以携带IPv6地址前缀，主机在获取路由器所通告的IPv6地址前缀后，可以使用无状态地址自动配置功能完成IPv6地址自动配置，实现设备即插即用。

在IPv6中，设备（如主机等）可以通过手工配置或者自动配置的方式获取地址。在地址自动配置中，存在有状态地址自动配置和无状态地址自动配置两种方式。

无状态地址自动配置是IPv6的标准功能，在RFC 2462（已被RFC 4862取代）文档中进行定义。使用IPv6无状态地址自动配置后，设备的IPv6地址无须用户进行手工配置，设备可以即插即用，这减轻了用户的管理负担。相较于通过DHCPv6进行有状态地址自动配置，无状态地址自动配置无须部署应用服务器，更加轻量、便捷。当然，它也有缺点，例如，无状态地址自动配置无法对终端所使用的地址进行管理，也并不记录地址分配结果。

无状态地址自动配置的大致工作过程如下。

（1）PC根据本地接口ID自动产生网卡的IPv6链路本地地址。

（2）PC对链路本地地址进行DAD，如果不存在冲突则可以启用该地址。

（3）PC发送RS报文，尝试在链路上发现IPv6路由器，该报文的源地址为PC的链路本地地址。

（4）路由器回复RA报文（携带IPv6地址前缀，路由器在未收到RS时也能够通过配置主动发出RA报文）。

（5）PC解析路由器回应的RA报文，获得IPv6地址前缀，以该地址前缀加上本地产生的接口ID，形成单播IPv6地址。

（6）PC对生成的IPv6地址进行DAD，如果没有检测到冲突，则该地址便可启用。

图3-19所示为无状态地址自动配置过程。

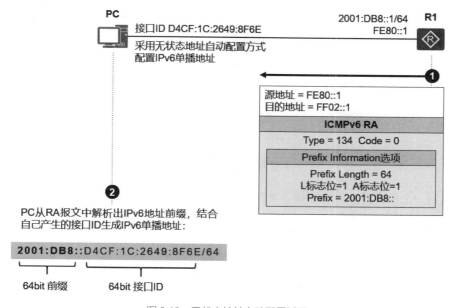

图 3-19　无状态地址自动配置过程

3.3.7 路由器重定向

路由器可以向主机发送Redirect报文，以通知该主机在前往目的地的路径上有更优的下一跳节点（其他网关设备）。Redirect报文的源地址必须是发送该报文的接口的链路本地地址；Redirect报文的目的地址是触发该重定向的数据包的源地址，报文会携带更优的下一跳节点地址和需要重定向转发的报文的目的地址等信息。

在图3-20所示的场景中，PC1的默认网关是R1，R1将到达PC2所在网段路由的下一跳配置为R2。当PC1发送报文给PC2时，报文首先会被送到R1。R1收到PC1发送的报文后会发现PC1直接将报文发送给R2更好，于是它发送一个ICMPv6 Redirect报文给PC1，在该报文的载荷数据中包含到达目的地更好的下一跳地址（FE80::2）。PC1收到Redirect报文后，会在路由表中添加主机路由，后续发往PC2的报文就会直接发送给R2。

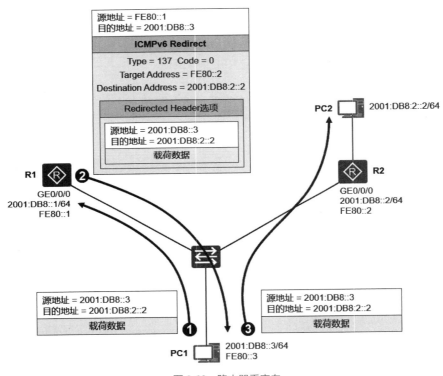

图 3-20　路由器重定向

设备收到一个报文后，只有在如下情况下，设备会向报文发送者发送重定向报文。

（1）报文的目的地址不是一个组播地址。

（2）报文并非通过路由转发给设备。

（3）经过路由计算后，路由的下一跳出接口是接收报文的接口。

（4）设备发现报文的更优下一跳IP地址和报文的源IP地址处于同一网段。

（5）设备检查报文的源地址，发现自身的邻居表表项中有用该地址作为全球单播地址或链路本地地址的邻居存在。

闯关题3-4

3.4 实验：IPv6 无状态地址自动配置

　　在图3-21所示的网络中，R2需要通过R1连接外部网络Network，为了让R2获得IPv6地址，网络管理员计划采用无状态地址自动配置方案，通过R1向R2通告携带IPv6地址前缀的RA报文，并在R2上激活无状态地址自动配置功能，从而自动配置IPv6地址。在实际应用中，也可以将R2替换为其他支持无状态地址自动配置功能的终端，如运行Windows操作系统的PC。

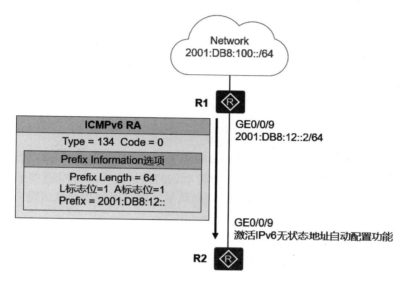

图 3-21　IPv6 无状态地址自动配置

1. 完成R1的IPv6基础配置

在R1上完成如下配置：

```
<Huawei> system-view
[Huawei] sysname R1
[R1] ipv6                                                  #全局激活 IPv6功能
[R1] interface GigabitEthernet 0/0/9
[R1-GigabitEthernet0/0/9] ipv6 enable                      #在接口上激活 IPv6功能
[R1-GigabitEthernet0/0/9] ipv6 address 2001:DB8:12::2 64   #手工配置接口 IPv6地址
[R1-GigabitEthernet0/0/9] quit
```

　　完成上述配置后，R1的GE0/0/9接口便获得了静态IPv6地址。此时可在R1上查看IPv6接口地址信息。在设备上执行**display ipv6 interface brief**命令可查看设备的IPv6接口信息，包括接口IPv6地址、接口物理状态及协议状态：

```
[R1] display ipv6 interface brief
*down: administratively down
(l): loopback
(s): spoofing
Interface                    Physical              Protocol
GigabitEthernet0/0/9         up                    up
[IPv6 Address] 2001:DB8:12::2
```

2．完成IPv6无状态地址自动配置

在R1上完成如下配置：

```
[R1] interface GigabitEthernet 0/0/9
[R1-GigabitEthernet0/0/9] undo ipv6 nd ra halt
```

在华为路由器上，**ipv6 nd ra halt**命令用来取消激活设备发布RA报文的功能。默认情况下，设备发布RA报文功能处于未激活状态。在本实验中，我们需要在R1的GE0/0/9接口上发布RA报文，并通过该报文携带IPv6地址前缀，以便R2收到该报文后解析出报文中携带的IPv6地址前缀，并使用该前缀结合本地生成的接口ID构造一个IPv6地址。为实现这个功能，需要在R1的GE0/0/9接口上激活发布RA报文的功能，即执行**undo ipv6 nd ra halt**命令。

接下来，在R2上完成如下配置：

```
<Huawei> system-view
[Huawei] sysname R2
[R2] ipv6
[R2] interface GigabitEthernet 0/0/9
[R2-GigabitEthernet0/0/9] ipv6 enable
[R2-GigabitEthernet0/0/9] ipv6 address auto global default
```

在以上配置中，**ipv6 address auto global**命令用来激活接口的无状态自动生成IPv6地址功能，命令末尾的**default**关键字用于指定设备学习默认路由，这样一来R2在收到RA报文并生成IPv6地址的同时，还可以学习RA报文中的源IPv6地址，将它作为IPv6默认路由的下一跳地址，也就是将R1当作其默认网关。

完成上述配置后，R2便会通过IPv6无状态地址自动配置功能在GE0/0/9接口上自动配置一个IPv6地址。在R2上查看IPv6接口地址信息：

```
[R2] display ipv6 interface brief
*down: administratively down
(l): loopback
(s): spoofing
Interface                        Physical            Protocol
GigabitEthernet0/0/9             up                  up
[IPv6 Address] 2001:DB8:12:0:DEEF:80FF:FE31:14F6
```

值得一提的是，R1通告给R2的RA报文中默认携带的IPv6地址前缀是前者GE0/0/9接口的IPv6地址前缀2001:DB8:12::/64，R2将这个64bit长度的前缀与自己GE0/0/9接口的接口ID（DEEF:80FF:FE31:14F6）一起组成了一个IPv6地址——2001:DB8:12:0:DEEF:80FF:FE31:14F6。其中接口ID是R2根据GE0/0/9接口的MAC地址自动生成的，采用的是IEEE EUI-64规范。

完成上述配置后，R2即可与R1通信，当然，R2也可通过R1到达2001:DB8:100::/64。

3.5 本章小结

本章介绍ICMPv6和NDP，主要内容包括：

（1）ICMP允许主机或设备报告差错情况，还支持网络设备之间的测试诊断。ICMP报文作为IP报文的数据部分，封装上IP头部，组成完整的IP报文发送出去。ICMPv6报文包括差错报文和信息报文两类：差错报文用于报告在转发IPv6数据包过程中出现的错误，如目的地不可达、超

时等；信息报文可以用来实现同一链路上节点间的通信和子网内的组播成员管理等。

（2）ICMPv6 常见的应用包括 Ping、Tracert 和 PMTUD。其中，Ping 通常用来验证节点之间的可达性，使用 Echo Request 和 Echo Reply 报文实现；Tracert 主要用于查看数据包从源端口到目的端口的逐跳路径信息，从而检查网络连接是否可用，基于 ICMPv6 超时差错报文实现；PMTUD 的主要目的是发现路径上的最小 MTU（即 Path MTU），从而使源节点发送数据时可以根据 Path MTU 进行准确分片，基于 ICMPv6 报文过大差错报文实现。

（3）NDP 是 IPv6 体系中一个重要的基础协议，使用 ICMPv6 报文实现地址解析、邻居不可达检测、重复地址检测、路由器发现及重定向等功能，主要包含路由器请求（RS）报文、路由器通告（RA）报文、邻居请求（NS）报文、邻居通告（NA）报文和重定向（Redirect）报文。

（4）NDP 的地址解析功能用于请求目的地址对应的数据链路层地址，类似 IPv4 的 ARP，使用 NS 及 NA 报文实现，利用被请求节点组播地址代替 ARP 的广播请求，提高了地址解析的效率。IPv6 节点通过维护一个 IPv6 邻居表来缓存 IPv6 地址与 MAC 地址的映射。

（5）重复地址检测（DAD）用于确保 IPv6 单播地址在链路上不存在冲突，所有的 IPv6 单播地址（包括链路本地地址）都需要通过 DAD，确保无冲突后才能够正式启用。NDP 使用 NS 和 NA 报文来实现 DAD 功能，NS 报文的源 IPv6 地址为未指定地址 "::"，目的 IPv6 地址为要进行 DAD 的 IPv6 单播地址对应的被请求节点组播地址。

（6）IPv6 节点需要维护一张邻居表，实时监视邻居状态，了解新的拓扑结构。IPv6 邻居状态有 5 种，分别是未完成、可达、陈旧、延迟和探查。NDP 使用 NS 报文（单播发送）和 NA 报文来实现邻居不可达检测功能。

（7）IPv6 节点通过路由器发现连接在相同链路上的路由器，并获得路由器通告的网络前缀、默认路由器优先级及路由信息等。NDP 使用 RS 报文和 RA 报文来实现路由器发现功能。另外，设备通过获取 NDP 的 RA 报文中携带的 IPv6 地址前缀，可以实现 IPv6 地址的无状态地址自动配置，实现设备的即插即用。

（8）IPv6 节点通过重定向功能实现路由表优化，发现通往目的节点的更优下一跳（连接在相同链路上的）路由器。NDP 使用 Redirect 报文实现重定向功能，Redirect 报文会携带更优的路径下一跳 IPv6 地址和需要重定向转发的报文的目的地址等信息。

📝 3.6　思考与练习

3-1　请通过自己的计算机使用 Ping 命令测试到达某知名网站的连通性。

3-2　IPv6 报文头部不包含用于描述序号的字段，请分析 IPv6 数据包的发送方是如何根据 ICMPv6 差错报告消息唯一确定引起差错的原始 IP 数据报文的。

3-3　请分析 RA 报文的结构，并说明如何判断 RA 报文携带的网络前缀信息可以用来进行无状态地址自动配置。

3-4　请分析 Tracert 的工作原理，以及工作过程中所使用到的 ICMP 报文。

3-5　请分析 PMTUD 的工作原理，以及工作过程中所使用到的 ICMP 报文。

3-6　请分析 NDP 实现地址解析与 IPv4 网络的 ARP 相比的优势。

3-7　请分析 NDP 在不结合任何安全机制使用时可能存在的安全隐患。

第 **4** 章

路由技术

一个IP报文进入IP网络后，网络中的设备（如路由器、三层交换机及防火墙等）负责将其转发到目的地。在报文的转发过程中，沿途的支持路由功能的网络设备收到该报文后，会根据其所携带的目的IP地址来判断如何转发这个报文，最终将报文从恰当的接口发送出去。这个过程称为路由。

支持路由功能的设备有多种，如路由器、三层交换机、防火墙等，本章将以路由器为例进行介绍。在一个典型的IP网络中，每台路由器都会维护一张"地图"用于指导数据转发，这张地图便是IP路由表（IP Routing Table）。路由器可以自动发现与直连接口关联的路由，网络管理员也可通过手工配置的方式为路由器的路由表添加路由，此外，路由器还可以通过动态路由协议自动发现网络中的路由。

学习目标：

知识图谱

1. 了解IP路由的基本概念；
2. 掌握静态路由的配置方法；
3. 了解不同动态路由协议的特点；
4. 理解OSPFv3的基本工作原理；
5. 理解IS-IS的基本工作原理；
6. 理解BGP的基本工作原理；
7. 掌握OSPFv3、IS-IS及BGP的基本配置方法。

4.1　路由的基本概念

4.1.1　路由概述

IP网络的基本功能就是使处于网络中不同位置的设备实现数据互通。为了实现这个功能，网络中的转发设备需具备将IP报文从源地址转发到目的地址的能力。当一台路由器收到一个IP报文时，它会在其路由表中执行路由查询，寻找匹配该报文目的IP地址的路由条目（也称为路由表表项）。如果找到匹配的路由条目，路由器便按照该条目所指示的出接口及下一跳IP地址转发该报文；如果在路由表中未找到匹配该目的IP地址的路由条目，则意味着路由器没有相关路由信息可用于指导该报文的转发，该报文将被丢弃。

在图4-1所示的场景中，终端PC1将默认网关设置为路由器R1的GE0/0/0接口地址，当PC1要发送报文给与其不在相同网段的其他设备时，如发送报文给PC2，PC1首先会将报文发给默认网关R1，PC1在报文头部的"目的地址"字段中写入IPv6地址2001:DB8:2::1，在数据帧头部中的"目的MAC地址"字段中写入R1的GE0/0/0接口的MAC地址。报文送达R1后，R1解析报文，并在其IPv6路由表中查询去往目的地址2001:DB8:2::1的路由，它发现路由表表项2001:DB8:2::/64匹配该目的地址，于是按照路由的指示将报文从GE0/0/2接口转发给下一跳R2。R2收到报文后执行类似的操作，在其路由表中查询去往2001:DB8:2::1的路由，并将报文转发给R3。最终，R3将报文送达目的地。综上所述，报文从源地址转发到目的地址的过程中执行的是逐跳转发行为，沿途的每一台路由器都会解析报文的目的地址并在本地路由表中查询路由，若任何一台路由器缺失到达目的地址的路由，报文将会被该路由器丢弃，通信会因此中断。此外，典型的通信行为通常涉及双向的数据转发，例如，在PC1与PC2的通信过程中PC1发送数据给PC2，PC2也需回送数据给PC1，因此通常要求路由设备同时了解去往PC1及PC2所在网段的路由。

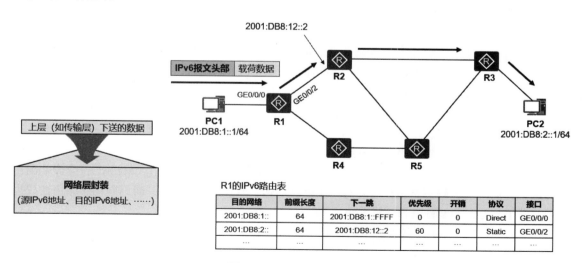

图 4-1　IP 路由的基本原理

4.1.2　路由表

路由表相当于路由器的"地图"，其中存储着路由器发现的路由信息，即路由表表项（在本书中，路由信息、路由条目和路由表项这几个术语可能会交替使用）。设备会为 IPv4 和 IPv6 维护不同的路由表。

图 4-2 所示为 IPv6 路由表的大致形式。路由表中的每个表项均包含如下信息。

目的网络	前缀长度	下一跳	优先级	开销	协议	接口
2001:DB8:2::	64	2001:DB8:12::2	60	0	Static	GE0/0/2
…	…	…	…	…	…	…

图 4-2　路由表

（1）目的网络（Destination Network）：此路由对应的目的网络/主机的地址。在本例中，R1 的路由表中到达 PC2 所在网段的路由的目的网络为 2001:DB8:2::。

（2）前缀长度（Prefix Length）：路由的前缀长度。目的网络与前缀长度共同标识一条路由，如 2001:DB8:2::/64。

（3）下一跳（Next Hop）：对于本路由器而言，到达该路由指向的目的网络的下一跳节点的 IP 地址。R1 的路由表中路由 2001:DB8:2::/64 的下一跳节点地址为 2001:DB8:12::2，当 R1 收到发往 2001:DB8:2::/64 的报文时，会将报文转发给下一跳节点 2001:DB8:12::2。

（4）优先级（Preference）：路由优先级，优先级最高者（数值最小者）将成为当前的最优路由。路由表项即路由条目的来源有多种，每种类型的路由对应不同的优先级，路由优先级的值越小则该路由的优先级越高。当一台路由器同时从多种不同的来源学习到去往同一个目的网段的路由时，它将选择优先级的值最小的路由。例如，路由器 A 配置了去往 2001:DB8:A120:1::/64 的静态路由，该条静态路由的下一跳为 B；同时路由器 A 又运行了路由协议 OSPFv3，并且通过 OSPFv3 发现了去往 2001:DB8:A120:1::/64 的路由，该 OSPFv3 路由的下一跳为 C。这样路由器 A 就分别通过静态路由及 OSPFv3 获知了到达同一个目的网络的路由，A 将比较静态路由与 OSPFv3 路由的优先级，默认情况下静态路由的优先级为 60，而 OSPFv3 路由的优先级为 10，OSPFv3 路由的优先级值更小，故去往 2001:DB8:A120:1::/64 的 OSPFv3 路由被加载到路由表中，A 收到去往该网段的 IP 报文时，会把该报文转发到下一跳 C。

（5）开销（Cost）：本路由器到达目的网段的代价值，也称为度量值（Metric），会影响路由的优选。直连路由及静态路由一般会有一个默认 Cost，默认度量值为 0，而不同动态路由协议也分别定义了其路由的度量值和计算方法。

（6）协议（Protocol）：该路由的协议类型，即路由器是通过什么协议学习到该路由的。路由器可自动发现与其直连网络接口关联的路由（直连路由）；网络管理员也可通过手工配置方式为路由器的路由表添加路由（静态路由）；此外，路由器还可通过动态路由协议自动发现网络中的路由（动态路由）。在本例中，2001:DB8:2::/64 路由的"协议"一列显示"Static"，这意味着本路由是静态路由。

（7）接口（Interface）：路由的出接口，指明报文将从本路由器的哪个接口转发出去。在本例中2001:DB8:2::/64路由的"接口"一列显示"GE0/0/2"，因此R1收到发往2001:DB8:2::/64的报文后，会将报文从GE0/0/2接口转发出去（转发给下一跳设备）。

在华为设备上，使用**display ipv6 routing-table**命令可以查看设备的IPv6路由表。图4-3所示为某台设备的路由表。

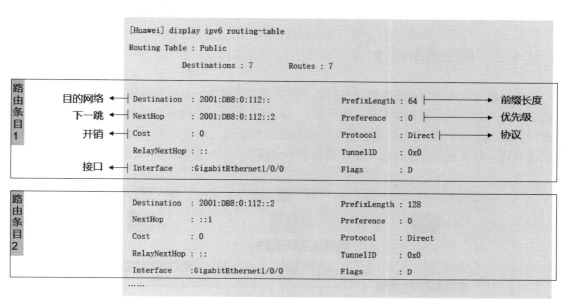

图 4-3　查看设备的路由表

4.1.3　路由信息的来源

如前所述，典型网络中转发设备的路由表通常包含多条路由。设备路由表中的路由类型主要有以下三种。

（1）直连路由（Direct Route）：到达本地直连网络的路由。直连路由是由设备自动发现的，当设备的接口获得IP地址，并且该接口的物理状态及协议状态都为Up时，设备会自动发现到达该接口所在网段的路由，即直连路由。通俗地说，直连路由就是到达"家门口的马路"的路由。

（2）静态路由（Static Route）：网络管理员手工为设备配置的路由。若一个网段无法直连，则必须设法让设备发现到达该"远端网段"的路由。最简单的方法是网络管理员在设备上通过手工配置的方式为其路由表添加该路由，这种路由称为静态路由。静态路由的配置方式就相当于网络管理员直接告诉设备"要到达X地址需要从Y门出去，下一跳是Z地铁站"。静态路由是网络管理员在设备上手工配置的，因此相对稳定，且设备与其他设备之间无须交互协议数据，相较于动态路由更节省带宽资源，有利于提高设备性能。但是，静态路由无法根据网络拓扑变化进行自动调整，当网络规模较大或拓扑频繁变更时，完全使用静态路由来实现网络互联互通，其配置和维护工作量非常大。

（3）动态路由（Dynamic Route）：转发设备通过动态路由协议所学习到的路由。与静态路由不同，动态路由是设备通过路由协议自动发现的路由条目。网络管理员可在网络设备上激活特定动态路由协议，使设备之间能够通过该协议交换路由信息，或交换用于计算路由信息的数据，从而让转发设备自动发现路由。通俗地说，动态路由协议是网络管理员在设备上激活的某种能力，这种能力使得设备能够相互"交谈"并实现路由信息计算。当网络拓扑发生变化时，动态路由协议能够感知该变化，并适应新的网络拓扑。在大型网络中，通常需要同时部署静态路由和动态路由协议，有时甚至需要在一个网络中部署多种动态路由协议。

4.1.4 直连路由概述

直连路由的目的网络是路由器自身的某个接口所在的网络。直连路由的发现是路由器自动完成的，无须人为干预。在图 4-4 所示的网络中，我们给 R1 的 GE0/0/0、GE0/0/1 及 GE0/0/2 接口分别配置 IPv6 地址后，R1 便会自动根据接口的 IPv6 地址判断出该接口所连接的网络，然后生成直连路由并写入路由表。直连路由在 IPv6 路由表中"协议"一栏显示的是"Direct"。

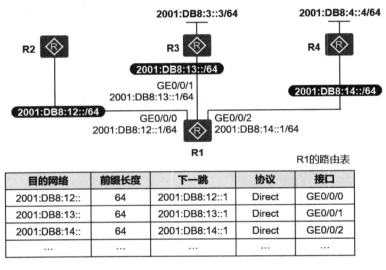

图 4-4　直连路由

4.1.5 静态路由概述

在转发设备上通过网络管理员手动配置建立的路由称为静态路由。静态路由配置方便，对系统要求低，适用于拓扑结构简单并且稳定的小型网络，缺点是不能自动适应网络拓扑的变化。在图 4-5 所示的网络中，默认情况下 R1 能够自动发现到达三个直连网段的路由；但 2001:DB8:3::/64 及 2001:DB8:4::/64 这两个远端网段，R1 并不知道该如何到达。此时网络管理员可为 R1 添加到达这些网段的静态路由。以 2001:DB8:3::/64 为例，网络管理员可在 R1 上进行相应配置，"告诉"R1：要到达 2001:DB8:3::/64，下一跳地址是 2001:DB8:13::3（R3 的接口地址），本地出接口是 GE0/0/1。完成配置后，该静态路由便会出现在 R1 的路由表中，"协议"一栏显示"Static"。

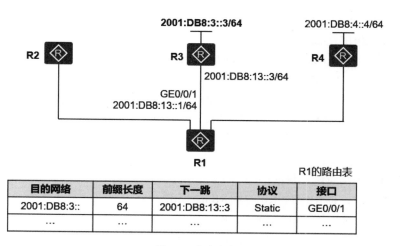

图 4-5　静态路由

4.1.6　动态路由协议概述

通过动态路由协议发现的路由称为动态路由。动态路由协议有各自的路由算法，能够自动适应网络拓扑的变化，适用于具有一定数量路由设备的网络。其缺点是在管理维护方面对管理者的要求较高，对设备性能的要求也高于静态路由，并占用一定的网络资源和性能资源。当然，目前在企业网络中使用的设备性能通常较高，运行动态路由协议并不成问题，只是需要网络管理员通过相应的手段对设备所维护的路由表规模进行优化或控制。

在图4-6所示的网络中，为使R1能够到达R4的直连网段2001:DB8:4::/64，可在R1和R4之间配置运行动态路由协议，如OSPFv3。这样，R1与R4就能够通过OSPFv3交换用于计算路由的信息。最终，R1可通过OSPFv3计算出到达2001:DB8:4::/64的路由，并将路由加载到路由表中，路由的"协议"一栏显示的是"OSPFv3"。而当2001:DB8:4::/64网段失效时，R4能第一时间感知相应的故障，并通过OSPFv3将变化扩散出去，R1收到该变化后，将2001:DB8:4::/64从路由表中删除。

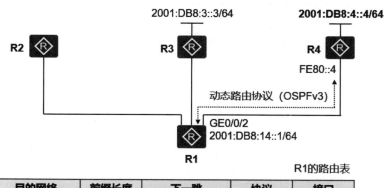

图 4-6　动态路由

根据使用的算法不同，动态路由协议可分为以下两种。

1. 距离矢量路由协议

距离矢量路由协议（Distance Vector Routing Protocol）包括RIP（Routing Information Protocol，路由信息协议）和BGP（Border Gateway Protocol，边界网关协议）。其中，BGP也称为路径矢量协议（Path-Vector Protocol）。"距离矢量"这个概念包含两个关键的信息："距离"和"方向"，其中"距离"指的是到达目的网络的度量值，而"方向"指的是到达该目的网络的下一跳设备。

图4-7简要说明了距离矢量路由协议的基本工作原理，此处以RIP为例。RIP使用跳数（Hop Count）作为Cost值来衡量到达目的网络的距离。跳数即到达目的网络所需经过的路由器的个数。RIP主要有三个版本，即RIPv1、RIPv2和RIPng（RIP next generation，下一代RIP）。其中RIPng是RIP在IPv6网络中的扩展。在本例中，R1、R2及R3运行了RIPng。R1新增了一个直连网段2001:DB8:1::/64，并将到达该网段的路由通过RIPng发布。此时对于R1而言，2001:DB8:1::/64路由的Cost值为0（直连路由的Cost=0）。R1通过RIPng路由更新报文将其路由表中的路由通告给R2，在路由更新报文中，R1将路由的Cost值加1（加上R1自身这一跳）；R2将这些更新与其本地路由表进行对比，发现路由表中不存在2001:DB8:1::/64路由，于是学习到了2001:DB8:1::/64路由并将该路由加载到路由表中。此时对于R2而言，2001:DB8:1::/64路由的Cost值为1，R2认为前往目的地2001:DB8:1::/64需从GE0/0/1接口转发，并需经过1跳（路由器）以到达该目的网络。以此类推，R2通过RIPng路由更新报文将其路由表中的路由通告给R3，在路由更新报文中，R2将该路由的Cost值加1。这样R3便学习到了2001:DB8:1::/64路由，该路由的Cost值为2，下一跳为R2。

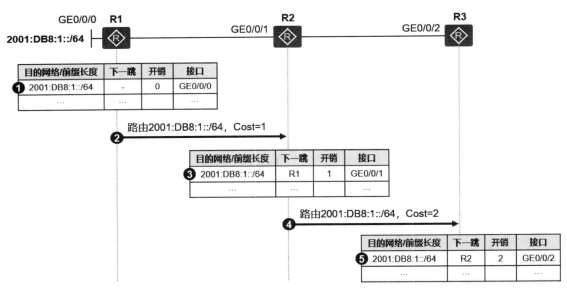

图 4-7　距离矢量路由协议的基本工作原理

2. 链路状态路由协议

典型的链路状态路由协议（Link State Routing Protocol）包括OSPF（Open Shortest Path First，

开放式最短路径优先）协议和IS-IS（Intermediate System-to-Intermediate System，中间系统到中间系统）协议。前面讨论的距离矢量路由协议工作时在设备之间直接通告路由信息，与此不同，运行链路状态路由协议的路由器会使用一些特殊的信息来描述网络的拓扑结构及IP网段等内容，这些信息被称为链路状态（Link State）信息。路由器将网络中所有通过泛洪（Flooding）传播的链路状态信息都搜集起来并存入一个数据库，这个数据库称为LSDB（Link-State Database，链路状态数据库），LSDB可视为对整个网络的拓扑结构及IP网段等的描述。如果所有路由器拥有对该网络的统一认知，那么接下来所有路由器都可基于统一的LSDB运用特定的算法进行计算，得到的结果是一棵以自己为根的、无环的最短路径树（可简单理解为网络中的网段对应这棵树的树叶），并将基于这棵树得到的路由加载到路由表中。

　　以上是按协议所使用的算法的不同进行的动态路由协议分类。除此之外，还可以根据工作范围的不同进行动态路由协议分类。在讲解这种分类之前，需要介绍一下AS（Autonomous System，自治系统）的概念。AS是由一个单一的机构或组织所管理的一系列IP网络及其设备所构成的集合。我们可以简单地将AS理解为一个独立的机构或者企业所管理的网络，如一家ISP的网络等。另外，一家全球性的大型企业在其网络的规划上也可将全球各区域划分为一个个AS，例如，中国区是一个AS，韩国区是另一个AS。

　　根据工作范围的不同，动态路由协议可分为如下两种。

　　（1）IGP。IGP（Interior Gateway Protocol，内部网关协议）在一个AS内部运行。常见的IGP包括RIP、OSPF和IS-IS。IGP能够帮助一个AS内的路由器发现到达该AS各网段的路由，从而实现AS内部的数据互通。

　　（2）EGP。EGP（Exterior Gateway Protocol，外部网关协议）运行于不同AS之间。在一个由多个AS构成的大规模的网络中，需要EGP来完成AS之间的路由交互。Internet就是一个包含多个AS的超大规模网络，Internet的骨干节点正是通过运行EGP实现了AS之间的路由交互。BGP是目前最常用的EGP。

4.1.7　路由优先级

　　路由器可以通过多个源头获取路由信息。在某一时刻，到某一目的地的当前路由仅能由唯一的路由协议来决定。为了判断最优路由，各路由协议和路由种类（直连路由及静态路由）都被赋予了一个优先级，当存在多个路由信息源时，具有较高优先级（优先级值更小）的路由协议发现的路由将成为最优路由，只有最优路由被放入设备路由表。

　　在图4-8所示的网络中，R1与R3分别运行RIPng及OSPFv3，R2则同时运行RIPng及OSPFv3。此时R2会通过RIPng学习到2001:DB8:13::/64路由，路由的下一跳为R1；同时从OSPFv3学习到2001:DB8:13::/64路由，路由的下一跳为R3，由于OSPFv3的路由优先级为10（此处以OSPFv3内部路由为例）而RIPng为100，前者的值更小，因此OSPFv3路由更优，于是R2只将到达2001:DB8:13::/64的OSPFv3路由加载到路由表中。当R3发生故障时，通过R3到达该目的网络的OSPFv3路由失效，于是到达2001:DB8:13::/64的RIPng路由被加载到R2的路由表中。

　　不同的路由协议或路由种类对应的优先级如表4-1所示。这是一个众所周知的约定（对于不同的厂家，这个约定值可能有所不同，本表描述的是华为数通产品的约定）。

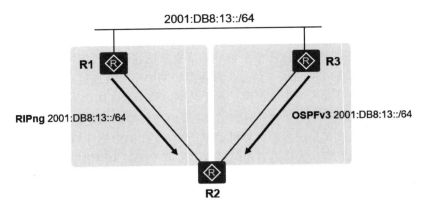

图 4-8 路由优先级

表 4-1 路由与优先级的对应表

路由类型	优先级
直连路由	0
OSPFv3 内部路由	10
IS-IS 路由	15
静态路由	60
RIPng 路由	100
OSPFv3 ASE 路由	150
OSPFv3 NSSA 路由	150
IBGP 路由	255
EBGP 路由	255

以下是某台路由器的路由表中的静态路由，从中可以看到路由的协议类型，以及与之对应的优先级。

```
[Router] display ipv6 routing-table
Routing Table : Public
    Destinations : 7  Routes : 7
Destination     : FC00::2222          PrefixLength     : 64
NextHop         : FC00:12::          Preference        : 60
Cost            : 0                   Protocol          : Static
RelayNextHop    : ::                  TunnelID   : 0x0
Interface       : GigabitEthernet0/0/3    Flags             : RD
... ...
```

4.1.8 路由开销

路由开销（Cost）指示了本路由器到达目的网段的度量值，不特别说明的情况下，开销、Cost、度量值这几个术语在本书中具有相同意义。路由 Cost 值的大小会影响路由的优选。直连路由及静态路由的默认 Cost 值为 0，而每一种动态路由协议都定义了其路由 Cost 值的计算方法，不同的路由协议对路由 Cost 值的定义和计算均有所不同。

距离矢量路由协议使用跳数作为 Cost 值。跳数是指数据从源端口到目的端口所经过的转发设备的数量。链路状态路由协议 OSPFv3 的路由 Cost 值则与路径中沿途相应接口的 Cost 值有关，而接口 Cost 值与接口的带宽相关。

在图4-9所示的网络中,各路由器均运行了RIPng,R5将到达2001:DB8::5/128的路由发布到了RIPng(该路由前缀长度为128,是一条主机路由),R1将通过RIPng学习到去往2001:DB8::5/128的路由。值得注意的是,R1将从R2学习到2001:DB8::5/128路由,并且路由的Cost值为2;同时R1也会从R3学习到2001:DB8::5/128路由,路由的Cost值为3。由于这两条路由都学习自RIPng,因此其路由优先级相等。接下来R1会比较这两条路由的Cost值,优选Cost值更小的路由,于是R2所通告的路由被R1优选并加载到了路由表中。R1收到发往2001:DB8::5/128的报文时,会将报文沿着路径1转发到目的地。当路径1失效时,路径2可以替代路径1成为新的最优路径。

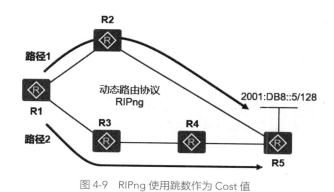

图 4-9　RIPng 使用跳数作为 Cost 值

4.1.9　默认路由

默认路由(Default Route)也称为缺省路由。它是一种特殊的路由,报文没有在路由表中找到匹配的具体路由时才会使用该路由。如果报文的目的地址不能与路由表的任何目的地址相匹配,那么该报文将选取默认路由进行转发。IPv6默认路由在路由表中的形式为"::/0"。

默认路由一般用于网络出口等场景,网络管理员通过配置默认路由,使出口设备能够转发到达 Internet 上任意地址的报文。

默认路由可由网络管理员在设备上手工配置,也可通过动态路由协议自动发现。以下展示了某台名为Test1的路由器的IPv6路由表,在其中我们能看到一条默认路由,该默认路由对应的协议是"OSPFv3ASE",表示该路由学习自OSPFv3,并且是一条OSPFv3的AS外部路由。

```
<Test1> display ipv6 routing-table
Routing Table : Public
    Destinations : 8   Routes : 8

    Destination  : ::                             PrefixLength : 0
    NextHop      : FE80::2E0:FCFF:FE4F:2015        Preference   : 150
    Cost         : 1                               Protocol     : OSPFv3ASE
    RelayNextHop : ::                              TunnelID     : 0x0
    Interface    : GigabitEthernet0/0/0            Flags        : D

    Destination  : 2001:DB8:1::                    PrefixLength : 64
    NextHop      : FE80::2E0:FCFF:FE4F:2015        Preference   : 100
    Cost         : 2                               Protocol     : RIPng
```

```
RelayNextHop : ::                                TunnelID      : 0x0
Interface    : GigabitEthernet0/0/0              Flags         : D

Destination  : 2001:DB8:1:100::                  PrefixLength  : 64
NextHop      : FE80::2E0:FCFF:FE4F:2015          Preference    : 150
Cost         : 1                                 Protocol      : OSPFv3ASE
RelayNextHop : ::                                TunnelID      : 0x0
Interface    : GigabitEthernet0/0/0              Flags         : D

Destination  : 2001:DB8:12::                     PrefixLength  : 64
NextHop      : FE80::2E0:FCFF:FE4F:2015          Preference    : 10
Cost         : 2                                 Protocol      : OSPFv3
RelayNextHop : ::                                TunnelID      : 0x0
Interface    : GigabitEthernet0/0/0              Flags         : D
......
```

4.2 静态路由

4.2.1 静态路由的基本概念

闯关题4-1

静态路由是网络管理员使用手工配置的方式为路由器添加的路由。静态路由的主要参数有目的地址和前缀长度、出接口、下一跳地址、优先级等。关于静态路由的概念，通俗一点说就是，网络管理员通过手工配置的方式告诉路由器："你要到达目的地X，需把数据包从自己的接口Y转发给下一跳Z"。

在图4-10所示的场景中，R1及R2分别连接着一个终端网段。为简单起见，图中只体现了这两个终端网段中的两台PC。PC1和PC2分别将自己的默认网关设置为R1和R2的接口地址。当PC1与PC2相互发送数据时，数据会被发往自己的默认网关，也就是R1或R2。以PC1发送数据给PC2为例，PC1发出的报文的目的地址为2001:DB8:2::1，它将这个去往本地网段之外的报文发给网关R1；R1则需在路由表中查询到达2001:DB8:2::1的路由。一开始，由于没有匹配的路由，因此报文会被R1丢弃。此时，我们可以对R1进行如下配置：

```
[R1] ipv6 route-static 2001:DB8:2:: 64 GigabitEthernet 0/0/0 2001:DB8:12::2
```

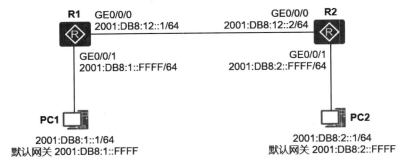

图 4-10　静态路由的部署示例

在以上配置中，**ipv6 route-static**命令用于配置静态路由，"2001:DB8:2::"是目的地址，"64"是前缀长度，"GigabitEthernet 0/0/0"是出接口，"2001:DB8:12::2"是路由的下一跳地址。之所以如此配置，是因为结合本拓扑，我们希望R1在收到去往PC2所在网段的报文后，将报文从本地GE0/0/0接口转发给R2。

完成上述配置后，PC1发往PC2的报文到达R1后，后者将其转发给R2；R2直连着2001:DB8:2::/64网段，因此通过直连路由的指引，可以将报文转发到目的地。此时PC1发往PC2的报文已经能顺利送达目的地，但是二者之间的通信可能还存在问题，因为回程报文（PC2发往PC1的报文）还无法正确到达目的地，原因是R2缺少到达PC1所在网段的路由。我们可在R2上进行如下配置：

```
[R2] ipv6 route-static 2001:DB8:1:: 64 2001:DB8:12::1
```

在以上配置中，我们只在静态路由中配置了目的地址、前缀长度和下一跳地址，但没有配置出接口。设备会自动在本地路由表中查询到达路由下一跳2001:DB8:12::1的路由，而GE0/0/0接口的直连路由可被匹配；通过该直连路由，R1便获得了静态路由**ipv6 route-static 2001:DB8:1:: 64 2001:DB8:12::1**的出接口信息。这种静态路由的配置方式，在实际应用中是很常见的。当然，在配置静态路由时，也可只指定出接口，而不指定下一跳地址，当出接口的类型为点到点类型（Point-to-Point，P2P）时便可以这么做。

4.2.2　浮动静态路由

在华为路由设备上，静态路由的默认优先级为60。在某些场景下，我们可能需要修改静态路由的优先级，例如，图4-11所示的场景中，某企业网中出口路由器（名为Huawei）同时连接ISP1和ISP2的Internet接入链路。企业希望路由器通过这两条链路均能到达目的网络2001:DB8:1::/64，此时就需要配置两条到达2001:DB8:1::/64的静态路由，这两条路由分别对应不同的下一跳地址。默认情况下路由器会将这两条路由都加载到路由表中，形成等价路由，多条等价路由可以实现负载分担。当前往同一目的地存在同一路由协议发现的多条路由时，若这几条路由的Cost值也相同，就满足负载分担的条件（一些特殊情况除外）。在典型的实现

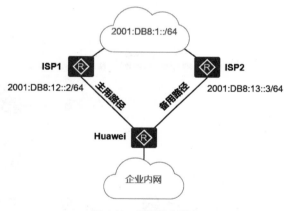

图 4-11　浮动静态路由

中，当执行负载分担时，路由器根据五元组（源地址、目的地址、源端口、目的端口、协议）进行报文转发，当五元组相同时，路由器总是选择与先前相同的下一跳地址发送报文。在本例中，如果我们希望当网络正常时，路由器优先将去往2001:DB8:1::/64的报文转发到ISP1路由器，而当ISP1路由器发生故障时，再将报文转发到ISP2路由器，那么可在配置静态路由时将下一跳为ISP2路由器的静态路由的优先级调节成大于60，如80，而下一跳为ISP1路由器的静态路由的优先级则保持默认值60。

```
[Huawei] ipv6 route-static 2001:DB8:1:: 64 2001:DB8:12::2
[Huawei] ipv6 route-static 2001:DB8:1:: 64 2001:DB8:13::3 preference 80
```

这样配置后，路由器Huawei只会将优先级更高的路由加载到路由表；只有当该路由失效时，下一跳为ISP2路由器的备用路由才会"浮现出来"，因此该路由也称为"浮动路由"。

4.3 OSPFv3

4.3.1 OSPF 概述

OSPF（Open Shortest Path First）协议是IETF组织发布的一个基于链路状态的域内（即AS内部）IGP，被广泛应用在企业/园区网络中，以实现网络内的互联互通。OSPF协议是典型的链路状态路由协议，路由器之间通过交互链路状态信息来发现网络拓扑及网段信息，并运行特定算法来计算无环路由。

在实际应用中，企业/园区网络多种多样，例如，校园网是为学校师生（以及家属、访客等）提供教学、科研和综合信息服务的计算机网络。图4-12所示为OSPF协议在某校园网中的应用。典型的校园网中通常存在多种场景（如教室、宿舍等），这些场景中的终端设备（如学生PC、教学设备、实验设备等）都有通信的需求，包括终端之间的直接通信需求，终端访问校园数据中心应用的通信需求，以及终端访问Internet或CERNET（China Education and Research Network，中国教育和科研计算机网）的通信需求等。校园网的设计目标就是满足上述通信需求。为了实现通信双方的IP可达性，可在网络中部署动态路由协议OSPF，使设备能够自动发现到达各网段的路由。

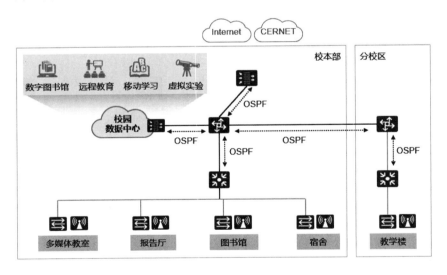

图 4-12　OSPF 协议在某校园网中的应用

目前针对IPv4使用的是OSPFv2协议，针对IPv6使用的是OSPFv3协议。OSPFv2协议和OSPFv3协议在基本工作机制上保持一致。在本书下文中除非特别说明，OSPF协议指的是OSPFv3协议。下面，我们来讨论OSPF协议的基本工作机制。

1．发现邻居，并建立邻居关系

路由器运行OSPF协议后，会在所有激活OSPF协议的接口发送及侦听OSPF Hello报文（见图4-13）。OSPF路由器通过交互OSPF Hello报文来发现直连链路上的其他OSPF路由器。在收到

Hello报文后，路由器将检查报文中的各项参数，如果参数检查通过，双方即可建立OSPF邻居关系。

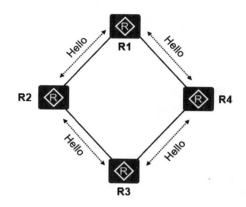

图 4-13 发现邻居，并建立邻居关系

2. 在邻居之间交互链路状态信息

在建立OSPF邻居关系后，OSPF邻居之间将交互LSA（Link Status Advertisement，链路状态通告）。每台OSPF路由器都会产生LSA，OSPF协议定义了多种类型的LSA用于描述不同的信息，包括用于描述路由器直连接口的链路状态和开销等信息的LSA、用于描述设备接口的地址前缀信息的LSA、用于描述区域间路由的LSA、用于描述到AS外部路由的LSA等，路由器通过交互这些LSA来了解整个网络的拓扑、网段及路由信息。

3. 维护LSDB

每台路由器将其从网络中搜集到的LSA存储在LSDB（链路状态数据库）中。建立了LSDB，路由器相当于掌握了全网的拓扑结构，并知晓了所有网段信息。通过LSDB，路由器可以得到一个关于本网络的带权有向图，如图4-14所示。

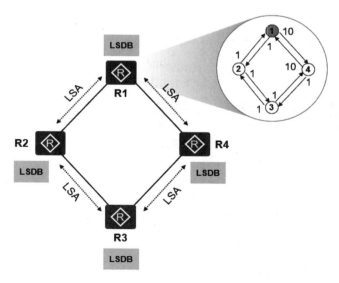

图 4-14 OSPF 路由器维护 LSDB

4. 进行最短路径计算并生成路由

每台路由器基于LSDB，使用SPF（Shortest Path First，最短路径优先）算法来计算转发路径。

各路由器都可计算出一棵以自身为根节点的、无环的最短路径树，此处最短路径是指该路径具有最小的Cost值。有了这棵树，路由器就知道了到达网络中各角落的最优路径。最后，路由器将计算出来的最优路径加载进自己的路由表，如图4-15所示。

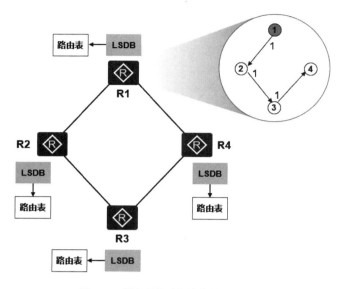

图 4-15　进行最短路径计算并生成路由

4.3.2　OSPF Router-ID

这里OSPF Router-ID（Router Identification，路由器标识符）指的是OSPFv3 Router-ID，它是设备在OSPFv3路由进程中所使用的标识符（见图4-16）。Router-ID的长度为32bit，其格式与IPv4地址相同，如1.1.1.1。

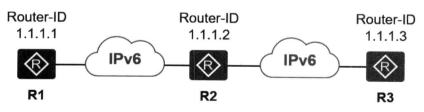

图 4-16　OSPFv3 Router-ID

用户必须确保设备的Router-ID在一个OSPFv3域内唯一。OSPFv3协议的Router-ID必须手工配置，如果没有配置Router-ID，OSPFv3协议将无法正常运行。为保证OSPFv3协议运行的稳定性，在进行网络规划时，应确定Router-ID的划分并手工配置。

4.3.3　OSPF Cost

Cost值是OSPF路由的度量值，指的是到达目的网络的代价。一条OSPF路由的Cost值越小，则该路由越优。在图4-17所示的网络中，R1通过OSPF协议发现了两条到达2001:DB8:5::/64的路由，其中路由1的Cost值为3，路由2的Cost值为4，因此R1将优先使用路由1，并将该路由加载到其路由表中。

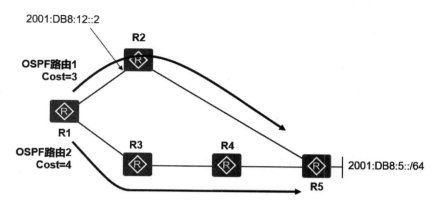

R1的路由表

目的网络	前缀长度	下一跳	优先级	开销	协议
2001:DB8:5::	64	2001:DB8:12::2	10	3	OSPFv3
…	…	…	…	…	…

图 4-17　OSPFv3 路由的 Cost 值

每一个激活了OSPF协议的网络接口都会维护该接口的Cost值。默认情况下接口Cost值为（100Mbit/s÷接口带宽），取计算结果的整数部分，当结果小于1时，值取1。其中，100Mbit/s为OSPF协议指定的带宽参考值，该值是可配置的（默认为100Mbit/s，可在OSPFv3视图下使用**bandwidth-reference**配置命令修改）。由于修改参考值将直接影响Cost值的计算，从而影响网络中OSPF路由的优选，因此操作时需格外谨慎。在图4-18（a）中，路由器的3个不同类型的接口都激活了OSPF协议，这些接口的默认Cost值如图所示。

说明：在本书中，FE接口指的是百兆以太网（Fast Ethernet）接口，FE接口支持的最大速率为100Mbit/s；GE接口指的是千兆以太网（Gigabit Ethernet）接口，GE接口支持的最大速率为1000Mbit/s。

一条OSPF路由的Cost值等于从目的地到本地路由器沿途的所有入接口Cost值的总和，如图4-18（b）所示，R1、R2及R3运行了OSPF协议，R3能够通过OSPF协议发现到达2001:DB8:1::/64的路由，在R3的路由表中，该路由的Cost值为75。

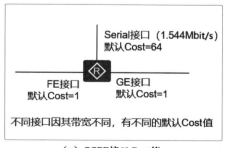

（a）OSPF接口Cost值　　　（b）OSPF路径累计Cost值

图 4-18　OSPF 接口 Cost 值与路径 Cost 值

4.3.4　OSPF 邻居表、LSDB 及路由表

1. OSPF 邻居表

OSPF 协议要求路由器之间传递 LSA 之前先建立 OSPF 邻居关系。OSPF Hello 报文用于发现直连链路上的其他 OSPF 路由器，设备的接口激活 OSPF 协议后，设备便会从接口发送 OSPF Hello 报文，并在接口上侦听 OSPF 报文。设备在接口上发现 OSPF 邻居后，邻居的信息就会被写入路由器的 OSPF 邻居表（Peer Table 或 Neighbor Table），邻居关系的建立过程也就开始了。

在图 4-19 所示的网络中，我们将 R1 的 GE0/0/0、GE0/0/1 及 R2 的 GE0/0/0、GE0/0/1 接口激活 OSPFv3 协议，R1 与 R2 将在直连链路上发现彼此，并将对方的信息记录在邻居表中。以 R1 的邻居表为例：

```
<R1> display ospfv3 peer
OSPFv3 Process (1)
OSPFv3 Area (0.0.0.0)
Neighbor ID    Pri  State      Dead Time Interface        Instance ID
2.2.2.2          1  Full/DR    00:00:31  GE0/0/0                    0
```

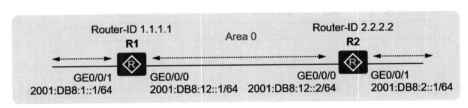

图 4-19　OSPF 邻居表

从以上输出可以看出，R1 已经发现了邻居 2.2.2.2（R2 的 Router-ID），并且该邻居的状态为 Full，这意味着 R1 与对方建立了全毗邻的邻居关系，即完成了 LSDB 同步。

2. LSDB

路由器将网络中的 LSA 搜集后保存到自己的 LSDB 中，因此 LSDB 是路由器对网络的完整认知。OSPF 定义了多种类型的 LSA，这些 LSA 都有各自的用途。当然，最终都是为了让路由器知晓网络的拓扑结构、网段信息及路由信息，并计算出最短路径树，从而发现去往全网各网段的路由。在上面的例子中，R1 及 R2 都会产生 LSA，并且在所属的区域（Area）中泛洪这些 LSA。以 R1 为例，它会将自己产生的及 R2 产生的 LSA 保存在其 LSDB 中；由于 R1 与 R2 同属一个区域，因此其 LSDB 也是一致的。以 R1 的 LSDB 为例：

```
<R1> display ospfv3 lsdb

* indicates STALE LSA

           OSPFv3 Router with ID (1.1.1.1) (Process 1)
              Link-LSA (Interface GigabitEthernet0/0/0)

Link State ID    Origin Router    Age   Seq#        CkSum    Prefix
0.0.0.3          1.1.1.1          0243  0x80000005  0x59f0   1
0.0.0.3          2.2.2.2          0207  0x80000005  0xbdba   1
```

```
                         Link-LSA (Interface GigabitEthernet0/0/1)

Link State ID    Origin Router      Age    Seq#          CkSum    Prefix
0.0.0.4          1.1.1.1            0238   0x80000005   0xfe5a      1

                         Router-LSA (Area 0.0.0.0)

Link State ID    Origin Router      Age    Seq#          CkSum    Link
0.0.0.0          1.1.1.1            0157   0x8000000c   0x37ca      1
0.0.0.0          2.2.2.2            0164   0x8000000b   0x1be3      1

                         Network-LSA (Area 0.0.0.0)

Link State ID    Origin Router      Age    Seq#          CkSum
0.0.0.3          2.2.2.2            0167   0x80000005   0x44c9

                         Intra-Area-Prefix-LSA (Area 0.0.0.0)

Link State ID    Origin Router      Age    Seq#          CkSum    Prefix   Reference
0.0.0.1          1.1.1.1            0157   0x8000000d   0x6662      1       Router-LSA
0.0.0.1          2.2.2.2            0164   0x80000008   0x9c28      1       Router-LSA
0.0.0.2          2.2.2.2            0164   0x80000006   0x2a88      1       Network-LSA
```

从以上输出可以看出，R1 的 LSDB 中已经保存了不少 LSA。关于 LSA 的详细介绍请参考相应协议标准。

3．路由表

OSPF 协议根据 LSDB 中的数据运行并采用 SPF 算法计算出一棵以自身为根的、无环的最短路径树。基于这棵树，OSPF 协议能够发现到达网络中各网段的最短路径，从而得到路由信息并将其加载到 OSPF 路由表中。OSPFv3 路由表是 OSPFv3 路由协议所得到的路由表，该路由表可为设备的 IPv6 路由表提供路由。在本例中，R1 的 OSPFv3 路由表如下：

```
<R1> display ospfv3 routing

Codes : E2 - Type 2 External, E1 - Type 1 External, IA - Inter-Area,
        N - NSSA, U - Uninstalled

OSPFv3 Process (1)
    Destination                                             Metric
      Next-hop
    2001:DB8:1::/64                                            1
      directly connected, GigabitEthernet0/0/1
    2001:DB8:2::/64                                            2
      via FE80::2E0:FCFF:FE02:33D4, GigabitEthernet0/0/0
    2001:DB8:12::/64                                           1
      directly connected, GigabitEthernet0/0/0
```

从上面的输出可以看出，R1 的 OSPFv3 路由表中存在三条路由，其中 2001:DB8:1::/64 及 2001:DB8:12::/64 都是到达直连接口所在网段的路由，由于 OSPFv3 协议分别在 R1 的对应接口上激活，因此设备会自动发现这些路由。此外，R1 还通过 OSPFv3 协议学习到了 2001:DB8:2::/64 路由。

4.3.5　OSPF 区域

一系列 OSPF 路由器组成的网络称为 OSPF 域（Domain），通常一个域对应一个 AS，域内的 OSPF 路由器由一个管理实体进行管理维护。为了确保每台路由器能够正确地计算出路由，OSPF 协议要求域内所有的路由器拥有相同的 LSDB。当网络的规模较小时，这是没有问题的。但是当网络的规模变得越来越大时，网络中所泛洪的 LSA 越来越多，各路由器所维护的 LSDB 也变得臃肿。基于该庞大 LSDB 所进行的计算也势必需要耗费更多的设备资源。此外，网络拓扑的变化会引起整个域内所有路由器的重新计算，从而增加设备的性能损耗；随着网络规模的增大，每台路由器需要维护的路由表也越来越大，也将增加设备的存储负担。图 4-20 所示为某大型网络，该网络中部署了 OSPF 协议，由于网络规模较大，而所有路由器都需要保持 LSDB 同步，设备的负担较大。

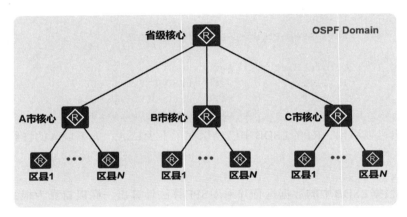

图 4-20　某大型网络

OSPF 协议引入了区域（Area）的概念，以使 OSPF 协议能够支持更大规模的网络。一个 OSPF 网络可以规划成一个区域，也可以规划成多个区域。某些 LSA 的泛洪被限制在单个区域内部，同一个区域内的路由器维护一套相同的 LSDB；每个区域独立地进行 SPF 计算，区域内的拓扑结构对于区域外部是不可见的，且区域内部拓扑变化的通知也被局限在该区域内，从而避免对区域外部造成影响。另外，在区域边界路由器（Area Border Router，ABR）上可通过执行路由聚合来减少网络中的路由条目。

OSPF 区域是从逻辑上将路由器划分为不同的组，每个区域使用区域 ID（Area ID）进行标识，区域 ID 是一个 32bit 的非负整数，以点分十进制的形式（与 IPv4 地址的格式一样）呈现，如 Area0.0.0.1，为简便起见，我们也会采用十进制的形式来表示区域 ID，例如，Area0.0.0.1 等同于 Area1，Area0.0.0.255 等同于 Area255，Area0.0.1.0 等同于 Area256。许多厂商的网络设备同时支持这两种区域 ID 配置及表示方式。

在 OSPF 协议中，Area0 是骨干区域。当一个 OSPF 网络中存在多个区域时，必须存在且只能存在一个 Area0，其他的非骨干区域需使用非 0 的 ID。非骨干区域必须与 Area0 直接相连，Area0 负责在区域之间发布路由信息。为避免区域间的路由形成环路，非骨干区域之间不允许直接相互发布区域间路由。在图 4-21 所示的网络中，我们将省级核心路由器及每个市级核心路由器都划分在了骨干区域 Area0 中，并且为了方便管理，为每个地市单独规划了一个区域并分配了相应的区域 ID。

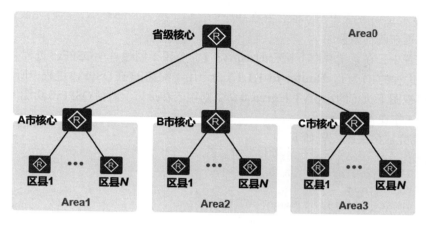

图 4-21　OSPF 区域设计

4.3.6　实验：OSPFv3 的基础配置

在图 4-22 所示的拓扑中，R1、R2 及 R3 三台路由器通过以太网链路进行连接，其中 R1 及 R3 各自下连一个网段，该网段用于接入终端用户，为简单起见，此处只体现了这些网段中的两台 PC。PC1 与 PC2 分别使用 R1 与 R3 作为自己的默认网关。我们将在 R1、R2 及 R3 上完成 OSPFv3 配置（三台路由器都属于 Area0），使 PC1 与 PC2 所在网段能够相互通信。

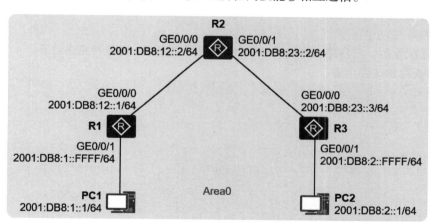

图 4-22　OSPFv3 的基础配置

在 R1 上需完成的关键配置如下：

```
[R1] ospfv3 1
[R1-ospfv3-1] router-id 1.1.1.1
[R1-ospfv3-1] quit
[R1] interface GigabitEthernet 0/0/0
[R1-GigabitEthernet0/0/0] ospfv3 1 area 0
[R1-GigabitEthernet0/0/0] quit
[R1] interface GigabitEthernet 0/0/1
[R1-GigabitEthernet0/0/1] ospfv3 1 area 0
```

说明：以上只体现了与 OPSFv3 协议相关的关键配置，实际上，在配置 OSPFv3 协议之前，我们需要先在R1上全局激活IPv6功能，并在相应的接口上激活IPv6功能，然后完成接口IPv6地址配置。这些配置在此不做赘述。

在以上配置中，在系统视图下执行的**ospfv3 1**命令用于创建一个OSPFv3进程并进入OSPFv3配置视图，该进程的ID为1。**Router-id 1.1.1.1**命令用于配置R1在OSPFv3进程中所使用的Router-ID，而在接口视图下执行的**ospfv3 1 area 0**命令则用于在接口上激活OSPFv3功能（OSPFv3进程1），并使接口工作在Area0。

在R2上需完成的关键配置如下：

```
[R2] ospfv3 1
[R2-ospfv3-1] router-id 2.2.2.2
[R2-ospfv3-1] quit
[R2] interface GigabitEthernet 0/0/0
[R2-GigabitEthernet0/0/0] ospfv3 1 area 0
[R2-GigabitEthernet0/0/0] quit
[R2] interface GigabitEthernet 0/0/1
[R2-GigabitEthernet0/0/1] ospfv3 1 area 0
```

在R3上需完成的关键配置如下：

```
[R3] ospfv3 1
[R3-ospfv3-1] router-id 3.3.3.3
[R3-ospfv3-1] quit
[R3] interface GigabitEthernet 0/0/0
[R3-GigabitEthernet0/0/0] ospfv3 1 area 0
[R3-GigabitEthernet0/0/0] quit
[R3] interface GigabitEthernet 0/0/1
[R3-GigabitEthernet0/0/1] ospfv3 1 area 0
```

完成上述配置后，三台路由器启动OSPFv3协议报文交互，并进行路由计算。

在R1上查看IPv6路由表：

```
<R1> display ipv6 routing-table
Routing Table : Public
      Destinations : 8   Routes : 8
......
 Destination  : 2001:DB8:2::              PrefixLength : 64
 NextHop      : FE80::2E0:FCFF:FEB3:4690  Preference   : 10
 Cost         : 3                         Protocol     : OSPFv3
 RelayNextHop : ::                        TunnelID     : 0x0
 Interface    : GigabitEthernet0/0/0      Flags        : D
......

 Destination  : 2001:DB8:23::             PrefixLength : 64
 NextHop      : FE80::2E0:FCFF:FEB3:4690  Preference   : 10
 Cost         : 2                         Protocol     : OSPFv3
 RelayNextHop : ::                        TunnelID     : 0x0
 Interface    : GigabitEthernet0/0/0      Flags        : D
......
```

从以上输出可以看出，R1通过OSPFv3协议学习到了去往2001:DB8:23::/64及2001:DB8:2::/64的路由，这两条路由的"Protocol"字段都为"OSPFv3"，这表示路由是通过OSPFv3协议学习到的。同理，R2与R3也学习到了去往远端网络的路由。此时PC1和PC2已经能够相互通信。

4.4　IS-IS

4.4.1　IS-IS 概述

20世纪80年代,ISO提出了著名的OSI参考模型。OSI参考模型的出现极大地推动了网络技术的发展。OSI参考模型对应一个协议栈,我们将其称为OSI协议栈,这是一个与大家非常熟悉的TCP/IP协议栈相互独立的协议栈。在OSI协议栈中,CLNP(ConnectionLess Network Protocol,无连接网络协议)相当于TCP/IP协议栈中的IP,IS(Intermediate System,中间系统)相当于OSI中的路由器,而IS-IS(Intermediate System to Intermediate System,中间系统到中间系统)则是用于在IS之间实现动态路由信息交互的协议,换句话说,IS-IS是为CLNP设计的动态路由协议。最初的IS-IS协议是无法工作在TCP/IP环境中的,随着TCP/IP的广泛应用,IETF对IS-IS协议进行了扩展,使它能够同时支持IP路由,这种IS-IS协议称为集成IS-IS(Integrated IS-IS)协议。在本书后续的内容中若无特别说明,IS-IS协议指的就是集成IS-IS协议。

IS-IS协议是一种IGP,同时与OSPF协议一样,IS-IS协议也是链路状态路由协议。IS-IS协议在基本工作原理方面与OSPF协议颇为相似。在一个网络中部署运行IS-IS协议后,IS-IS路由器之间会建立邻居关系,并交互LSP(Link-State Packet,链路状态报文)。LSP包含链路状态信息,路由器将网络中的LSP保存到LSDB中,并使用SPF算法进行计算,最终得到路由信息。

IS-IS协议本身具有高可扩展性,当新的业务需求出现时,IS-IS协议支持在协议主体功能不变的基础上进行灵活扩展。这种高可扩展性得益于其TLV的设计和使用。IS-IS协议定义了多种不同类型的TLV用于承载各种信息,当出现新的业务需求时,可引入新的TLV来承载相关信息,从而使协议整体满足新业务需求。随着IPv6网络的大规模部署,IS-IS协议在为设备提供IPv4路由信息的基础上,还能为设备提供IPv6路由信息。为支持IPv6路由的处理和计算,IS-IS协议新增了两个TLV和一个新的NLPID(Network Layer Protocol Identifier,网络层协议标识符),这使IS-IS协议实现了对IPv6网络层协议的支持,可以发现、生成和转发IPv6路由。

4.4.2　IS-IS 的 NET 及区域

在OSI协议栈中,NSAP(Network Service Access Point,网络服务接入点)被视为CLNP地址,用于在OSI协议栈中定位资源。NSAP除了包含用于标识设备的地址信息外,还包含用于标识上层协议类型或服务类型的内容(即NSAP中的NSAP-Selector,简称为NSEL)。由此可见,NSAP类似于TCP/IP中的IP地址与TCP或UDP端口号的组合。

NET(Network Entity Title,网络实体名称)用于在网络层标识一台设备,它是NSAP的特殊形式。在设备上部署IS-IS协议时,即使设备所工作的网络是纯IP网络,而不是CLNP网络,也必须为IS-IS协议指定NET,否则IS-IS协议无法正常工作,如图4-23所示。

NET由三部分组成。

(1)区域ID(Area ID):IS-IS协议支持多区域,大型的网络往往采用多区域设计。IS-IS协议中区域的概念与OSPF协议中区域的概念非常相似。IS-IS区域ID是IS-IS协议的区域标识符,其长度可变(1 ~ 13B)。当两台IS-IS路由器被放置在同一个区域中时,二者需配置相同的区域ID。

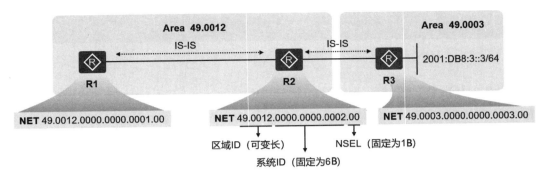

图 4-23　IS-IS 的 NET 及区域

（2）系统 ID（System ID）：相当于 OSPF 协议中的 Router-ID，其长度为 6B。在网络部署过程中，必须保证域内设备系统 ID 的唯一性。

（3）NSEL：位于 NET 的最后一个字节，其值必须为 0x00。

一旦网络管理员为一台设备指定了 NET，该设备便可从 NET 中解析出区域 ID，以及设备的系统 ID。在图 4-23 所示的网络中，我们将 R1 与 R2 规划在了相同区域，将 R3 规划在了另一个单独区域。三台路由器都配置了对应的 NET，以 R2 的 NET 为例，最后一个字节为 NSEL，该值必须为 0x00，与 NSEL 相邻的 6B 为系统 ID，而其余的部分便是区域 ID。处于同一个区域的两台 IS-IS 设备，其 NET 中的区域 ID 必须相同，而系统 ID 则必须不同。

4.4.3　IS-IS 的层次化结构

与 OSPF 协议类似，IS-IS 协议也支持网络层次化设计，这使 IS-IS 协议能够被部署于大型网络中，如 ISP 的骨干网络等。IS-IS 的区域如图 4-24 所示，其中 Level-1、Level-2 及 Level-1-2 路由器的概念本书将在后续章节中讨论。

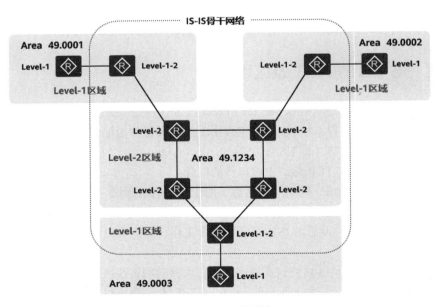

图 4-24　IS-IS 的区域

1．IS-IS的区域类型

（1）Level-1区域：连续的、同属一个区域的Level-1（含Level-1-2）路由器构成的区域称为Level-1区域。

（2）Level-2区域：连续的、同属一个区域的Level-2（含Level-1-2）路由器构成的区域称为Level-2区域。

在图4-24中，我们将整个IS-IS网络规划为4个区域，其中Area 49.0001、Area 49.0002和Area 49.0003都只包含Level-1-2和Level-1路由器，因此这些区域都是Level-1区域，而Area 49.1234包含4台Level-2路由器，该区域为Level-2区域。

2．IS-IS的分层结构

IS-IS采用两级分层结构：骨干网络及非骨干网络。其中骨干网络相当于OSPF协议的Area0，但是在IS-IS协议中，骨干网络并不是一个特定的区域，而是由连续的Level-2及Level-1-2路由器所构成的范围。在图4-24中，Level-2和Level-1-2路由器构成的范围便是IS-IS骨干网络，它包含整个Area 49.1234，以及Area 49.0001、Area 49.0002和Area 49.0003的一部分。

由此可见，在IS-IS网络中，每台路由器的接口都属于一个相同的区域，这与OSPF网络不同。在IS-IS网络中，用户在设备上指定NET后，设备即可从NET中解析出区域ID，而当用户在接口上激活IS-IS协议时，所有的接口都工作在这个区域中；在OSPF网络中，一台路由器的接口可以属于不同的区域，换句话说，IS-IS网络的不同区域的交界处是在链路上的，而在OSPF网络中，不同区域的交界处在设备上（OSPF通过区域边界路由器来连接不同的区域）。

图4-25所示为IS-IS的另外一种拓扑结构。在这个拓扑中，Level-2级别的路由器不是属于单一的区域，而是分别属于不同的区域。此时所有连续的Level-1-2和Level-2路由器就构成了IS-IS骨干网络。

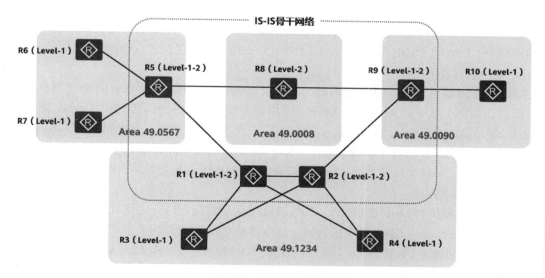

图 4-25　IS-IS 的分层结构

IS-IS网络的每个Level-1区域必须与骨干网络直接相连，图4-25中的Area 49.1234、Area 49.0567及Area 49.0090都与IS-IS骨干网络直连。

3．IS-IS的邻居关系

在OSPF网络中，两台设备的接口只有处于相同的区域，双方才能建立邻居关系，而IS-IS网络则有所不同。IS-IS的邻居关系分为两种，即Level-1邻居关系和Level-2邻居关系。

以下设备之间可以形成Level-1邻居关系。

（1）处于相同区域的Level-1路由器之间。

（2）处于相同区域的Level-1路由器与Level-1-2路由器之间。

（3）处于相同区域的Level-1-2路由器之间。

说明：默认情况下，处于相同区域的Level-1-2路由器之间将建立两个邻居关系，一个是Level-1邻居关系，另一个是Level-2邻居关系。当然，如果两台Level-1-2路由器处于不同区域，那么二者仅能建立Level-2邻居关系。

以下设备之间可以形成Level-2邻居关系。

（1）处于相同区域的Level-2路由器之间，或处于不同区域的Level-2路由器之间。

（2）处于相同区域的Level-1-2路由器之间，或处于不同区域的Level-1-2路由器之间。

（3）处于相同或不同区域的Level-2路由器与Level-1-2路由器之间。

设备之间的邻居关系类型将影响IS-IS操作，例如，Level-1邻居之间只交互Level-1 LSP，Level-2邻居之间只交互Level-2 LSP。

4.4.4　IS-IS 的路由器分类

IS-IS路由器可分为3种级别，分别是Level-1路由器、Level-2路由器及Level-1-2路由器。Level-1-2路由器实际上是同时为Level-1和Level-2级别的路由器。以华为AR600&6100&6200&6300系列路由器为例，默认情况下，其IS-IS级别为Level-1-2，用户可以通过配置命令修改路由器的IS-IS级别。

与OSPF路由器类似，IS-IS路由器之间也会交互链路状态信息。IS-IS网络使用LSP报文来承载这些信息，Level-1邻居之间只交互Level-1 LSP，Level-2邻居之间只交互Level-2 LSP。在IS-IS网络中，Level-1 LSDB仅包含Level-1 LSP，Level-2 LSDB仅包含Level-2 LSP。

1．Level-1路由器

Level-1路由器位于Level-1区域内部，只维护Level-1 LSDB，因此Level-1路由器负责区域内的路由，如图4-25中的R3及R4。Level-1路由器只能够与位于相同区域的Level-1路由器或Level-1-2路由器建立Level-1邻居关系。默认情况下，Level-1路由器仅知晓到达本区域内的网段的路由，当其收到去往区域外部的报文时，要将其转发给本区域中最近的（路径Cost值最小的）Level-1-2路由器。从这个层面上看，Level-1-2路由器与OSPF区域边界路由器颇为相似。

2．Level-2路由器

Level-2路由器维护Level-2 LSDB，并负责区域间的路由。Level-2路由器可以与位于相同或者不同区域内的Level-2路由器或Level-1-2路由器建立Level-2邻居关系，例如，在图4-25中，R8与R5及R9均可建立Level-2邻居关系，同理R1与R5也可建立Level-2邻居关系。IS-IS网络通过Level-2邻居关系连接所有骨干路由器，这些Level-2邻居关系必须连续，不能中断。

3．Level-1-2路由器

Level-1-2路由器是同时为Level-1和Level-2级别的路由器。该类路由器将维护Level-1 LSDB和Level-2 LSDB，这两个LSDB分别用于区域内路由计算和区域间路由计算。Level-1-2路由器能与同属一个区域的Level-1、Level-1-2路由器建立Level-1邻居关系，也可与Level-2路由器或Level-1-2路由器建立Level-2邻居关系。Level-1-2路由器相当于OSPF网络中的区域边界路由器，在典型的IS-IS网络中，它将Level-1区域连接到IS-IS骨干网络，同时自己也是骨干网络的一部分，区域内的Level-1路由器必须通过Level-1-2路由器来到达其他区域。

在典型的IS-IS部署中，一般将Level-1路由器部署在区域内，将Level-1-2路由器部署在区域边界，位于Level-1路由器与Level-2路由器之间。

如果网络中只规划了一个IS-IS区域，建议将所有路由器的IS-IS级别统一设置为Level-1或Level-2。原因是默认情况下路由器的级别为Level-1-2，如果不加干预，则路由器之间将会建立Level-1和Level-2两种类型的邻居关系并维护Level-1和Level-2两套LSDB，对设备性能造成浪费。当然，为有利于网络后续的扩展，也可将所有路由器都设置为Level-2级别。

4.4.5　实验：IS-IS 的基础配置

图4-26中，R1与R2位于Area 49.0012，二者将建立Level-1邻居关系，R3位于Area 49.0003，它将与R2建立Level-2邻居关系。所有路由器的系统ID都采用0000.0000.000X格式，其中X为设备编号，以R2为例，其系统ID为0000.0000.0002。

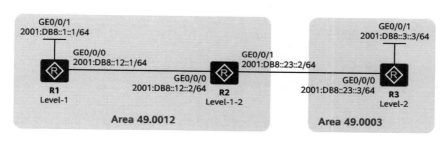

图 4-26　IS-IS 的基础配置

R1的关键配置如下：

```
[R1] isis 1
[R1-isis-1] is-level level-1
[R1-isis-1] network-entity 49.0012.0000.0000.0001.00
[R1-isis-1] ipv6 enable
[R1-isis-1] quit
[R1] interface GigabitEthernet 0/0/0
[R1-GigabitEthernet0/0/0] isis ipv6 enable 1
[R1-GigabitEthernet0/0/0] quit
[R1] interface GigabitEthernet 0/0/1
[R1-GigabitEthernet0/0/1] isis ipv6 enable 1
```

在以上配置中，**isis 1**命令用于创建一个进程ID为1的IS-IS进程，然后进入该进程的配置视图。**network-entity 49.0012.0000.0000.0001.00**命令用于配置R1的NET，从该NET中可以看出，R1工作在Area 49.0012，系统ID为0000.0000.0001。在IS-IS视图下执行的**ipv6 enable**命令用于激活IS-IS进程的IPv6功能，而在接口视图下执行的**isis ipv6 enable 1**命令则用于在对应的接口上激活支持IPv6的IS-IS协议，对应的进程ID为1。

R2的关键配置如下：

```
[R2] isis 1
[R2-isis-1] network-entity 49.0012.0000.0000.0002.00
[R2-isis-1] ipv6 enable
```

```
[R2-isis-1] quit
[R2] interface GigabitEthernet 0/0/0
[R2-GigabitEthernet0/0/0] isis ipv6 enable 1
[R2-GigabitEthernet0/0/0] quit
[R2] interface GigabitEthernet 0/0/1
[R2-GigabitEthernet0/0/1] isis ipv6 enable 1
```

R3的关键配置如下:

```
[R3] isis 1
[R3-isis-1] network-entity 49.0003.0000.0000.0003.00
[R3-isis-1] is-level level-2
[R3-isis-1] ipv6 enable
[R3-isis-1] quit
[R3] interface GigabitEthernet 0/0/0
[R3-GigabitEthernet0/0/0] isis ipv6 enable 1
[R3-GigabitEthernet0/0/0] quit
[R3] interface GigabitEthernet 0/0/1
[R3-GigabitEthernet0/0/1] isis ipv6 enable 1
```

完成上述配置后,首先在R2上查看一下IS-IS邻居表。

```
[R2] display isis peer

                    Peer information for ISIS(1)

    System Id      Interface        Circuit Id        State HoldTime Type    PRI
  ----------------------------------------------------------------------------
  0000.0000.0001   GE0/0/0          0000.0000.0002.01 Up    25s      L1      64
  0000.0000.0003   GE0/0/1          0000.0000.0003.01 Up    8s       L2      64

  Total Peer(s): 2
```

从上面的输出可以看出,R2已经分别与R1(0000.0000.0001)和R3(0000.0000.0003)建立了IS-IS邻居关系,与前者建立的是Level-1邻居关系("Type"一列中,值为"L1"),与后者建立的是Level-2邻居关系。

此时,R2作为Level-1-2路由器,将维护Level-1 LSDB和Level-2 LSDB,并发现到达Level-1区域 Area 49.0012和其他区域的路由。

```
<R2> display ipv6 routing-table protocol isis
Public Routing Table : ISIS
Summary Count : 2

ISIS Routing Table's Status : < Active >
Summary Count : 2


  Destination : 2001:DB8:1::                  PrefixLength : 64
  NextHop     : FE80::2E0:FCFF:FE0F:18CA      Preference   : 15
  Cost        : 20                            Protocol     : ISIS-L1
  RelayNextHop : ::                           TunnelID     : 0x0
  Interface   : GigabitEthernet0/0/0          Flags        : D


  Destination : 2001:DB8:3::                  PrefixLength : 64
  NextHop     : FE80::2E0:FCFF:FE79:A13       Preference   : 15
```

```
Cost        : 20                    Protocol   : ISIS-L2
RelayNextHop : ::                   TunnelID   : 0x0
Interface   : GigabitEthernet0/0/1  Flags      : D

ISIS Routing Table's Status : < Inactive >
Summary Count : 0
```

以上查看的是R2的IPv6路由表中的IS-IS路由，可以看到R2已经通过IS-IS协议学习到2001:DB8:1::/64和2001:DB8:3::/64路由。

此时如果查看R3的IPv6路由表，会发现它已经学习到2001:DB8:1::/64和2001:DB8:12::/64路由。但是观察R1的IPv6路由表，会发现它无法学习到前往其他区域的2001:DB8::3::/64路由。这是因为在IS-IS中，默认情况下，Level-1区域是一种末梢区域。该区域的Level-1-2路由器不会将去往其他区域的路由引入Level-1区域，这有助于减小Level-1区域内部路由器的路由表规模，降低设备资源消耗。同时，Level-1-2路由器将在其向该Level-1区域下发的Level-1 LSP中设置ATT位（Attached Bit），来告知区域内的Level-1路由器可以通过自己到达区域外部。这将触发Level-1路由器产生一条指向该Level-1-2路由器的默认路由。因此在本例中，R1会自动产生一条下一跳为R2的IS-IS默认路由，R1可以通过该路由到达2001:DB8:3::/64。

闯关题4-2　　闯关题4-3　　闯关题4-4

4.5　BGP

我们已经知道，根据作用范围不同，动态路由协议可分为IGP和EGP。IGP用于帮助路由器发现到达本地AS内的各网段的路由，实现AS内部的数据互通。常见的IGP包括OSPF协议和IS-IS协议等。而EGP则运行于不同AS之间，在一个由多个AS构成的大规模网络中，需要EGP协议来完成AS之间的路由交互。BGP是目前常用的EGP，被广泛应用于ISP的骨干网络，以及一些大型企业网络，如金融骨干网等。BGP的工作场景如图4-27所示。

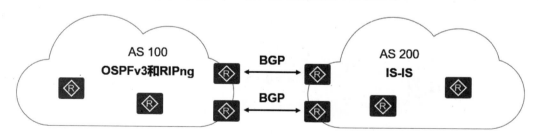

图 4-27　BGP 的工作场景

历史上BGP曾出现过多个版本，早期发布的三个版本分别是BGP Version 1（RFC 1105）、BGP Version2（RFC 1163）和BGP Version 3（RFC 1267）。1994年，BGP Version 4（RFC 1771）开始使用，随后RFC 1771被RFC 4271所替代。目前大多数BGP Version 4的实现是基于RFC 4271的。BGP Version 4被广泛部署在纯IPv4网络中，用于交互IPv4路由信息。为了提供对多种网络层协议的支持，IETF对BGP Version 4进行了扩展，形成MP-BGP（Multi-Protocol Extensions for Border Gateway Protocol，支持多协议扩展的BGP）。当前的MP-BGP标准是RFC 4760。MP-BGP在BGP Version 4的基础上进行功

能增强，使BGP能够为多种路由协议提供路由信息，包括IPv6和组播。其中MP-BGP在IPv6网络中的协议扩展也称为BGP4+。在本书后文中，如无特别强调，BGP指的是BGP4+。

在BGP网络中，设备之间需要建立BGP对等体关系（Peer Relationship），也称为邻居关系。BGP对等体之间首先需要建立TCP连接（目的端口号为179），然后基于该TCP连接建立BGP会话，这提高了协议的可靠性。OSPF协议、IS-IS协议等IGP协议要求设备之间必须直连才能够建立邻居关系，而BGP对等体之间无须直连，具备IP可达性并能够正常建立TCP会话即可。在IGP中，设备往往会周期性泛洪路由信息或链路状态通告，而BGP路由器不会周期性地发送BGP路由更新，只发送增量更新或在需要时进行触发性更新，这极大地减小了设备的负担及网络带宽消耗。BGP适用于在Internet或大型骨干网络上传播大量的路由信息。BGP定义了多种路径属性（Path Attribute），路径属性用于描述路由，就像描述一个手机可能会用到屏幕尺寸、内存及价格等属性。一条BGP路由同样携带着多种属性，路径属性将影响BGP路由的优选。BGP支持丰富的路由策略应用，能够对路由实现灵活的过滤和控制。

说明：路由策略（Routing Policy）是一套用于对路由信息进行过滤、属性设置等操作的方法，通过对路由的控制，可以影响数据流量转发操作。实际上，路由策略并非单一的技术或者协议，而是一个技术专题或方法论，里面包含着多种应用及方法。

4.5.1 BGP 对等体关系

在典型的BGP配置中，我们首先会指定设备的BGP所在的AS号，然后为设备指定BGP对等体。与OSPF、IS-IS等协议不同，BGP的对等体并不是协议自动发现的，必须由用户手工指定。BGP定义了两种对等体关系，一种是EBGP（External BGP，外部BGP），另一种是IBGP（Internal BGP，内部BGP）。

1．EBGP

如果建立对等体关系的两台BGP路由器位于不同的AS，那么它们之间的关系称为EBGP对等体关系。如图4-28所示，R1与R4之间、R3与R6之间均是EBGP对等体关系。一般情况下，EBGP对等体关系基于直连的物理接口建立。

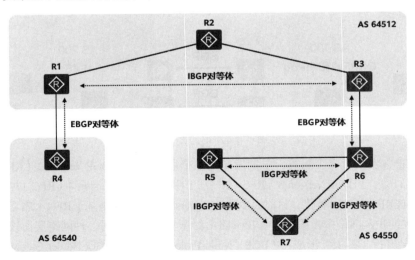

图 4-28　BGP 对等体关系

2．IBGP

如果建立对等体关系的两台BGP路由器位于相同的AS，那么它们之间的关系称为IBGP对等体关系。在图4-28中，R5、R6及R7都位于AS 64550，它们之间是IBGP对等体关系。同样，AS 64512中的R1与R3之间也是IBGP对等体关系。值得注意的是，R5、R6、R7之间是直连的，但R1与R3在物理上并不直连。AS 64512中运行的IGP可帮助设备发现到达本AS内各网段的路由，因此R1与R3之间是具备IP可达性的，双方可以跨越其他设备（R2）建立TCP连接和IBGP对等体关系。

4.5.2　BGP 对等体之间的交互原则

BGP对等体之间进行交互时，主要存在以下几个原则。

（1）当路由器通过BGP发现多条到达同一个目的网段的路由时，路由器将这些路由都加载到BGP路由表中（使用 **display bgp ipv6 routing-table** 命令查看），并判断路由是否可用（Valid）。路由器在所有的可用路由中选择一条到达该目的网段的最优（Best）路由，并只将最优路由通告给BGP对等体。此外，默认情况下，路由器只将最优路由加载到IPv6路由表中使用。

（2）当路由器从EBGP对等体学习到BGP路由时，会将这些路由通告给所有IBGP对等体及所有EBGP对等体。

（3）当路由器从IBGP对等体学习到BGP路由时，只会将这些路由通告给EBGP对等体，而不会通告给IBGP对等体。设定这个规则的目的是防止IBGP对等体之间出现路由环路，该规则也称为IBGP水平分割规则。

（4）在进行路由更新时，路由器只发送更新的BGP路由。

4.5.3　EBGP 路由与 IBGP 路由

图4-29沿用图4-28中的BGP对等体关系。R4将会把到达本地AS内2001:DB8:4::/64网段的路由发布到BGP，本节将详细讨论该路由的传递过程。注意，图4-29极大地简化了每个AS内的拓扑结构和相关细节，只体现了少数几台路由器，而在现实中，AS内部的网络可能是非常庞大且复杂的。

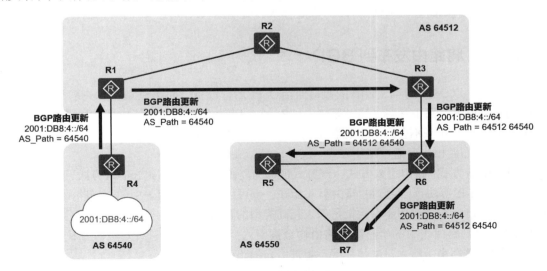

图 4-29　BGP 路由通告

前文中已讲到，每条BGP路由都携带着多个路径属性，其中一个非常重要的路径属性就是AS_Path。AS_Path是每条BGP路由都会携带的，它描述了一条BGP路由在传递过程中所经过的AS的号码。当路由被R4发布到BGP时，由于该路由始发于AS 64540，因此路由在该AS内传递时AS_Path的值为空。接下来，R4将路由通告给EBGP对等体R1，此时R4会在路由的AS_Path中写入本地AS号64540。根据第4.5.2节中所介绍的交互原则，R1会将其从EBGP对等体学习到的路由通告给所有IBGP对等体及所有EBGP对等体，故在本场景中，R1会将2001:DB8:4::/64路由通告给IBGP对等体R3。此时R1会保持路由的AS_Path属性不变，即BGP路由在一个AS内传递时，其AS_Path属性默认是不会发生改变的，仅当路由在AS之间传递时该属性才会发生改变。然后，R3将其从IBGP对等体学习到的2001:DB8:4::/64路由通告给EBGP对等体R6，它在路由原有的AS_Path前面插入本地AS号64512，此时路由的AS_Path变为64512 64540。R6收到该路由后，意识到需依序经过AS 64512和AS 64540两跳才能到达2001:DB8:4::/64。最后，R6会将该路由通告给自己的IBGP对等体R5和R7，此时AS_Path保持不变。

AS_Path是一个变长的列表，它将影响BGP的路由优选，也用于防止AS之间产生环路。前面已经提到，当存在多条到达同一目的网段的有效路由时，BGP只会在路由中选择一条最优的路由，并只将最优路由通告给对等体。R6通告给R5的2001:DB8:4::/64路由，其AS_Path的长度为2（包含2个AS号）。若假设图4-29中R4与R5之间也存在直连线缆并建立了EBGP对等体关系时，那么R5也将从R4学习到该路由，此时路由的AS_Path为64540，长度为1。在其他条件相同的情况下，AS_Path越短，则意味着到达目的地需要经过的AS越少，路由便越优，因此R5将优选通告自R4的2001:DB8:4::/64路由。此外，如果R5又将始发于AS 64540的2001:DB8:4::/64路由通告给R4，则相当于路由"绕了一圈"又被通告回来了，R4会发现路由的AS_Path中存在本地AS的AS号，于是它将忽略该路由更新，从而避免出现环路。

注意，AS_Path只在路由跨AS传递时发生变化，因此更多地被用于防止AS之间出现环路的情况。在本例中，R5收到IBGP对等体R6所通告的2001:DB8:4::/64路由后，如果将路由通告给IBGP对等体R7，AS_Path将不会发生变化，那么R7便可能接收该路由并继续将其通告给R6，这样就容易出现环路。为了防止路由在AS内传递时出现环路，IBGP水平分割规则要求路由器在从IBGP对等体学习到BGP路由时，只将这些路由通告给EBGP对等体，不通告给其他IBGP对等体。因此，R5从R6学习到路由后，不能将该路由通告给R7，对于R7而言，也是一样的道理。

4.5.4　将路由发布到 BGP

在IGP中，以OSPF为例，设备的接口激活OSPF后，设备之间将建立邻居关系并交互LSA，然后基于LSDB进行路由计算。也就是说，IGP是能够自动发现到达网络中各网段的路由的，而BGP则不同。BGP本身不会自动发现路由，网络管理员需要通过配置将其他路由发布到BGP中。

向BGP发布路由主要通过两种方式。

（1）Import方式：路由引入方式，该方式也称为路由重分发。通过Import方式，可将设备上通过OSPF、IS-IS等协议学习到的路由引入BGP，也可以将设备路由表中的直连路由或静态路由引入BGP。Import方式适用于一次批量引入相同类型的路由，例如，若将静态路由通过Import方式引入BGP，则路由表中的所有静态路由均会被引入。当然，网络管理员可以在执行路由引入操作的同时部署路由策略来过滤掉那些不想被引入的路由。

（2）Network方式：逐条将路由表中的路由引入BGP，这种方式比Import方式更精确。

说明：在同一个网络中，如果运行了多种不同的路由协议，在路由协议的边界设备上将某种路由协议的路由信息引入另一种路由协议，这个操作称为路由引入，也称为路由重分发。

图4-30为某大型企业的总公司与分公司的网络由不同的管理实体负责维护，该企业将总公司网络与分公司网络规划在不同的AS，并通过BGP实现AS之间的路由信息交互。在本例中，分公司网络内除了AS边界路由器Branch1和Branch2外，还有大量其他设备，这些设备共同构成了分公司网络，并通过运行OSPF协议实现AS 64512内的IP可达性。此时，得益于OSPF协议，Branch1和Branch2都能到达分公司网络内的业务网段2001:DB8:1:1::/64 ~ 2001:DB8:1:100::/64。现在要让这些网段能够与总公司网络互通，便需要将去往这些网段的路由发布到BGP，从而通告给总公司的AS边界路由器HQ1和HQ2。由于涉及的网段比较多，因此分公司的网络管理员可以在Branch1和Branch2上使用Import方式，将OSPF路由引入BGP。

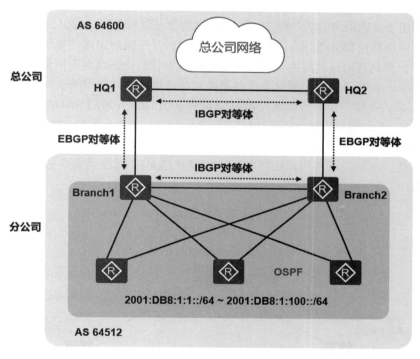

图 4-30　将路由发布到 BGP

为确保分公司业务网段发往总公司的流量也能够通过Branch1、Branch2到达总公司网络，分公司的网络设备需要通过OSPF协议学习到去往总公司网络的路由。网络管理员可在Branch1和Branch2上将设备通过BGP学习到的总公司网络路由引入OSPF协议，使得所有运行OSPF协议的分公司网络设备都能学习到这些路由。当然，执行这个操作时需要格外谨慎，因为BGP所承载的路由信息的数量往往很庞大，直接将海量的BGP路由引入OSPF协议可能会对网络设备造成较大的负担。此时，可在执行路由引入的过程中对引入的BGP路由进行聚合，只将到达总公司网络的聚合路由发布到OSPF协议；也可在执行路由引入的过程中结合路由策略，过滤掉一些不相关的路由信息。另一个方案是，不将BGP路由引入OSPF协议，而是让Branch1和Branch2路由器在OSPF协议中发布一条默认路由，通过该默认路由来将分公司网络去往总公司网络的流量引导到Branch1和Branch2路由器。

4.5.5　BGP 的路径属性

BGP定义了多种路径属性,路径属性用于描述路由。就像我们购买手机时,可能会用屏幕尺寸、内存、价格等属性来描述手机的特征,当遇到多个选择时,可以按照一定的顺序比较手机的各项属性,最终选择一款最合心意的产品。一条BGP路由也携带着多种路径属性,路径属性将影响BGP路由的优选。在BGP路由表中,前往同一个目的地可能有多条路由,此时设备会按照BGP路由优选规则,选择其中一条路由作为最优路由。设备只会将所选择的最优路由加载到其IPv6路由表中用于数据转发,并只将该最优路由通告给BGP对等体。

在图4-31所示的网络中,我们重点关注R2及R3向R4通告的2001:DB8:A001:1::/64路由。R2及R3分别向R4发送携带该路由的BGP更新报文。更新报文除了包含2001:DB8:A001:1::/64路由的网络地址及前缀长度外,还包含多个用于描述该路由的路径属性,如Origin、AS_Path等,每个路径属性都用于描述路由的某个特征。这样,R4将学习到两条到达2001:DB8:A001:1::/64的路由。它会将这两条路由都加载到自己的BGP路由表中,并按照BGP选路规则依序比较这两条路由的路径属性,直到选出最优路由,并只将最优路由加载到IPv6路由表中使用。当然,我们也可根据业务需求,在网络中特定的设备上部署路由策略来修改路由的路径属性,从而影响BGP路由选择的结果。例如,我们希望从AS 64554前往2001:DB8:A001:1::/64的流量经R2到达,那么可以在R2和R3上部署路由策略,将R2通告给R4的2001:DB8:A001:1::/64路由的MED(Multi-Exit Discriminator,多出口鉴别器)属性值设置得比R3所通告的MED属性值更小。MED属性值越小,路由越优,在其他条件相同的情况下,R4将优选MED属性值更小的路由,从而优选R2所通告的路由。

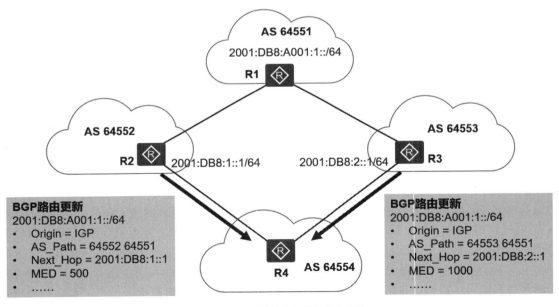

图 4-31　BGP 的路径属性及路由优选

BGP的路径属性分为如下类型。

(1)公认(Well-known):所有BGP设备都可以识别该类属性。公认属性进一步分为如下两类。

①强制(Mandatory):设备使用BGP更新报文通告路由更新时必须携带该类属性。

② 自由决定（Discretionary）：设备使用BGP更新报文通告路由更新时可以不携带该类属性。

（2）可选（Optional）：BGP设备可以识别或不识别该类属性。可选属性进一步分为如下两类。

① 传递（Transitive）：不识别该类属性的BGP设备应接收包含该类属性的路由并将其通告给其他对等体。

② 非传递（Non-transitive）：不识别该类属性的BGP设备忽略包含该类属性的路由，也不会将路由通告给其他对等体。

常见的BGP路径属性如下。

（1）Origin：Origin属性用于描述BGP路由的来源，是公认强制属性。Origin属性存在以下三种类型。

① IGP：如果BGP路由是通过**network**命令发布到BGP的，那么该路由的Origin属性为IGP。

② EGP：如果BGP路由是通过EGP这个协议学习到的，那么该路由的Origin属性为EGP。EGP是一个较为老旧的路由协议，目前已经不再被使用。读者需要注意，这里的EGP与动态路由协议分类中的EGP是不同的。

③ Incomplete：如果BGP路由是通过其他方式学习到的，如通过**import-route**命令引入，那么该路由的Origin属性为Incomplete。

当前往同一个目的网段存在多条BGP路由时，在其他条件相同的情况下，Origin属性为IGP的路由最优，其次是EGP，最后是Incomplete。

（2）AS_Path：AS_Path是每条BGP路由都会携带的属性，是公认强制属性，它描述了一条BGP路由在传递过程中所经过的AS的号码。AS_Path是一个可变长列表，当前往同一个目的网段存在多条BGP路由时，在其他条件相同的情况下，AS_Path越短的路由越优。此外，AS_Path可以用于防止AS之间产生环路，路由器收到一条BGP路由，且在路由的AS_Path中发现了本地AS号时，将会忽略该路由，从而避免AS间产生路由环路。

（3）Next_Hop：Next_Hop是公认强制属性，它描述了到达目的网段的下一跳地址。BGP路由所携带的Next_Hop属性值将在路由器计算路由时用于确认到达该路由的目的网段的实际下一跳IP地址和出接口。

（4）Local_Preference：Local_Preference是公认自由决定属性，只能在一个AS内传播，即该属性只能伴随路由被通告给IBGP对等体。Local_Preference即本地优先级，当一个AS中存在多个离开本AS的出口时，Local_Preference属性可用于判断流量离开本AS时哪个出口更佳。

当前往同一个目的网段存在多条BGP路由时，在其他条件相同的情况下，Local_Preference越大，路由越优。

（5）MED：MED是可选非传递属性，用于判断流量进入AS时的最佳路由。MED属性仅在AS内部或者相邻两个AS之间传递，收到此属性的AS一方不会再将其通告给其他第三方AS。

当前往同一个目的网段存在多条BGP路由时，在其他条件相同的情况下，MED越小，路由越优。

（6）Community：Community是可选传递属性，可用于对路由进行标记，便于路由策略的部署。在典型的场景中，我们可以为一批具有相同特征的BGP路由设置相同的Community属性值。例如，某企业为其网络中与办公业务相关的路由设置Community属性值123:1，与研发业务相关的路由设置Community属性值123:2，这样，当需要针对与办公业务相关的路由修改路径属性时（如调整路由的MED），仅需通过过滤器匹配Community属性值为123:1的路由，而无须关注这些路由的网络前缀。

4.5.6　BGP 的路由优选规则

BGP学习到前往同一目的地的多条路由时，会根据选路规则选择出最优路由。BGP按照如下规则进行路由优选。

（1）优选Preferred_Value属性值最大的路由。该属性为华为设备的特有属性，仅在设备本地有效。

（2）优选Local_Preference属性值最大的路由。

（3）本地始发的BGP路由优于从其他对等体学习到的路由。本地始发的路由按优先级从高到低排列：通过**aggregate**命令生成的汇总路由、通过**summary automatic**命令生成的汇总路由、通过**network**命令发布的路由、通过**import-route**命令发布的路由。

（4）优选AIGP（Accumulated Interior Gateway Protocol，累加内部网关协议）属性值最小的路由。此外，有AIGP的路由优于没有AIGP的路由。

说明：我们将同一个管理实体所管理的AS的集合称为AIGP管理域。运行在一个管理域内的IGP在选路时往往优选度量值最小的路由。由于不同AS间的度量值不具有可比性，因此BGP并不使用度量值作为选路的依据，但如果在一个管理域内运行多个BGP网络，这时就可能需要BGP也能够像IGP那样基于度量值进行选路。在一个AIGP管理域内部署AIGP属性，可以使BGP像IGP那样基于路由的度量值优选出最优路由，从而保证一个AIGP管理域内的设备都按照最优路由进行数据转发。

（5）优选AS_Path长度最短的路由。

（6）优选Origin属性最优的路由。Origin属性值按优先级从高到低排列：IGP、EGP、Incomplete。

（7）优选MED属性值最小的路由。

（8）优选从EBGP对等体学习到的路由（EBGP路由优先级高于IBGP路由）。

（9）优选到Next_Hop的IGP度量值最小的路由。

（10）优选Cluster_List最短的路由。

说明：IBGP水平分割规则在一定程度上杜绝了IBGP路由产生环路，但是由于该规则的限制，BGP路由在AS内只能传递一跳，这就可能造成IBGP路由无法被正确传递的问题。网络管理员可在AS内实现IBGP对等体的全互联，这样可确保设备在收到BGP路由后，将路由通告给所有IBGP对等体。这个方法在某些场景下是可行的，但是当AS内BGP路由器较多时，会加重设备的负担，降低网络的可扩展性。使用RR（Route Reflector，路由反射器）可以解决上述问题。RR在RFC 4456文档"BGP Route Reflection: An Alternative to Full Mesh Internal BGP（BGP路由反射：内部BGP全互联的替代方案）"中定义。在围绕RR构建的BGP网络系统中，RR相当于一面镜子，它可以对收到的IBGP路由进行反射，从而使其他IBGP对等体能够学习到相应的路由。RR和它的客户（Client）所构成的系统称为路由反射簇（Cluster），每个簇都拥有自己的Cluster-ID（路由反射簇标识符）。

Cluster_List是一个可选非传递属性，它可以包含一个或者多个Cluster-ID。RR反射IBGP路由时，会将本地的Cluster-ID写入路由的Cluster_List属性，而一台RR收到一条BGP路由后，若发现该路由携带Cluster_List属性，并且Cluster_List属性包含本地的Cluster-ID，它将忽略关于这条路由的更新。因此，Cluster-ID主要用于在有RR的网络环境中实现环路避免。

（11）优选Router-ID数值最小的设备所通告的路由。

（12）优选具有最小对等体地址的对等体所通告的路由。

BGP进行路由优选时，从第一条规则开始执行，如果根据第一条规则无法做出最优路由判断，例如，路由的Preferred_Value属性值相同，则继续执行下一条规则。如果通过前面的规则已选出最优路由，后面的规则将被忽略。

4.5.7　MP-BGP 与地址族

BGP Version 4被广泛部署在纯IPv4网络中，用于交互IPv4路由信息。为了提供对多种网络层协议的支持，IETF对BGP Version 4进行了扩展，形成MP-BGP。MP-BGP在BGP Version 4的基础上进行了功能增强，使BGP能够为多种路由协议提供路由信息。

图4-32中，R1与R2建立EBGP对等体关系，BGP通过Update（更新）报文来向对等体发布或撤销路由信息。在本例中，R1将直连路由10.1.1.0/24发布到BGP，并通过BGP Update报文将路由通告给对等体R2。Update报文包含了路由的路径属性，以及用于承载IPv4路由的NLRI（Network Layer Reachability Information，网络层可达性信息）。值得注意的是，NLRI并不能承载IPv6单播路由、VPNv4路由等信息（本书将在后续章节中介绍VPNv4路由）。为了支持多种路由类型，MP-BGP引入了两种新的路径属性，这两种新增的路径属性都是可选非传递属性。

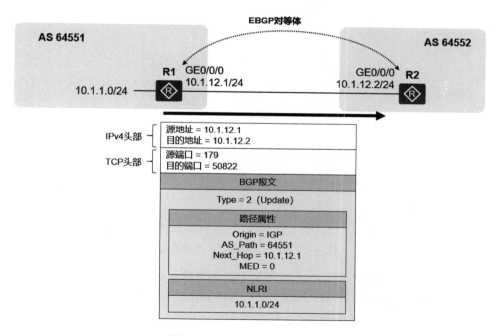

图 4-32　BGP 通告 IPv4 单播路由

（1）MP_REACH_NLRI（Multi-Protocol Reachable Network Layer Reachability Information，多协议可达NLRI）：用于通告路由及下一跳信息。

（2）MP_UNREACH_NLRI（Multi-Protocol Unreachable Network Layer Reachability Information，多协议不可达NLRI）：用于撤销路由更新。

MP_REACH_NLRI及MP_UNREACH_NLRI均拥有如下两个字段。

（1）AFI（Address Family Identifier，地址族标识符）：用于标识网络层协议类型，如IPv4、IPv6等。

（2）SAFI（Subsequent Address Family Identifier，后续地址族标识符）：用于在AFI的基础上进一步标识NLRI的类型。

AFI及SAFI的组合用于指示该MP_REACH_NLRI或MP_UNREACH_NLRI路径属性包含的是什么类型的路由前缀，例如，AFI=2（表示IPv6）且SAFI=1（表示单播），表示该路由属性包含的是IPv6单播路由前缀。

图4-33中，我们将网络变更为IPv6网络，并在R1与R2之间建立EBGP对等体关系。R1将直连路由2001:DB8:A:1::/64发布到BGP，它通过BGP Update报文将路由通告给R2。BGP Update报文中除路径属性之外还有MP_REACH_NLRI，MP_REACH_NLRI携带着路由2001:DB8:A:1::/64及对应的Next_Hop属性。

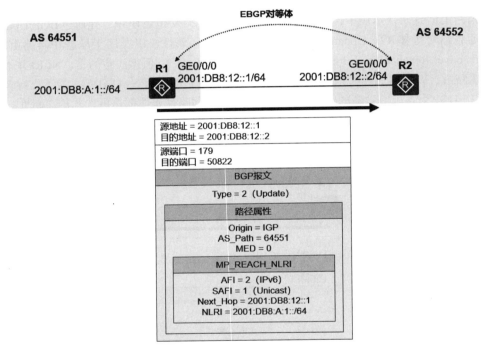

图 4-33　MP-BGP 通告 IPv6 单播路由

在MP-BGP中，要在BGP对等体之间交互不同类型的路由信息，则需要在正确的地址族（Address Family）视图下激活对等体，以及发布BGP路由。在系统视图下，使用**bgp**命令即可启动BGP并进入BGP视图，在该视图下，继续使用如下命令，可以进入相应的地址族视图（以下仅列举了几个常用的命令）。

（1）执行**ipv4-family unicast**命令，进入IPv4单播地址族视图。

（2）执行**ipv4-family vpnv4**命令，进入VPNv4地址族视图。

（3）执行**ipv4-family vpn-instance** *vpn-instance-name*命令，进入VPN实例IPv4地址族视图。

（4）执行**ipv6-family unicast**命令，进入IPv6单播地址族视图。

（5）执行**ipv6-family vpnv6**命令，进入VPNv6地址族视图。

（6）执行**ipv6-family vpn-instance** *vpn-instance-name*命令，进入VPN实例IPv6地址族视图。

如图4-34（a）所示，R1与R2要交互IPv4单播路由，以R1为例，其关键配置如下：

```
[R1] bgp 64551                              #启动 BGP 并指定本地 AS 号
[R1-bgp] peer 10.1.12.2 as-number 64552     #配置对等体并指定对等体的 AS 号
[R1-bgp] ipv4-family unicast                #进入 IPv4 单播地址族视图
[R1-bgp-af-ipv4] peer 10.1.12.2 enable      #激活与对等体交互 IPv4 单播路由的特性
```

在以上配置中，我们在 R1 上启动了 BGP 并指定本地 AS 号为 64551；然后进入 BGP 视图，在 BGP 视图下，配置了一个 IPv4 对等体 10.1.12.2 并指定该对等体的 AS 号为 64552；最后进入 IPv4 单播地址族视图，并激活与对等体 10.1.12.2 交互 IPv4 单播路由的特性。完成对等体关系建立后，R1 与 R2 便可以通过 BGP 交互单播 IPv4 路由。R1 可以在 IPv4 单播地址族视图中发布 BGP 路由，如使用 **network** 命令或 **import-route** 命令。R2 的配置同理，不再赘述。

如图 4-34（b）所示，R1 与 R2 要交互 IPv6 单播路由，以 R1 为例，其关键配置如下：

```
[R1] bgp 64551
[R1-bgp] peer 2001:DB8:12::2 as-number 64552
[R1-bgp] ipv6-family unicast
[R1-bgp-af-ipv6] peer 2001:DB8:12::2 enable
```

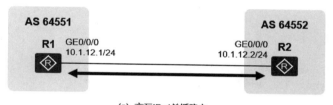

(a) 交互 IPv4 单播路由

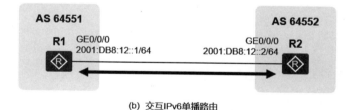

(b) 交互 IPv6 单播路由

图 4-34　在设备之间通过 BGP 交互 IPv4 及 IPv6 单播路由

闯关题 4-5　　闯关题 4-6

在以上配置中，我们在 BGP 视图下首先为 R1 配置了对等体 2001:DB8:12::2 并指定其 AS 号为 AS 64552，然后在 IPv6 单播地址族视图下激活与该对等体交互 IPv6 单播路由的特性。

4.6　实验：IPv6 路由综合实践

在图 4-35 所示的网络中存在两个 AS，其中 R1 与 R2 属于 AS 64512，R3 属于 AS 64530。AS 64512 内运行的 OSPFv3 用于实现 AS 内的 IP 可达性，AS 64512 与 AS 64530 则通过 BGP 交互路由信息，实现 AS 之间的 IP 可达性。我们将在 R1、R2 及 R3 上完成相关配置，使 R1 的 GE0/0/10 接口所直连的网段内的 PC 能够访问 AS 64530 中 2001:DB8:3000:1::/64 ～ 2001:DB8:3000:3::/64 这几个业务网段的 Server，这些业务网段由 R3 直连。

为简单起见，本节只体现 R1、R2 及 R3 上的关键配置。假设 3 台路由器均已完成 IPv6 基本功能配置，包括IPv6功能激活、接口IPv6地址配置等。

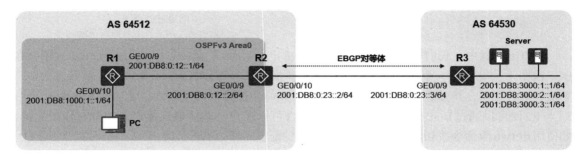

图 4-35　IPv6 路由综合实践

1．在R1及R2上部署OSPFv3

R1的配置如下：

```
<Huawei> system-view
[Huawei] sysname R1
[R1] ospfv3 1
[R1-ospfv3-1] router-id 192.168.1.1
[R1-ospfv3-1] quit
[R1] interface GigabitEthernet 0/0/9
[R1-GigabitEthernet0/0/9] ospfv3 1 area 0
[R1-GigabitEthernet0/0/9] quit
[R1] interface GigabitEthernet 0/0/10
[R1-GigabitEthernet0/0/10] ospfv3 1 area 0
[R1-GigabitEthernet0/0/10] quit
```

R2的配置如下：

```
[R2] ospfv3 1
[R2-ospfv3-1] router-id 192.168.1.2
[R2-ospfv3-1] quit
[R2] interface GigabitEthernet 0/0/9
[R2-GigabitEthernet0/0/9] ospfv3 1 area 0
[R2-GigabitEthernet0/0/9 ]quit
```

完成上述配置后，R1与R2将建立OSPFv3邻居关系，R2能够通过OSPFv3学习到前往2001:DB8:1000:1::/64的路由。

```
[R2] display ipv6 routing-table protocol ospfv3
Public Routing Table : OSPFv3
Summary Count : 2

OSPFv3 Routing Table's Status : < Active >
Summary Count : 1

 Destination : 2001:DB8:1000:1::          PrefixLength : 64
 NextHop    : FE80::DEEF:80FF:FE31:ECA    Preference   : 10
 Cost       : 2                           Protocol     : OSPFv3
 RelayNextHop : ::                        TunnelID     : 0x0
 Interface  : GigabitEthernet0/0/9        Flags        : D

OSPFv3 Routing Table's Status : < Inactive >
```

```
Summary Count : 1

 Destination   : 2001:DB8:0:12::          PrefixLength : 64
 NextHop       : ::                       Preference   : 10
 Cost          : 1                        Protocol     : OSPFv3
 RelayNextHop : ::                        TunnelID     : 0x0
 Interface     : GigabitEthernet0/0/9     Flags        :
```

2．在R2与R3之间建立EBGP对等体关系

R2的配置如下：

```
[R2] bgp 64512
[R2-bgp] router-id 192.168.1.2
[R2-bgp] peer 2001:DB8:0:23::3 as-number 64530
[R2-bgp] ipv6-family unicast
[R2-bgp-af-ipv6] peer 2001:DB8:0:23::3 enable
```

在以上配置中，**bgp 64512**命令用于启动BGP，并指定本地的AS号为64512，然后进入BGP视图。在BGP视图下，**router-id 192.168.1.2**命令用于配置设备的BGP Router-ID，**peer 2001:DB8:0:23::3 as-number 64530**命令用于配置一个BGP对等体，该对等体的地址为2001:DB8:0:23::3（R3），且对等体属于AS 64530。BGP视图下的**ipv6-family unicast**命令用于进入BGP-IPv6单播地址族视图，在该视图下，**peer 2001:DB8:0:23::3 enable**命令激活与对等体交互IPv6单播路由的特性，使设备能够与对等体交换IPv6单播路由信息。

R3的配置如下：

```
[R3] bgp 64530
[R3-bgp] router-id 192.168.3.1
[R3-bgp] peer 2001:DB8:0:23::2 as-number 64512
[R3-bgp] ipv6-family unicast
[R3-bgp-af-ipv6] peer 2001:DB8:0:23::2 enable
```

完成上述配置后，可以在R2上查看对等体信息：

```
[R2-bgp-af-ipv6] display bgp ipv6 peer

 Status codes: * - Dynamic

 BGP local router ID : 192.168.1.2
 Local AS number : 64512
 Total number of peers : 1   Peers in established state : 1
 Total number of dynamic peers : 0

 Peer   V   AS   MsgRcvd   MsgSent   OutQ   Up/Down   State   PrefRcv

 2001:DB8:0:23::3
                 4  64530  7  10  0 00:05:15 Established  0
```

3．在R3上将前往直连业务网段的路由发布到BGP

在本例中，R3直连着业务网段2001:DB8:3000:1::/64 ～ 2001:DB8:3000:3::/64，为了使AS 64512能够到达这些业务网段，需要将到达这些业务网段的路由发布到BGP，再由R3将路由通过BGP通告给R2。

R3的配置如下（当前处于R3的BGP-IPv6单播地址族视图）：

```
[R3-bgp-af-ipv6] network 2001:DB8:3000:1:: 64
[R3-bgp-af-ipv6] network 2001:DB8:3000:2:: 64
[R3-bgp-af-ipv6] network 2001:DB8:3000:3:: 64
```

在 BGP-IPv6 单播地址族视图中，**network** 命令用于将设备 IPv6 路由表中的路由发布到 BGP。完成上述配置后，在 R2 查看 BGP IPv6 路由表：

```
[R2-bgp-af-ipv6] display bgp ipv6 routing-table
......
 Total Number of Routes: 3
 *>  Network  : 2001:DB8:3000:1::                         PrefixLen : 64
     NextHop  : 2001:DB8:0:23::3                          LocPrf    :
     MED      : 0                                         PrefVal   : 0
     Label    :
     Path/Ogn : 64530  i
 *>  Network  : 2001:DB8:3000:2::                         PrefixLen : 64
     NextHop  : 2001:DB8:0:23::3                          LocPrf    :
     MED      : 0                                         PrefVal   : 0
     Label    :
     Path/Ogn : 64530  i
 *>  Network  : 2001:DB8:3000:3::                         PrefixLen : 64
     NextHop  : 2001:DB8:0:23::3                          LocPrf    :
     MED      : 0                                         PrefVal   : 0
     Label    :
     Path/Ogn : 64530  i
```

从以上输出可以看出，R2 已经学习到去往 R3 直连业务网段的路由。

4. 在 R2 上发布默认路由到 OSPFv3

此时，R2 已经学习到去往 R3 直连业务网段的路由，但是 R1 依然无法到达 R3 的直连业务网段，因为 R1 缺少对应的路由信息。默认情况下，R2 不会将自己学习到的 BGP 路由发布到 OSPFv3，此时可以在 R2 上将 BGP 路由引入 OSPFv3，执行该操作后，R2 的 IPv6 路由表中所有的 BGP 路由都会被引入 OSPFv3。我们可以在这个过程中部署路由策略，对引入的路由进行过滤，过滤掉那些不被需要的路由信息，或者执行路由汇总，使 R2 基于引入的 BGP 明细路由生成汇总路由，并只将汇总路由发布到 OSPFv3，从而达到减小 OSPFv3 网络设备路由表规模的目的。另一个方案是不将 BGP 路由引入 OSPFv3，而是使 R2 在 OSPFv3 中通告一条默认路由，将 R1 发往 R3 直连业务网段的流量引导到 R2，本例将采用该方案。

R2 的配置如下：

```
[R2] ospfv3 1
[R2-ospfv3-1] default-route-advertise always
```

在以上配置中，**default-route-advertise** 命令用来将默认路由通告到 OSPFv3 网络，在该命令中使用 **always** 关键字后，无论本设备上是否存在激活的非 OSPFv3 进程默认路由，都会产生并发布默认路由到 OSPFv3；如果没有指定该关键字，则只在本设备路由表中有激活的非 OSPFv3 默认路由（设备配置了静态默认路由，或者通过其他路由协议学习到默认路由）时才发布默认路由到 OSPFv3。

此时，R1 已经学习到了 R2 所发布的 OSPFv3 默认路由：

```
[R1] display ipv6 routing-table protocol ospfv3
......
 Destination  : ::                          PrefixLength : 0
 NextHop      : FE80::DEEF:80FF:FE31:14F6    Preference   : 150
```

```
Cost             : 1                          Protocol    : OSPFv3ASE
RelayNextHop : ::                             TunnelID    : 0x0
Interface        : GigabitEthernet0/0/9       Flags       : D
......
```

说明：FE80::DEEF:80FF:FE31:14F6是R2的GE0/0/9接口的链路本地地址。

5．在R2上将OSPFv3路由引入BGP

到目前为止，PC发往Server的报文已经能够到达目的地。报文从PC发出后，首先到达默认网关R1，R1将报文按照默认路由的指示发往R2；R2在路由表中查询报文的目的地址后，找到匹配的BGP路由条目，然后将报文按照路由条目的指示发往R3；最后，R3将报文转发到目的地。

然而此时PC依然无法正常访问Server的服务，因为从Server到PC的回程报文无法正确到达目的地，原因是R3并未学习到去往PC所在网段的路由，此时，可以在R2上将其路由表中的OSPFv3路由引入BGP，再由R2通过BGP将路由通告给R3。

R2的配置如下：

```
[R2] bgp 64512
[R2-bgp] ipv6-family unicast
[R2-bgp-af-ipv6] import-route ospfv3 1
```

完成上述配置后，在R3上查看IPv6路由表中的BGP路由：

```
[R3]display ipv6 routing-table protocol bgp
Public Routing Table : BGP
Summary Count : 2

BGP Routing Table's Status : < Active >
Summary Count : 2

 Destination    : 2001:DB8:0:12::            PrefixLength : 64
 NextHop        : 2001:DB8:0:23::2           Preference   : 255
 Cost           : 0                          Protocol     : EBGP
 RelayNextHop : ::                           TunnelID     : 0x0
 Interface      : GigabitEthernet0/0/9       Flags        : D

 Destination    : 2001:DB8:1000:1::          PrefixLength : 64
 NextHop        : 2001:DB8:0:23::2           Preference   : 255
 Cost           : 2                          Protocol     : EBGP
 RelayNextHop : ::                           TunnelID     : 0x0
 Interface      : GigabitEthernet0/0/9       Flags        : D

BGP Routing Table's Status : < Inactive >
Summary Count : 0
```

可以看到R3已经学习到去往2001:DB8:1000:1::/64和2001:DB8:0:12::/64网段的路由，此时，PC已经能够与Server正常通信。

4.7 本章小结

本章介绍了IP网络中的路由相关技术，主要包括以下内容。

（1）路由的基本概念。IP 网络中路由是指转发设备（路由器等）根据到达的 IP 报文的目的地址和本地路由表来将报文转发到下一跳节点的过程，也是实现网络中任意设备间数据互通的基本功能。与路由相关的重要概念包括路由表、路由信息、路由类型（直连路由、静态路由、动态路由），以及路由的优先级、开销和默认路由等。

（2）静态路由是网络管理员使用手工配置的方式为路由器添加的路由，配置方法简单，适用于规模较小或者变动不太频繁的场景。

（3）OSPF 是 IETF 提出的一个基于链路状态的域内 IGP，被广泛应用在企业/园区网络中，以实现网络内的互联互通。OSPF 是典型的链路状态路由协议，路由器之间通过交互链路状态信息来发现网络拓扑及网段信息，并运行特定算法来计算无环路由。其主要工作过程包括：邻居发现，建立邻居关系；交换链路状态信息；维护 LSDB；进行最短路径计算生成路由等。OSPF 协议支持区域划分和层次化结构。

（4）IS-IS 协议基于 ISO 的 OSI 参考模型，它与 OSPF 协议一样，是一种采用链路状态算法的 IGP，基本工作原理与 OSPF 协议颇为相似，也支持层次化结构。

（5）BGP 是一种域间路由协议，运行于不同 AS 之间，完成多个 AS 之间的路由交互，是目前较常用的 EGP。BGP 设备之间首先需要建立对等体关系（基于 TCP），然后利用 BGP 会话通告路由信息，只发送增量更新或在需要时进行触发性更新，适用于在大型骨干网络上传播大量的路由信息。BGP 定义了多种路径属性，用于 BGP 路由的优选。BGP 支持丰富的路由策略应用，能够对路由实现灵活的过滤和控制。

📝 4.8 思考与练习

4-1 在 IPv6 路由表中，路由条目的下一跳地址是否必须位于本设备的直连网段中？为什么？

4-2 请描述路由的优先级与 Cost 的概念及作用。

4-3 直连路由在满足什么条件时才会被设备加载到路由表中？

4-4 静态路由与动态路由协议的特点及应用场景分别是什么？

4-5 请简要描述距离矢量路由协议与链路状态路由协议的特点。

4-6 请在自己的个人计算机上查看本设备的路由表。具体查看方法需结合计算机所使用的操作系统进行判断。

4-7 在 BGP 中，EBGP 路由及 IBGP 路由的环路避免分别是如何实现的？

4-8 BGP 的 Community 属性有什么作用？你觉得还有可能通过该属性承载什么信息？

4-9 什么是路由聚合？它有什么意义？

第5章

以太网交换技术

在典型的园区网络中，较重要的组成部分之一便是园区的交换网络，即主要由以太网交换机组成的网络系统。以太网交换机的主要功能包括实现终端设备（PC、服务器等）的接入、实现以太网数据帧交换、实现终端设备的网络接入控制（Network Access Control，NAC）等。通过交换机可以组建一个园区网络。小型园区网络存在的终端数量较少，一台交换机即可满足需求。随着园区规模的变大、终端数量增多，就需要使用多台交换机来形成一个交换机网络，以便满足业务需求。

以太网交换机较基本的功能之一就是实现数据帧交换，即将交换机从一个接口收到的数据帧，经过相关表项查询后从其他接口转发出去，以使得连接在其不同接口上的设备能够相互通信。本章将介绍以太网交换技术，包括以太网二层交换的基本原理、以太网三层交换的基本原理、VLAN技术及如何实现VLAN间的IPv6通信等。

⚡ 学习目标：

1. 了解园区交换网络的概念及典型架构；
2. 理解MAC地址的概念及MAC地址表的作用；
3. 掌握以太网二层交换的基本工作原理；
4. 理解VLAN的概念及意义；
5. 掌握实现VLAN间IPv6通信的方法。

知识图谱

5.1 园区交换网络概述

一般可以按照终端用户数量或者网元数量将园区网络分为小型园区网络、中型园区网络和大型园区网络。现网中常采用工程实施经验值来对园区网络规模进行划分，如小型园区网络中的终端数量通常小于200个，网元数量小于10个；中型园区网络中的终端数量通常为200 ～ 2000，网元数量为10 ～ 100；大型网络中，终端数量通常大于2000，网元数量超过100。当然，这个数值并不绝对，仅供参考。

常见的小型园区网络有小型企业办公网络、小型分支机构网络或小型门店网络等。图5-1（a）展示了一个小型园区网络的典型架构。在实际中，还存在比图5-1（a）所示规模更小的网络，如一些小型的门店，可能仅有1 ～ 2台终端存在接入网络的需求，在该场景中通常仅需部署一台出口路由器，或者部署一台AP即可满足终端上网的需求，而当终端数量越来越多时，就需要用到交换机来实现终端的接入。在图5-1（a）中，终端首先接入交换机，再通过交换机接入出口路由器，后者实现园区网络到Internet的连接。

中型园区网络中的终端数量更多，考虑到单台交换机的接口数量有限，需要多台接入交换机来实现终端接入，并增加一个核心节点——核心交换机来将这些接入交换机连接到出口路由器，如图5-1（b）所示。

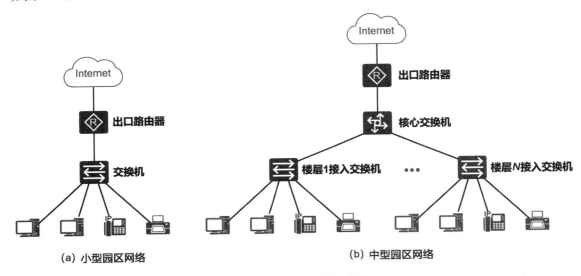

图 5-1 中小型园区网络示意图

典型的大型园区网络包含的终端数量则更多，这些终端可能分布在园区内不同的地理位置。图5-2展示的园区包含多栋建筑，每栋建筑又有多个楼层，每个楼层均有终端。此时网络设计人员可以采用层次化的架构设计，在每栋建筑的楼层设备间部署接入交换机，用于连接对应楼层的终端。同时，在每栋楼的楼栋设备间部署汇聚交换机，用于连接该楼栋内的接入交换机。最后，在园区的核心机房部署核心交换机，将所有的楼栋汇聚交换机连接起来，并连接到出口路由器。

常见的交换机可以分为两种，即二层交换机和三层交换机。二层交换机是只具备以太网二层交换功能的设备，这里的二层指的是TCP/IP对等模型的第二层，即数据链路层。交换机对数据帧执行二层交换操作时，主要关注的是数据帧的二层头部中的MAC地址。三层交换机除了具备二层交换机的功能外，还具备路由和三层数据转发功能，其中三层指的是TCP/IP对等模型的第三层，即网络层。

图5-2是一个大型园区网络的简单示意图。在实际中，一个大型园区网络除了具备图5-2中所示的交换网络部分（从核心交换机到汇聚及接入交换机），还包括网络管理及运维区等部分。网络除了需提供有线终端接入服务外，还需提供无线（Wi-Fi）终端接入服务。此外，对于一些关键设备、关键链路还需充分考虑冗余，以确保网络的高可靠性。

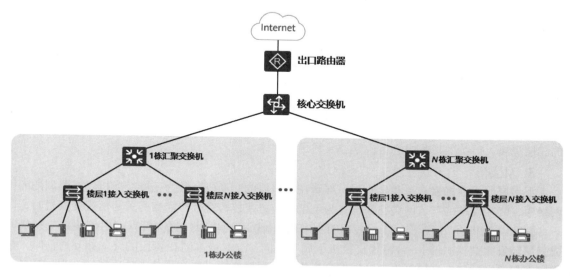

图 5-2　大型园区网络的简单示意图

图5-3展示了大型园区网络的通用层次化架构。整个园区网络被分为若干个层次，这便于我们理解和设计园区网络。

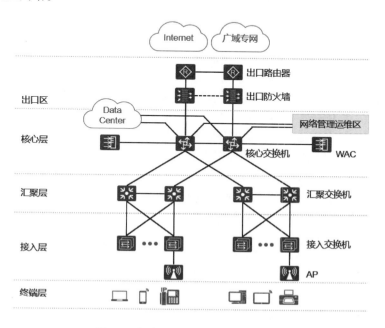

图 5-3　大型园区网络的通用层次化架构

1．终端层

终端层包含接入园区网络的各种终端设备，如计算机、打印机、IP话机、手机、摄像头等。随着物联网的飞速发展，越来越多的物联网终端，例如一些环境传感器、电子价签、智能手环等也接入网络中。

2．接入层

接入层的主要功能是提供终端用户连接到园区网络的入口。提供的接入方式包含有线、无线，此处的无线接入方式主要指的是Wi-Fi，也包括蓝牙、RF（射频）等方式。在接入层，常见的设备有接入交换机及AP等，前者提供有线接入服务，后者提供无线接入服务。其中，接入交换机可使用二层交换机。接入交换机通常具有数十个接口，每个接口均可用于连接有线终端。默认情况下，连接在同一台接入交换机上的终端属于同一个广播域，每个终端发出的广播帧、组播帧或目的地址未知的单播帧都会被扩散到域内。当广播域较大时，广播造成的网络性能消耗也就更大。为了减小广播域、节省带宽，接入交换机往往会部署VLAN（Virtual Local Area Network，虚拟局域网），将终端划分到不同的VLAN中，将广播域切割为较小的单元，并实现VLAN之间的二层隔离。后续的章节中会讨论VLAN技术。

3．汇聚层

汇聚层用于连接接入层和核心层，部署在汇聚层的交换机通常为三层交换机。在典型的园区网络中，终端设备的默认网关往往设置为汇聚交换机或核心交换机。当网关为汇聚交换机时，同一台接入交换机下属于相同VLAN及IP网段的终端相互通信时，报文可直接由该接入交换机完成二层转发（交换）；同一台汇聚交换机下属于不同VLAN或不同IP网段的终端相互通信时，报文通常需要经过接入交换机上送到汇聚交换机，由汇聚交换机查询相关表项后转发。当一个终端需要与另一台汇聚交换机上的终端进行通信时，报文首先被发送到源终端的网关汇聚交换机，由其查询路由表后转发到核心交换机，再由核心交换机转发到目的终端对应的网关汇聚交换机。

为了提升网络的可靠性，接入交换机与汇聚交换机之间往往通过冗余的二层链路互联。这样，便在交换网络中引入了二层环路。为此，这些交换机上通常需要诸如生成树协议（Spanning Tree Protocol，STP）这样的破环协议来避免环路，以防止网络出现广播风暴等问题。当然，对于人为的误接线缆导致的二层环路，STP也能发现并实现环路避免。

4．核心层

核心层是园区数据交换的核心，用于将园区交换网络与数据中心、网络管理运维区、出口区等连接在一起。核心层中较常见的设备是核心交换机，核心交换机负责将不同网络分区（汇聚交换机所覆盖的区域范围）连接起来，实现分区之间的数据交互（横向流量，也称为东西向流量），同时也负责实现园区内部与外部网络的数据交互（纵向流量，也称为南北向流量）。另一种常见的、部署在核心层的设备是WAC，WAC能够对园区网络中的AP进行统一管理，进而实现园区的Wi-Fi信号覆盖。在对核心层设备进行选型时，需要充分考虑整个园区网络当前及未来的终端数量、流量规模、业务需求，同时需考虑设备的可靠性、安全性等。

5．出口区

出口区位于园区内部网络与外部网络之间，用于实现内部用户接入Internet或广域专网，并支持外部用户（包括客户、合作伙伴、分支机构、远程办公用户等）接入内部网络。由于出口区将园区网络连接到外部网络，而外部网络通常充满各种威胁和攻击，因此部署网络安全产品与解决方案是非常有必要的。常见的做法是在出口区部署防火墙，实现基于安全区域的网络隔离、基于安全策略的流量控制、抗攻击等。除此之外，IPS、安全沙箱、抗DDoS攻击设备等安全产品也常被应用于出口区。为了提高网络的可靠性，出口路由器、出口防火墙等设备均可采用双节点部署，确保当一台设备发生故障时仍有另一台设备能够正常工作。

6．网络管理运维区

网络管理运维区是为网络提供管理、运行及维护服务的区域。通常，该区域中会部署网络管理软件，或者部署实现网络管理、控制及分析功能的应用系统（如 iMaster NCE 等），抑或部署用于用户、终端认证的认证服务器等。

5.2　二层交换基础

5.2.1　以太网数据帧

园区网络可以视作一种 LAN。以太网（Ethernet）是当今 LAN 采用的较为通用的通信协议标准。该标准定义了在 LAN 中采用的线缆类型和信号处理方法。以太网包括标准以太网（10Mbit/s）、快速以太网（100Mbit/s）、千兆以太网（1000Mbit/s）和万兆以太网（10Gbit/s）等。

数据在以太网中传输时需要进行以太网封装，典型的以太网数据封装方式如图 5-4 所示。上层数据首先封装 4 层头部，即进行 TCP 或 UDP 封装，然后封装 3 层头部。在 IP 网络中，该头部为 IPv4 或 IPv6 头部，得到 IP 报文。一个 IP 报文要在以太网中进行传输，必须在数据链路层进行以太网封装，构成以太网数据帧。以太网数据帧的格式有两个标准：一个是由 IEEE 802.3 定义的，称为 IEEE 802.3 格式；一个是由 DEC（Digital Equipment Corporation）、Intel、Xerox 这三家公司联合定义的，称为 Ethernet II 格式。这两种格式存在一定的差别，目前的网络设备都能兼容这两种格式。当前较常使用的以太网数据帧格式是 Ethernet II，故接下来以 Ethernet II 为例介绍帧格式。图 5-4 中展示了 Ethernet II 帧格式，从中能看到"目的 MAC 地址""源 MAC 地址""类型""载荷数据"及"CRC"等字段。

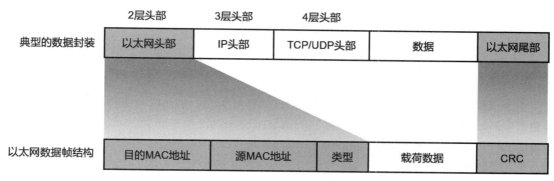

图 5-4　以太网数据帧格式

（1）目的 MAC 地址（Destination MAC Address）：数据帧接收方的 MAC 地址。

（2）源 MAC 地址（Source MAC Address）：数据帧发送方的 MAC 地址。

（3）类型（Type）：标识该数据帧头部后所封装的上层协议类型（载荷数据的类型）。例如，如果"类型"字段值为 0x0800，则表示载荷数据是 IPv4 报文；如果"类型"字段值为 0x86dd，则表示载荷数据是 IPv6 报文。

（4）载荷数据（Payload Data）：上层数据，可以是IPv4报文、IPv6报文等。

（5）CRC（Cyclic Redundancy Check，循环冗余校验）：用于检测数据帧在传输过程中是否发生损坏。

5.2.2　MAC 地址与 MAC 地址表

网络层位于TCP/IP对等模型的第三层；IP地址用于在网络层标识节点。如果网络中使用的网络层协议是IPv4，则节点需要具备IPv4地址才能够与远端节点通信。同理若使用IPv6，则节点需要具备IPv6地址。数据链路层位于网络层和物理层之间，处于第二层，其最基本的功能是将源设备的网络层下送的数据传输到数据链路层上的目的相邻设备，为保证数据能够准确地送达目的相邻设备，需要借助一个第二层的地址。在以太网环境中，该地址便是MAC地址。MAC地址用于在以太网的数据链路上标识节点。

MAC地址的长度为48bit，通常采用十六进制的格式来呈现，例如，5489-98A4-4D01（或54-89-98-A4-4D-01）。MAC地址可分为以下三类。

1．单播MAC地址

单播MAC地址用于标识单个节点，具有全球唯一性。单播MAC地址可作为源地址或目的地址。每一个以太网三层接口都必须拥有MAC地址，例如，计算机的以太网接口，或者路由器的以太网接口等。MAC地址的第1字节的最低比特位是I/G（Individual/Group）比特位，该比特位的值为0时，表明这是一个单播MAC地址，如图5-5所示。单播MAC地址的高24bit称为OUI（Organizationally Unique Identifier，组织唯一标识）。OUI是通过向IEEE注册得到的，厂商生产以太网卡前需首先注册得到OUI。MAC地址的低24bit则由该厂商自行分配。

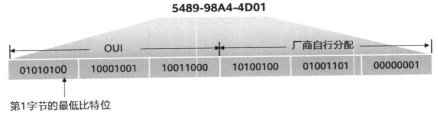

图 5-5　单播 MAC 地址

2．组播MAC地址

组播MAC地址是指第1字节的最低比特位为1的MAC地址，例如0100-0000-0000。组播MAC地址用于标识LAN上的一组节点。当数据帧的目的MAC地址为组播MAC地址时，该数据帧发往加入该组播组的所有节点。组播MAC地址只能用作数据帧的目的MAC地址，不能用作源MAC地址。

3．广播MAC地址

广播MAC地址是指所有比特位全为1的MAC地址（即FFFF-FFFF-FFFF），用以标识LAN上的所有节点。当一个数据帧的目的MAC地址为FFFF-FFFF-FFFF时，这就是一个广播数据帧，所有收到该数据帧的网卡都要处理它。

图5-6展示了一个由3台交换机组成的交换网络，4个终端分别接入了接入交换机Access-SW1和Access-SW2上，而这两台接入交换机都接入核心交换机Core-SW。所有交换机都采用出厂配置，此时所有终端都处于相同的广播域，每个终端的网卡都具备IPv6地址及MAC地址，这

些MAC地址全都是单播地址。在这个网络中,终端1可以直接使用终端2的IPv6地址访问到对方,数据通过Access-SW1直接进行转发。为了确保IPv6报文能够在终端1和终端2之间的以太网链路上进行传输,以终端1发往终端2的报文为例,该报文需进行数据链路层封装,并在帧头中写入目的节点终端2的MAC地址。这种通信行为是二层通信。在本例中,所有的终端都处于相同的二层网络且使用相同网段的IPv6地址,因此它们之间的通信都是二层通信。

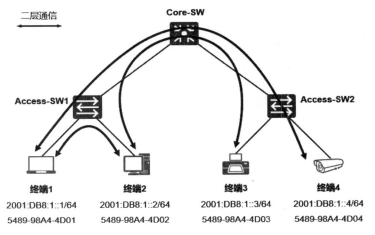

图 5-6　IPv6 地址与 MAC 地址

每台以太网交换机都会维护MAC地址表,用来记录在接口上学习到的MAC地址。MAC地址表中的每个MAC地址表表项都记录着MAC地址与接口、VLAN等的对应关系。当交换机收到一个数据帧时,会解析该数据帧,读取帧头中的目的MAC地址和源MAC地址,并在MAC地址表中查询目的MAC地址以确定数据帧的转发行为,同时学习源MAC地址并更新自己的MAC地址表。在图5-7中,交换机Switch连接着终端PC和Printer,当这两个终端开始发送数据帧时,交换机Switch能够学习到它们的MAC地址,并形成图5-7所示的MAC地址表。

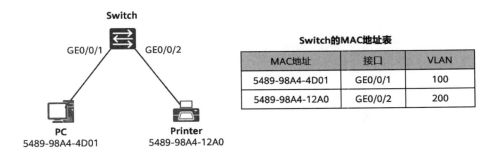

图 5-7　MAC 地址及 MAC 地址表

5.2.3　以太网二层交换的基本原理

本节将通过一个简单的场景介绍以太网二层交换的基本原理。在图5-8所示的网络中,二层交换机Switch连接着3个终端PC1、PC2、PC3,我们来观察一下PC1与PC2之间的通信过程及交换机的操作。在本例中,我们将忽略地址解析过程,假设所有的PC都已经知道其他PC的IPv6地址及对应的MAC地址。

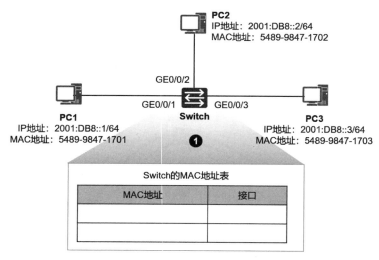

图 5-8　初始情况下，Switch 的 MAC 地址表为空

（1）初始状态下，Switch并不知道所连接PC的MAC地址，此时交换机的MAC地址表为空。

（2）PC1发送一个单播帧给PC2，该帧的目的MAC地址为5489-9847-1702。

（3）Switch收到数据帧后，判断该帧为单播帧，于是在其MAC地址表中查询该帧的目的MAC地址，并发现没有找到匹配的表项，因此断定该帧为"目的地址未知的单播帧"。交换机对该帧进行泛洪处理，即从除了接收接口外的其他所有接口转发一份备份，如图5-9所示。

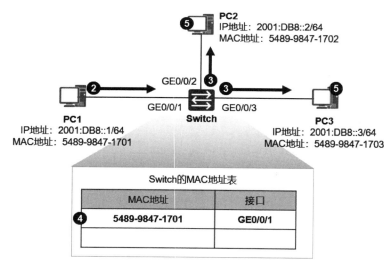

图 5-9　数据帧的泛洪及 MAC 地址的学习过程

（4）Switch将收到的数据帧的源MAC地址和对应的接口记录到MAC地址表中。

（5）由于PC1发给PC2的数据帧被Switch进行泛洪，因此PC3也会收到这个数据帧。PC3收到数据帧后发现目的MAC地址与本地地址不符，于是丢弃该帧；PC2则接收并处理该帧。

（6）PC2回应一个单播帧给PC1，目的MAC地址为5489-9847-1701。

（7）Switch收到该帧后，在其MAC地址表中查询该帧的目的MAC地址，发现存在一个匹配的表项，于是将数据帧从该表项的接口GE0/0/1转发出去，如图5-10所示。

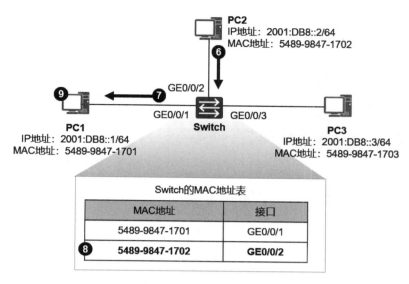

图 5-10　Switch 学习到 PC1 及 PC2 的 MAC 地址并开始正常转发数据帧

（8）Switch 将收到的数据帧的源 MAC 地址和对应的接口记录到 MAC 地址表中。

（9）PC1 接收并处理该帧。

观察 PC2 发往 PC1 的数据帧，该帧从 Switch 的 GE0/0/2 接口到达，然后被 Switch 从自己的 GE0/0/1 接口转发出去，整个二层交换过程中数据帧的内容没有任何修改，包括数据帧头部及尾部、IPv6 头部及载荷数据等，因此二层交换也称为透明传输，简称为透传。

下面总结二层交换的基本操作。

（1）当交换机收到一个单播帧时，在 MAC 地址表中查询该帧的目的 MAC 地址。如果找到匹配的表项，并且该表项的接口与收到该帧的接口不同，交换机将该帧从表项中的接口转发出去；当该表项的接口与收到该帧的接口相同时，交换机丢弃该帧。如果交换机无法在 MAC 地址表中查询到与该帧的目的 MAC 地址相匹配的表项，则泛洪该帧。

（2）当交换机收到一个广播帧时，在相同的广播域内泛洪该帧。

（3）当交换机收到一个组播帧时，在相同的广播域内泛洪该帧。如果交换机部署了诸如 IGMP Snooping 这样的二层组播技术，那么组播数据帧将只会被交换机从特定的一些接口转发出去。

说明：关于 IGMP Snooping 的介绍超出了本书的范围，读者可自行查阅相关文档进行学习。

闯关题5-1　　　闯关题5-2　　　闯关题5-3

5.3 VLAN

5.3.1　VLAN 概述

默认情况下，交换机的所有接口都属于同一个广播域，如图 5-11 所示。当交换机在某个接口上收到广播帧、组播帧或目的 MAC 地址未知的单播帧时，交换机会向除了接收接口之外的其他接口各发送一份该帧的副本，即对帧进行泛洪处理。在一个典型的交换机组网中，交换机的数量往往比较多，此时广播域的范围较大，一旦上述数据帧进入该网络，便会对网络造成不小的影响。

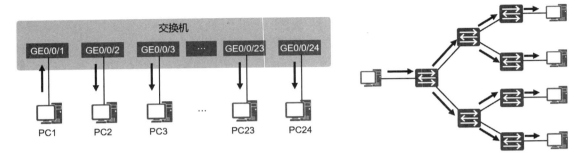

图 5-11　默认情况下交换机的所有接口都属于同一个广播域

因此，将一个LAN划分为更小的单元，有助于将一个较大的广播域切割为较小的广播域，从而降低广播造成的网络性能损耗。VLAN技术能够将一个物理LAN在逻辑上划分成多个广播域。每个VLAN使用一个整数进行标识，其范围是1～4094。默认情况下，交换机的所有接口均加入VLAN1。在图5-12中，我们将交换机的GE0/0/1、GE0/0/2及GE0/0/3接口都加入VLAN10，那么这些接口所连接的终端便被认为是处于VLAN10，它们与处于VLAN20的终端在不同的VLAN中。

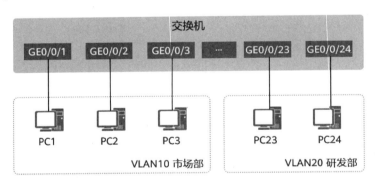

图 5-12　使用 VLAN 技术在网络中实现广播域的隔离

利用VLAN可以限制广播。在图5-12中，通过在交换机上创建两个VLAN，可将原来的一个大的广播域变成两个更小的广播域，广播被限制在一个VLAN里，始发于一个VLAN的广播不会被扩散到另一个VLAN中，从而节省了网络带宽，也降低了网络和终端的性能消耗。例如，图5-12中PC1发送的广播帧只会被交换机在VLAN10内泛洪，不会被泛洪到VLAN20中。

VLAN还可对应到用户的业务单元。在本例中，VLAN10对应企业的市场部，VLAN20则对应研发部，相同部门的终端处于相同的VLAN，终端之间直接进行二层通信；而不同部门的终端由于被VLAN隔离，不能直接进行二层通信，这样在一定程度上增加了网络的安全性。在典型的网络中，我们通常会按照业务类型、地理区域等来规划VLAN，并为每个VLAN规划一个IPv6地址段。

VLAN的划分有多种方式。VLAN划分的本质是将交换机接收的数据帧对应到具体的VLAN

中。常见的VLAN划分方式有基于接口划分VLAN、基于协议类型划分VLAN、基于MAC地址划分VLAN等。本书以基于接口的VLAN划分方式为例进行介绍。基于接口划分VLAN是较简单的VLAN划分方法——它按照设备的接口来定义VLAN成员，将指定接口加入指定VLAN中之后，接口就可以转发该VLAN的报文。

5.3.2　VLAN 的跨交换机实现

上面我们所讨论的例子均是VLAN在一台交换机上的实现。在实际中，一个园区网络往往包含多台协同工作的交换机，以便支撑园区的业务。图5-13展示的是一个办公楼的园区网络，该办公楼分为4层，各层均部署了接入交换机，位于1层的楼栋机房中还部署了汇聚交换机Aggregation-SW。每个楼层的办公终端、打印机、IP摄像头都接入该楼层的接入交换机，接入交换机再统一接入汇聚交换机。假设VLAN10用于某部门，而该部门的员工分布在每个楼层中，那么当他们所使用的终端开始交互数据时，交换机如何才能判断出需要在VLAN10中处理的这些数据呢？

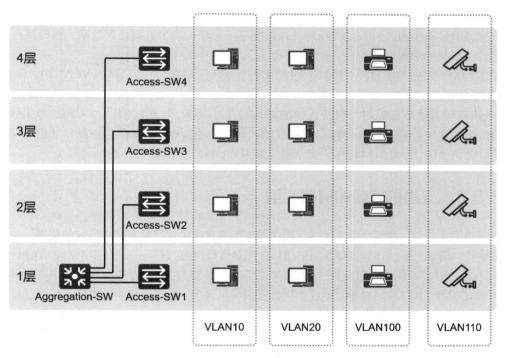

图 5-13　VLAN 的跨交换机实现

图5-14展示了一个简化的场景，SW1和SW2都接入VLAN10和VLAN20。以VLAN20为例，当该VLAN内的PC3发送数据帧给位于SW2的PC4时，SW2收到该帧后，如何判断是需要将该帧转发到本地的VLAN10，还是需要转发到VLAN20？在本例中，SW1的GE0/0/4接口与SW2的GE0/0/1接口互联，这两个接口及其互联链路需要承载多个VLAN的数据帧，交换机采用一种对数据帧进行VLAN标记的方法来区分不同VLAN的数据帧，即IEEE 802.1Q标准，称为虚拟桥接局域网（Virtual Bridged Local Area Network）标准。

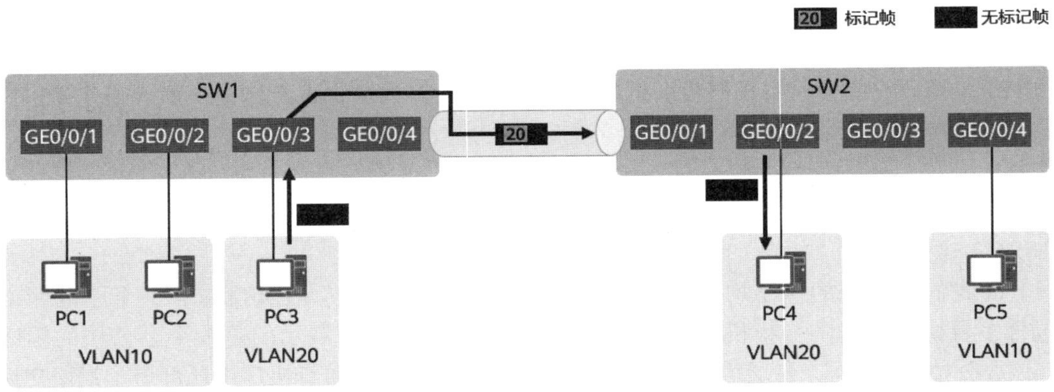

图 5-14　VLAN 的跨交换机实现详情

总体上数据帧被分为两种形式,即标记帧(Tagged Frame)和无标记帧(Untagged Frame)。通常情况下,PC发送和接收的数据帧都是无标记帧,即传统的以太网数据帧,该数据帧未携带任何VLAN信息。而标记帧则指的是基于IEEE 802.1Q,在传统以太网数据帧的"源MAC地址"字段之后、"类型"字段之前加入4B的802.1Q Tag(标记),Tag中便包含VLAN ID信息。当以太网数据帧的帧头中插入802.1Q Tag后,该帧便是标记帧。为了提高处理效率,数据帧在交换机内部均以标记帧的形式存在。

在本例中,SW1在GE0/0/3接口上收到无标记帧后,由于该接口加入VLAN20,因此交换机在数据帧中插入802.1Q Tag并在Tag中的"VID"字段内填充VLAN ID值20;而当SW1从GE0/0/4接口转发该数据帧时将保留该帧的802.1Q Tag。SW2收到该帧后,从802.1Q Tag中解析出VID,然后在本地VLAN20中转发该数据帧。最后,通过查询MAC地址表中与VLAN20关联的表项,并把去除了802.1Q Tag封装的无标记帧从GE0/0/2接口转发出去。

5.3.3　交换机接口的链路类型

在前面的章节中,我们介绍了一些在路由器上配置IPv6地址并部署路由协议的案例。这些案例中路由器接口均是三层接口,也称为路由接口。网络管理员可直接在三层接口上配置IP地址,三层接口本身也具有MAC地址。当设备的三层接口收到一个单播数据帧时,默认情况下,如果该数据帧的目的MAC地址与该接口的MAC地址不同,那么设备将丢弃这个数据帧;当设备的三层接口收到一个组播帧或广播帧时,默认情况下,设备并不会转发该帧,因此我们常说三层接口会终结广播域。

交换机的接口均是二层接口,二层接口不能直接配置IP地址,并且不直接终结广播。设备的二层接口在收到单播帧后,会在MAC地址表中查询该数据帧的目的MAC地址,然后依据表项匹配情况进行帧处理;设备二层接口收到组播帧或广播帧后,会将其从同属一个广播域(VLAN)的所有其他接口泛洪出去。所有的二层接口都有一个默认VLAN-ID,即PVID(Port Default VLAN ID)。在华为交换机上,PVID默认值为1。

交换机的二层接口存在多种链路类型(Link-Type),常见的链路类型有Access(接入)、Trunk(干道)和Hybrid(混杂)。不同链路类型的接口对数据帧的处理行为有所不同。

1. Access

Access接口常用于连接终端设备,如PC、服务器等。Access接口只能加入一个VLAN,当网络管理员将Access接口的PVID配置为某个VLAN时，该接口也就加入对应的VLAN。Access接口所连接的设备通常只能发送和接收无标记帧。当Access接口收到无标记帧时，将为该帧打上接口PVID的标记，然后送入设备做内部处理；当Access接口收到标记帧时，仅当数据帧的802.1Q Tag中的"VID"字段值与接口的PVID相同时才会接收该帧，否则丢弃该帧；当交换机从设备内部往Access接口外发送数据帧时，发送无标记帧。

在图5-15所示的网络中，我们将Access-SW1和Access-SW2连接终端的接口都配置为Access类型，并加入相应的VLAN。此外，核心交换机Core-SW连接出口路由器Router，该接口通常也配置为Access类型。在本例中，Router使用三层接口与Core-SW对接，该接口只发送和接收无标记帧，因此交换机侧的接口可以使用Access类型。

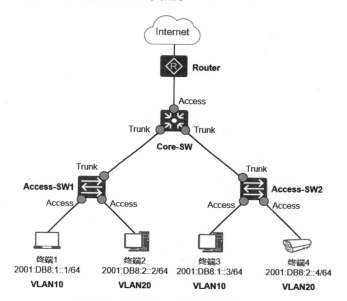

图 5-15　交换机接口的常见链路类型应用

2. Trunk

Trunk接口常用于连接交换机，也可用于在对端设备（如路由器或防火墙等）的物理接口配置了子接口时与其对接。Trunk接口允许属于多个VLAN的数据帧通过，这些数据帧通过802.1Q Tag来区分。Trunk接口维护一个"允许通行的VLAN列表"，仅该列表中的VLAN的数据帧被允许放行。Trunk接口配置一个PVID（默认值为1，对应VLAN1）。VLAN1默认位于被允许通行的VLAN列表中。Trunk接口接收数据帧时，若数据帧为标记帧，则只有当数据帧的802.1Q Tag中的"VID"字段值在接口允许通行的VLAN列表中时，该帧才会被接收，否则被丢弃。如果数据帧为无标记帧，则该帧被认为属于接口PVID对应的VLAN，该帧将被添加上接口PVID的标记。当交换机从设备内部往Trunk接口外发送数据帧时，仅当数据帧的802.1Q Tag中的"VID"字段值在接口允许通行的VLAN列表中时该帧才会被发送；若"VID"字段值与接口的PVID相同，交换机则以无标记帧的形式发送数据帧，其他情况下数据帧以标记帧的形式发送。

在图5-15所示的网络中，接入交换机Access-SW1和Access-SW2都连接着VLAN10和VLAN20的终端。处于相同VLAN的终端需要通过接入交换机与核心交换机之间的链路进行通信，可将交换机之间互连的接口配置为Trunk类型，并且将VLAN10和VLAN20添加到其接口允许通行的VLAN列表中。

3．Hybrid

Hybrid是一种特殊的接口类型，该类接口与Trunk接口类似，允许多个VLAN的数据帧通过，数据帧通过802.1Q Tag实现区分。Hybrid接口接收数据帧时的处理行为与Trunk接口相同。

对于Trunk接口，交换机从该类接口向外发送数据帧时，只会将接口PVID对应VLAN的数据帧以无标记帧的形式发送，而其他VLAN的数据帧都必须以标记帧的形式发送。Hybrid接口则不同，网络管理员可以灵活指定Hybrid接口在发送某个或某些VLAN的数据帧时携带或不携带802.1Q Tag。

闯关题5-4

5.4 实现 VLAN 间的 IPv6 通信

我们已经知道，通过VLAN技术能够将一个大的广播域切割成多个更小的广播域。一个VLAN就是一个独立的广播域，广播及数据帧的泛洪被限制在VLAN内部，不同的VLAN之间二层隔离。在图5-16所示的网络中，以太网二层交换机上创建了两个VLAN，且交换机连接部门A和部门B的终端的接口划分到相应的VLAN中。这样，同属于一个部门的终端之间能够通过交换机直接进行二层通信，但是数据帧泛洪被限制在VLAN内部。通过部署VLAN，用户能获得的好处包括限制广播域规模、增强局域网的安全性、提高网络的健壮性、灵活构建虚拟工作组等。在图5-16中，默认时部门A与部门B的终端之间是无法相互通信的，而实际上同一个企业的不同部门之间往往存在通信诉求，此时需要设计相应的方案来实现VLAN之间的互通。

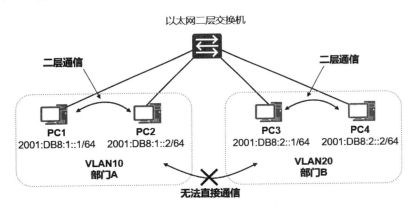

图 5-16 不同 VLAN 之间无法直接进行通信

1．使用路由器物理接口实现VLAN间的IPv6通信

不同的VLAN对应不同的广播域，通常也使用不同的IP网段，VLAN之间无法直接进行二层通信。要实现VLAN之间的互通，最直接的方法是在网络中增加路由器。路由器具备路由功能，能够连接不同的广播域，并且能够实现数据的三层转发。在图5-17中，二层交换机SW连接着分别被划分到VLAN10和VLAN20的PC1和PC2，为了使两个VLAN的PC通信，我们在网络中增加了路由器Router，Router提供两个物理接口连接到SW，其中，GE0/0/1接口配置与VLAN10内的终端相同网段的IPv6地址，该接口作为VLAN10中PC的默认网关；GE0/0/2接口配置与VLAN20内的终端相同网段的IPv6地址，该接口作为VLAN20中PC的默认网关。SW的GE0/0/23及GE0/0/24均配置为Access类型并分别加入VLAN10和VLAN20。这样，当PC1要发

送报文到PC2时，报文首先到达PC1的默认网关——Router的GE0/0/1接口，Router查询路由表后发现目的IPv6地址在GE0/0/2接口的直连网段中，因此将报文从该接口转发出去，报文经过SW透传到PC2。

2．使用路由器子接口实现VLAN间的IPv6通信

直接使用路由器的物理接口实现VLAN之间的IPv6通信的方案是可行的，但是如果每个VLAN都需要与其他VLAN通信，且VLAN的数量又特别多时，这个方案就难以应对了。毕竟针对每个VLAN都需要一个独立的物理接口与之对接，而路由器的物理接口资源都是比较宝贵的。

另一种可行的方案是通过以太网子接口（Sub-Interface）来实现VLAN之间的IPv6通信，如图5-18所示。在这个例子中，Router通过物理接口GE0/0/1与SW的GE0/0/24对接，并且Router的GE0/0/1接口上存在两个子接口：GE0/0/1.10和GE0/0/1.20。以太网子接口是基于以太网物理接口建立的逻辑接口，就像在一个"大管道"里嵌套"小管道"。基于一个物理接口可创建出多个子接口，每个子接口的标识是在物理接口基础上通过增加子接口编号实现的。例如，我们在Router的物理接口GE0/0/1上创建了两个子接口，分别是GE0/0/1.10和GE0/0/1.20，其中"10"和"20"是可自定义的子接口编号。每个子接口相互独立，同时每个子接口的状态又都依赖于物理接口的状态，如果物理接口被关闭，那么该接口对应的所有子接口都无法正常工作。每个子接口可用于跟一个VLAN对接，网络管理员需要在子接口上指定VLAN ID，以使子接口能够处理对应VLAN的数据帧，进而在子接口上配置IPv6地址。

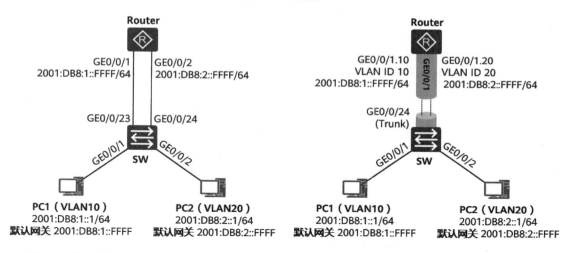

图 5-17　使用路由器实现 VLAN 之间的 IPv6 通信　　图 5-18　使用路由器子接口实现 VLAN 之间的 IPv6 通信

在本例中，当PC1要发送报文给PC2时，报文的目的IPv6地址是PC2的地址。PC1为报文进行数据帧封装时，使用的目的MAC地址是PC1的默认网关——Router的GE0/0/1.10子接口的MAC地址。PC1发出的无标记帧从SW的GE0/0/1接口进入，然后从GE0/0/24接口转发出去。此时，为了与VLAN20的数据帧区隔开来，该帧从SW的GE0/0/24接口发出时需打上VLAN10的Tag。Router在GE0/0/1接口上接收该帧后，根据帧所携带的Tag识别出需将帧送到GE0/0/1.10子接口处理（子接口上配置了VLAN ID 10），随后该帧被解除封装。Router在路由表中查询报文的目的IPv6地址，发现接口为GE0/0/1.20的直连路由匹配该目的地址，于是将报文进行数据帧封装，此时数据帧的目的MAC地址修改为PC2的MAC地址，且打上VLAN20的Tag。Router将该帧从GE0/0/1.20接口转发出去，SW在GE0/0/24接口上收到数据帧，然后将数据帧的Tag解封装并从GE0/0/2接口转发出去给PC2。

3．使用三层交换机的 VLANIF 实现 VLAN 间的 IPv6 通信

三层交换机具备二层交换的功能，同时还支持路由功能，能够实现多个 VLAN 或 IP 网段的互联互通。三层交换机支持配置多个 VLANIF 接口，通常也支持静态路由及动态路由协议。VLANIF（VLAN Interface，VLAN 接口）是一种三层接口，这是一种软件意义上的逻辑接口。在三层交换机上，VLANIF 接口与 VLAN 一一对应，VLANIF 接口与属于对应 VLAN 的设备可以直接进行二层通信。例如，网络管理员在交换机上创建了 VLAN10，那么对应的 VLANIF 接口为 VLANIF10，此时网络管理员可以使用 **interface vlanif 10** 命令进入 VLANIF10 的配置视图，并为该接口配置 IPv6地址，同样属于 VLAN10 的设备可直接与VLANIF10 进行二层通信。

在图 5-19 中，我们构造了一个较简单的三层交换网络。三层交换机 SW 连接着VLAN10 的 PC1 及 VLAN20 的 PC2，这两个PC 需要通过 SW 实现三层通信。此时，网络管理员需要在 SW 上分别创建 VLAN10 和VLAN20，然后将 GE0/0/1 和 GE0/0/2 接口配置为 Access 接口并加入相应的 VLAN。接下来，网络管理员可以分别配置 VLANIF10和 VLANIF20，在这两个接口上配置的 IPv6地址可以分别作为 PC1 和 PC2 的默认网关。当 PC1 发送数据给 PC2 时，数据帧的目的

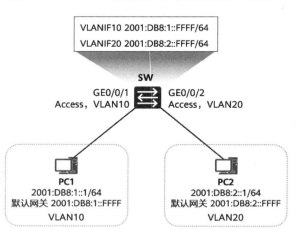

图 5-19　使用三层交换机的 VLANIF 实现 VLAN 间的 IPv6 通信

MAC 地址为 SW 的 VLANIF10 的 MAC 地址。该帧到达 SW 后，SW 将数据帧解封装，然后在路由表中查询目的 IPv6 地址，发现匹配接口为 VLANIF20 的直连路由，于是重新封装数据帧，将帧的目的 MAC 地址修改为 PC2 的 MAC 地址，接着在 VLAN20 中转发这个数据帧，最终数据帧从 GE0/0/2 接口发出给 PC2。图 5-20 展示了三层交换机的内部逻辑架构，该架构有助于理解 VLANIF 接口与交换机物理接口的关系。

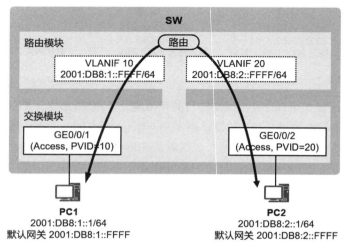

图 5-20　三层交换机的内部逻辑架构

闯关题 5-5

5.5 实验：IPv6 以太网多层交换

本实验模拟一个典型的简单园区网络，如图 5-21 所示。其中，CoreSwitch 是园区网络的核心交换机，AS1 和 AS2 是两台接入交换机。AS1 及 AS2 各自连接着一些终端 PC，出于二层隔离的目的，我们将这些 PC 规划在不同的 VLAN，其中 AS1 接入 VLAN10 和 VLAN20 的 PC，AS2 则接入 VLAN30 的 PC。现要求按照网络规划完成 AS1、AS2 及 CoreSwitch 的配置，使得 PC1、PC2、PC3 及 PC4 之间能够通信。在本例中，PC1 与 PC2 分别属于 VLAN10 和 VLAN20，而 PC3 和 PC4 则属于 VLAN30。不同的 VLAN 之间二层隔离，但是又存在三层通信的需求。为了实现这个目的，需要在 CoreSwitch 上配置 VLANIF 接口，接口的地址将作为 PC 的默认网关。

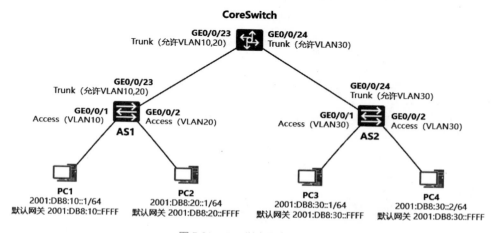

图 5-21　IPv6 以太网多层交换

1. 在 AS1 上创建相关 VLAN 并完成接口配置

AS1 的配置如下：

```
<Huawei> system-view
[Huawei] sysname AS1
[AS1] vlan batch 10 20
[AS1] interface GigabitEthernet 0/0/1
[AS1-GigabitEthernet0/0/1] port link-type access
[AS1-GigabitEthernet0/0/1] port default vlan 10
[AS1-GigabitEthernet0/0/1] quit
[AS1] interface GigabitEthernet 0/0/2
[AS1-GigabitEthernet0/0/2] port link-type access
[AS1-GigabitEthernet0/0/2] port default vlan 20
```

在以上配置中，**vlan** 命令用于创建一个新的 VLAN。默认情况下交换机上只存在 VLAN1，由于 AS1 接入了 VLAN10 及 VLAN20 的设备，因此需要创建 VLAN10 和 VLAN20。单独执行 **vlan 10** 命令将创建 VLAN10 并进入 VLAN10 的配置视图，这种方式适用于一次创建一个 VLAN 的场景。在本例中，我们使用 **vlan batch 10 20** 命令则可批量创建 VLAN10 和 VLAN20。

在接口视图下配置的 **port link-type access** 命令用于将接口的类型设置为 Access 类型，**port default vlan 10** 命令则用于配置 Access 接口加入 VLAN10，该接口所连接的终端设备将被认为属于 VLAN10。注意：Access 接口只能加入一个 VLAN。

AS1的GE0/0/23接口连接着CoreSwitch。该接口需要支持PC1及PC2到达CoreSwitch的二层流量通行，即该接口需要转发VLAN10及VLAN20的数据帧。为使CoreSwitch能够识别本端发送的数据帧属于哪个VLAN，该接口需要对这两个VLAN的数据帧进行标记。为此，我们将这个接口配置为Trunk类型，并且在接口上允许VLAN10及VLAN20的流量通过。

AS1的配置如下：

```
[AS1] interface GigabitEthernet 0/0/23
[AS1-GigabitEthernet0/0/23] port link-type trunk
[AS1-GigabitEthernet0/0/23] port trunk allow-pass vlan 10 20
```

在以上配置中，**port link-type trunk**命令用于将接口配置为Trunk类型。默认情况下，Trunk类型的接口仅允许VLAN1的流量通过，且针对VLAN1的流量不进行标记（VLAN1为Trunk接口的默认VLAN）。**Port trunk allow-pass vlan 10 20**命令用于配置接口允许通过的VLAN号。

完成上述配置后，可以查看一下交换机的VLAN信息：

```
<AS1> display vlan
The total number of vlans is : 3
--------------------------------------------------------------------------------
U: Up;          D: Down;          TG: Tagged;          UT: Untagged;
MP: Vlan-mapping;                 ST: Vlan-stacking;
#: ProtocolTransparent-vlan;      *: Management-vlan;
--------------------------------------------------------------------------------

VID  Type    Ports
--------------------------------------------------------------------------------
1    common  UT:GE0/0/3(D)    GE0/0/4(D)     GE0/0/5(D)     GE0/0/6(D)
                GE0/0/7(D)    GE0/0/8(D)     GE0/0/9(D)     GE0/0/10(D)
                GE0/0/11(D)   GE0/0/12(D)    GE0/0/13(D)    GE0/0/14(D)
                GE0/0/15(D)   GE0/0/16(D)    GE0/0/17(D)    GE0/0/18(D)
                GE0/0/19(D)   GE0/0/20(D)    GE0/0/21(D)    GE0/0/22(D)
                GE0/0/23(U)   GE0/0/24(D)

10   common  UT:GE0/0/1(U)
                TG:GE0/0/23(U)

20   common  UT:GE0/0/2(U)
                TG:GE0/0/23(U)


VID  Status  Property      MAC-LRN Statistics Description
--------------------------------------------------------------------------------

1    enable  default       enable  disable    VLAN 0001
10   enable  default       enable  disable    VLAN 0010
20   enable  default       enable  disable    VLAN 0020
```

也可以查看接口的VLAN信息：

```
<AS1> display port vlan
Port                    Link Type   PVID  Trunk VLAN List
--------------------------------------------------------------------------------
GigabitEthernet0/0/1    access      10    -
GigabitEthernet0/0/2    access      20    -
```

```
……
GigabitEthernet0/0/23    trunk          1     1 10 20
……
```

从以上输出可以看到接口的类型及所加入的 VLAN。

2. 在 AS2 上创建相关 VLAN 并完成接口配置

AS2 的配置如下：

```
<Huawei> system-view
[Huawei] sysname AS2
[AS2] vlan batch 30
[AS2] interface GigabitEthernet 0/0/1
[AS2-GigabitEthernet0/0/1] port link-type access
[AS2-GigabitEthernet0/0/1] port default vlan 30
[AS2-GigabitEthernet0/0/1] quit
[AS2] interface GigabitEthernet 0/0/2
[AS2-GigabitEthernet0/0/2] port link-type access
[AS2-GigabitEthernet0/0/2] port default vlan 30
[AS2-GigabitEthernet0/0/2] quit
[AS2] interface GigabitEthernet 0/0/24
[AS2-GigabitEthernet0/0/24] port link-type trunk
[AS2-GigabitEthernet0/0/24] port trunk allow-pass vlan 30
[AS2-GigabitEthernet0/0/24] quit
```

3. 在 CoreSwitch 上创建相关 VLAN 并完成接口配置、VLANIF 配置以实现 VLAN 间的通信

CoreSwitch 的 VLAN 及接口配置如下：

```
<Huawei> system-view
[Huawei] sysname CoreSwitch
[CoreSwitch] vlan batch 10 20 30
[CoreSwitch] interface GigabitEthernet 0/0/23
[CoreSwitch-GigabitEthernet0/0/23] port link-type trunk
[CoreSwitch-GigabitEthernet0/0/23] port trunk allow-pass vlan 10 20
[CoreSwitch-GigabitEthernet0/0/23] quit
[CoreSwitch] interface GigabitEthernet 0/0/24
[CoreSwitch-GigabitEthernet0/0/24] port link-type trunk
[CoreSwitch-GigabitEthernet0/0/24] port trunk allow-pass vlan 30
[CoreSwitch-GigabitEthernet0/0/24] quit

#配置 VLANIF：
[CoreSwitch] ipv6
[CoreSwitch] interface Vlanif 10
[CoreSwitch-Vlanif10] ipv6 enable
[CoreSwitch-Vlanif10] ipv6 address 2001:DB8:10::FFFF 64
[CoreSwitch-Vlanif10] quit
[CoreSwitch] interface Vlanif 20
[CoreSwitch-Vlanif20] ipv6 enable
[CoreSwitch-Vlanif20] ipv6 address 2001:DB8:20::FFFF 64
[CoreSwitch-Vlanif20] quit
[CoreSwitch] interface Vlanif 30
[CoreSwitch-Vlanif30] ipv6 enable
[CoreSwitch-Vlanif30] ipv6 address 2001:DB8:30::FFFF 64
```

在以上配置中，**ipv6**命令用于在交换机上全局激活IPv6功能。其后的**interface Vlanif 10**命令用于创建VLAN10对应的三层VLANIF接口并进入接口的配置视图。接下来，我们在接口上激活了IPv6功能，并配置了IPv6地址。VLANIF10能够直接与VLAN10内的其他节点如PC1进行互通，VLANIF20及VLANIF30同理。

完成上述配置后，所有的PC之间均能通信了。当PC1发送IPv6报文给PC2时，报文通过AS1透传后到达网关设备CoreSwitch；再由CoreSwitch查询IPv6路由表后从VLANIF20接口送出，通过AS1透传后到达PC2；PC1或PC2与PC3及PC4的通信过程同理。当PC3与PC4通信时，由于二者处于相同VLAN且连接到了同一个接入交换机，因此它们之间通信的IPv6报文可以直接通过AS2进行转发。

5.6 本章小结

本章介绍以太网交换技术，主要包括以下内容。

（1）以太网交换技术广泛应用在园区交换网络中。常见的交换机分为二层交换机和三层交换机，分别工作于TCP/IP模型中的数据链路层和网络层。园区交换网络根据其规模可分为小型园区网络、中型园区网络和大型园区网络。其中，大型园区网络结构较为复杂，通常由终端层、接入层、汇聚层、核心层、出口区和网络管理运维区等部分构成。

（2）以太网二层交换根据数据帧中的MAC地址来确定交换机的交换端口，交换机通过MAC地址自学习功能维护MAC地址表，实现快速数据帧转发。

（3）VLAN将一个较大物理LAN在逻辑上划分为更小的单元，把较大广播域切割为较小广播域，降低了广播造成的网络性能损耗。VLAN的划分有多种方式，其中基于接口划分VLAN是较简单和常用的方式。为使交换机能交换VLAN数据帧，采用IEEE 802.1Q标准对数据帧进行VLAN标记。相应地，交换机二层接口链路类型也分为Access、Trunk和Hybrid等，对不同VLAN标记的数据帧做相应的处理。

（4）可采用不同方案实现VLAN间的IPv6通信，包括使用路由器物理接口实现VLAN间的IPv6通信、使用路由器子接口实现VLAN间的IPv6通信，使用三层交换机的VLANIF实现VLAN间的IPv6通信等。

📝 5.7 思考与练习

5-1 请简要描述典型的园区网络架构，以及每个层次的主要功能。

5-2 Ethernet II以太网数据帧格式中，"类型"字段的作用是什么？

5-3 什么类型的MAC地址既可以作为源MAC地址，又可以作为目的MAC地址？

5-4 如何区分一个MAC地址是单播MAC地址，还是组播MAC地址？

5-5 请查看自己所使用的个人计算机的MAC地址。

5-6 请描述Access、Trunk及Hybrid这三种二层接口类型的特点与差异。

5-7 当交换机的某个接口需要与创建了多个子接口的物理接口对接时，该交换机侧的接口通常可以配置为什么类型？

第**6**章
广域网络技术

　　广域网络能连接多个地区、城市和国家，或横跨几个洲，并提供远距离通信，形成国际性的远程网络。广域网络可以将不同地理位置的园区连接起来，也能实现园区与数据中心之间的连接。

　　常见的广域网络主要是运营商搭建的广域网络，如运营商搭建的用于公众访问Internet的广域网络等；另一种是由政府或企业构建的专有广域网络，如电子政务网、教育专网、金融骨干网等。

　　在广域网络中，常用的技术或协议包括基本的IPv4和IPv6，以及 MPLS VPN、MPLS TE、Segment Routing MPLS、Segment Routing IPv6（SRv6）等。本章主要介绍MPLS及其相关应用。在IPv4网络中，MPLS技术有着广泛的应用，而步入IPv6时代，SRv6则成为可以满足业务需求并在某些维度上具备优势的另一种选择。本章将会在IPv4环境下介绍MPLS的相关概念及应用，这些知识对于进一步学习Segment Routing及Segment Routing IPv6非常重要。

学习目标：

1. 了解广域网络的概念；
2. 理解 MPLS 的基本概念；
3. 掌握 MPLS VPN 及 MPLS TE 的基本工作原理。

知识图谱

6.1 广域网络概述

以普通教育（普教）专网为例，当前整个教育体系越发注重教学应用和管理，更加强调教育的智慧化和公平化。随着教育信息化的深入，ICT技术在普教中的应用也越来越广泛。这对作为关键基础设施的承载网络也提出了更大需求和挑战。普教专网是指在特定行政区域范围内，利用计算机网络技术，以光纤为主要传输介质的，连接各地市、各区县的教育城域网、学校校园网的专有网络。本章主要介绍普教专网中的广域网络部分，如图6-1所示。

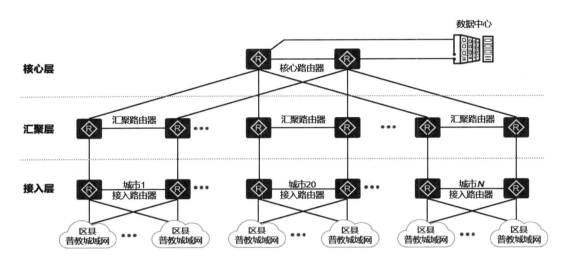

图 6-1　普教专网

典型的普教专网包含核心层、汇聚层及接入层。一般在核心层部署一对核心路由器，一侧连接数据中心，另一侧连接汇聚层的汇聚路由器，汇聚路由器用于连接本省的各地市。省内各地市基于地理位置、学校数量等，选择接入相应的汇聚路由器。每个城市部署一对接入路由器，用于连接该城市内各区县的普教城域网。每个区县的普教城域网包含该区县所管辖的各所学校，它们通过城域网核心路由器或交换机进行连接，再统一接入城市接入路由器。

省级普教专网实现了本省内各城市、各区县学校之间的信息互通，也为学校访问云资源（如构建于省级普教数据中心的云）提供了充沛的网络带宽资源及便捷的接入方式，满足了教育业务云化发展的诉求，有利于实现教育的智慧化和公平化。普教专网通常需提供云网协同能力，实现全网资源的高效利用和调度，满足教育单位上下游协同业务的快速开通需求。

6.2 MPLS

6.2.1　MPLS 概述

路由器收到IP报文后，解析报文的IP头部并在其路由表中查询目的IP地址，依据路由表的指示转发报文，这是传统IP路由的基本功能，如图6-2所示。

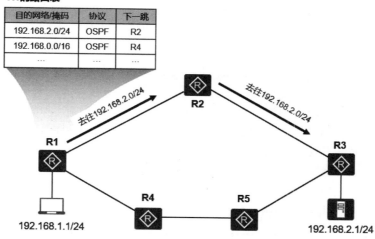

图 6-2　传统 IP 路由及转发

　　传统的IP技术简单且部署成本低。但在IP技术发展早期，IP路由查询操作依赖软件进行，数据转发效率较低。随着数据业务的迅猛发展，这种转发机制逐渐无法适应网络的需求。此时ATM（Asynchronous Transfer Mode，异步传输模式）技术应运而生。ATM采用定长标签，并且设备只需要维护比路由表规模小得多的标签表，转发性能比IP路由方式更高。然而ATM相对复杂、网络部署成本高，这使得ATM技术很难普及。

　　后来，业界结合IP与ATM的优点，提出了MPLS（Multi-Protocol Label Switching，多协议标签交换）。MPLS的基本思想是在数据包的网络层头部（如IP头部）前面、数据链路层头部后面插入标签，在MPLS域中仅依据标签来转发数据包，而不用逐跳解析IP头部，节约了处理时间，如图6-3所示。MPLS最初是为提高路由器的数据转发效率而提出的，其转发机制在IP发展早期相对于传统IP路由机制的确效率更高。随着硬件技术的突破，ASIC（Application Specific Integrated Circuit，专用集成电路）被用于提升IP路由查询的执行效率，IP路由的执行速度也被极大程度地提升了，现今MPLS在提升数据转发效率方面的优势已经不再明显，但是它在其他方面的优势依然为行业创造着重大的价值。

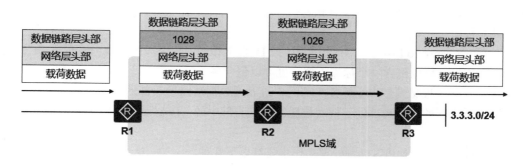

图 6-3　MPLS

MPLS支持多种网络协议，如IPv4、IPv6、CLNP等。MPLS能够承载单播IPv4、组播IPv4、单播IPv6、组播IPv6等业务，支持的业务类型非常丰富，这也是其名称中"多协议"的含义。虽然当前MPLS相对于传统IP转发的优势已不常被提及，但其在VPN（Virtual Private Network，虚拟专用网）及流量工程（Traffic Engineering，TE）中的应用得到了极大的推广。

6.2.2　MPLS 标签及基本操作类型

我们将一系列连续的LSR（Label Switch Router，标签交换路由器）所构成的范围称为MPLS域，LSR指的是激活了MPLS的路由设备。LSR维护用于指导MPLS标签报文（简称标签报文）转发的信息，并且能够依据这些信息对标签报文进行处理。此外，LSR也能根据需要将IP报文处理成标签报文，或者将标签报文处理成IP报文。

一个IP报文进入MPLS域时，IP报文的入站LSR会为报文压入MPLS标签头部（简称标签头部），从而形成一个标签报文，如图6-4所示。

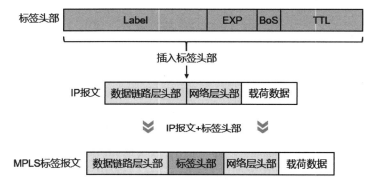

图 6-4　MPLS 标签头部及标签报文

标签头部的长度为32bit，共包含4个字段。

（1）Label（标签）：用于存储MPLS标签值的字段。该字段的长度为20bit。

（2）EXP（Experimental Use）：主要用于CoS（Class of Service，服务等级）。RFC 5462文档将该字段更名为"Traffic Class（流分类）"。该字段的长度为3bit。

（3）BoS（Bottom of Stack）：栈底，也称为栈底位，该字段的长度为1bit。如果该字段值为1，则本标签头部为标签栈的栈底，这意味着该标签头部后便是IP头部；如果该字段值为0，则本标签头部并非栈底。

（4）TTL（Time To Live）：和IP报文中的TTL含义相同，该字段的长度为8bit。

一个标签报文可以包含一个标签头部，也可以包含多个标签头部。标签栈指的是标签头部的有序集合。当标签报文携带多个标签头部时，最靠近数据链路层头部的标签头部处于栈顶位置，最靠近网络层头部的标签头部处于栈底位置，标签头部中的"BoS"字段指出该标签头部是否处于栈底位置。

LSR对报文执行的MPLS标签处理动作主要有以下几种。

（1）压入（Push）：压入操作指的是一个IP报文进入MPLS域时，入站LSR在报文的数据链路层头部之后、网络层头部之前压入MPLS标签栈；或者LSR针对一个已经存在MPLS标签栈的标签报文，在栈顶位置再压入一个新的标签头部。

（2）置换（Swap）：置换操作指的是LSR转发标签报文时，将标签头部置换成下一跳LSR所分配的标签。

（3）弹出（Pop）：弹出操作指的是当标签报文离开标签交换路径时，出站LSR将标签报文的栈顶标签移除。

说明：LSP（Label Switched Path，标签交换路径）指的是报文在MPLS域内的转发过程中所经过的路径。LSP需要在数据转发开始之前建立完成，只有这样报文才能够顺利穿越MPLS域。

6.2.3 MPLS 的典型应用

1．MPLS VPN

VPN是在一个公共网络之上构建的虚拟、逻辑的专有网络。实现VPN的技术多种多样，MPLS VPN指的是基于MPLS实现的VPN。ISP通过在公共的网络基础设施上构建MPLS骨干网络来提供VPN专线服务，如二层VPN专线或三层VPN专线。其中，对于二层VPN，ISP提供的骨干网络对于用户而言相当于一个"大二层交换机"，不同站点的用户设备可通过该骨干网络实现二层通信；而对于三层VPN，ISP提供的骨干网络相当于一个"大路由器"，不同站点的用户设备可通过该骨干网络实现三层通信，该技术也称为BGP/MPLS IP VPN。当然，无论是MPLS二层VPN还是三层VPN服务，对于ISP而言，在其MPLS骨干网络中都存在大量设备。本章主要介绍BGP/MPLS IP VPN，在后续章节中除非特别强调，MPLS VPN指的是BGP/MPLS IP VPN。

图6-5中，ISP搭建了一个支持MPLS的骨干网络，并对企业用户提供三层VPN服务。企业A和企业B各有两个站点。这两个企业都向该ISP购买MPLS VPN服务。ISP将在一个骨干网络上同时与多个企业的站点设备对接和交互企业路由。当同一个企业的不同站点间交互的数据到达MPLS骨干网络时，骨干网络需要保证数据隔离，即在同一个物理网络上为不同的企业提供完全独立的路由传递服务和数据转发服务。不同企业的数据由同一个骨干网络承载，相互隔离、互不影响。

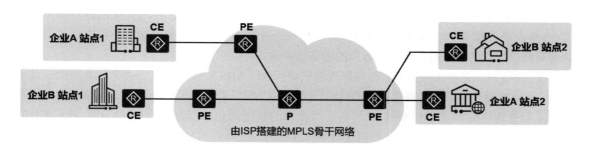

图 6-5　MPLS VPN

2．MPLS TE

在传统的IP网络中，动态路由协议选择最短路径（Cost值最小的路径）作为最优路由，即采用最短路径来转发报文，而不考虑其他因素（如带宽或管理因素等）。而在实际网络应用中，这可能会导致不同业务的流量都集中承载在最短路径上，从而出现拥塞，与此同时其他路径却较为空闲。MPLS TE是基于MPLS的流量工程，通过建立基于一定约束条件的MPLS隧道，将流量引入隧道进行转发，从而使流量对应的业务享受更佳的服务质量，如图6-6所示。

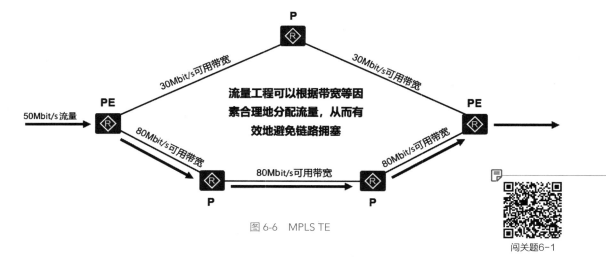

图6-6　MPLS TE

6.3 MPLS VPN

6.3.1 MPLS VPN 的典型设备

在MPLS VPN架构中，存在三种典型的设备。

1．PE设备

PE（Provider Edge，服务提供商边界）设备是服务提供商的设备，位于MPLS骨干网络边界，用于连接客户的网络边界设备。PE设备需支持虚拟化，通过部署VRF（Virtual Routing and Forwarding，虚拟路由转发）产生多个虚拟化实例；每个实例独立维护本实例的路由表、转发信息表（Forwarding Information Base，FIB），实现客户的路由及数据的隔离。PE设备需通过绑定VRF的静态路由、动态路由协议进程与客户的网络边界设备对接，并与其交换客户路由信息（这些路由通常称为VPN路由），例如，学习对方通告的、到达直连客户站点的路由，或者将到达远端客户站点的路由通告给直连客户的网络边界设备。

在图6-5中，企业A与企业B都向服务提供商采购了MPLS VPN专线。以企业A为例，其站点1的网络就近接入了服务提供商的PE设备；而站点2则可能位于另一个城市，该站点的网络则接入了服务提供商部署于该市的PE设备。当客户的数据到达站点直连的PE设备时，PE在对应的VRF实例中处理该数据，并对数据进行MPLS封装，然后送入MPLS骨干网络。MPLS骨干网络负责根据数据携带的MPLS标签对数据进行转发处理，直至数据到达远端PE，并由该PE解除MPLS封装后转发到其本地的客户网络。

2．P设备

P（Provider，服务提供商）设备是服务提供商的设备，它位于MPLS骨干网络内部，不直接连接客户的网络设备。实际的服务提供商网络通常会部署大量的P设备。P设备负责转发MPLS报文，将报文沿着标签分发协议建立好的路径进行转发。P设备并不感知VPN路由信息。

3．CE设备

CE（Customer Edge，客户边界）设备是客户的设备，位于客户的网络边界。从路由信息交换方面来看，CE设备与PE设备对接，将到达本站点的路由信息通告给PE设备；同时，也从PE设备学习到达远端站点的路由。从数据转发方面来看，CE设备将本地去往远端站点的报文转发给直连的PE设备；同时，也从PE设备接收到达本地站点的报文，并转发到本地站点网络内。

6.3.2 MPLS VPN 的基本原理

图6-7中，某服务提供商搭建了一个MPLS骨干网络，并对企业客户提供MPLS VPN服务。企业A和企业B各自拥有多个站点，并都向该服务提供商购买MPLS VPN服务来实现站点间的互连。对于企业客户来说，他们并不感知MPLS骨干网络内部结构。以企业A为例，站点1的CE1需要将到达本站点的路由通告给PE1，该路由继续由PE1通告给远端的PE2，再由PE2通告给CE3；反之亦然。企业的CE设备需要将路由信息通告给服务提供商，服务提供商再将路由信息通告到远端站点。MPLS骨干网络可能同时接入多个不同客户的多个站点，每个客户的路由信息需要与其他客户完全隔离。不同的客户站点可能使用相同的IP地址空间，例如，本例中企业A的站点1和企业B的站点1都使用了192.168.1.0/24，那么当路由被通告到MPLS骨干网络时，网络必须能够区分这些路由，确保路由之间不存在冲突。此外，不同客户的数据会同时通过MPLS骨干网络转发，该网络必须能够实现不同客户间的数据隔离。

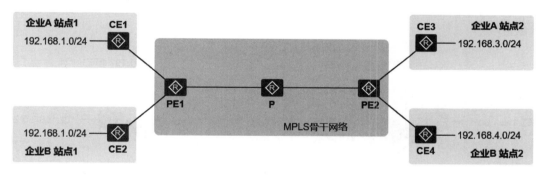

图 6-7　MPLS VPN 的典型组网

接下来，本节将分别从路由交互过程及数据转发过程这两个维度介绍MPLS VPN的基本工作原理。

1. MPLS VPN路由交互过程

（1）我们将以路由从左向右的通告方向为例进行介绍。在本例中，企业A的站点1及企业B的站点1都使用了私有地址网段192.168.1.0/24。以企业A站点1为例，CE1通过该站点内运行的IGP学习到192.168.1.0/24路由，接下来，它将该路由通告给PE1。在典型的场景中，PE与CE之间会运行动态路由协议，如OSPF、IS-IS或BGP等来交互客户路由（即VPN路由）。

（2）PE1学习到CE1和CE2通告的路由后，需要对路由加以区分。因为这些可能是属于不同客户的路由信息，不能出现冲突。为此，需要在PE1上部署VRF。VRF也称为VPN实例（VPN Instance），可理解为一种网络虚拟化技术。当设备在归属于某个VRF的接口上收到报文时，设备只会在该VRF的路由表中查询报文的目的地址。在本例中，需要在PE1上创建至少两个VRF（如VRF1和VRF2），VRF1用于服务企业A，VRF2则用于服务企业B。PE1将到达企业A站点1的192.168.1.0/24路由存储在VRF1的路由表中，将到达企业B站点1的192.168.1.0/24路由存储在VRF2的路由表中，这些路由都是VPN路由。

（3）PE1需要将企业的路由通告给远端PE。本例中，企业A和企业B的内部站点之间需要通信，因此PE1需要将到达企业A站点1的192.168.1.0/24路由和到达企业B站点1的192.168.1.0/24路由都通告给PE2，而网络中的P设备无须感知VPN路由。在典型的场景中，PE设备之间需要传递的路由信息可能是大量的，且路由通告常常伴随复杂的路由策略，因此非常适合采用BGP在PE设备之间通告VPN路由。PE1和PE2之间需建立BGP对等体关系。通常情况下，MPLS骨干网络内会运行IGP，如IS-IS协议或OSPF协议，以实现骨干网络内的网络可达性，故PE1和PE2之间的交互报文能够到达彼此，且BGP对等体关系也能正常建立。现在PE1将到达企业A站点1的192.168.1.0/24路由和到达企业B站点1的192.168.1.0/24路由都通过BGP通告给PE2。如果不做特定处理，那么PE2将收到两条192.168.1.0/24路由并进行路由优选，这会导致其中一条路由被弃用，显然与我们的需求不符。BGP必须对其所通告的不同VPN的路由进行区分。MPLS VPN引入RD（Route Distinguisher，路由区分码）来确保使用相同IPv4地址空间的客户的路由在MPLS VPN网络中传递时不会出现冲突。RD的长度为64bit，不同的VRF通常配置不同的RD。当VPN路由被PE设备通告给远端PE设备时，64bit的RD会被附加到32bit的IPv4路由前缀之前，构成96bit的VPN-IPv4路由前缀（简称为VPNv4路由前缀）。如图6-8所示，PE1将到达企业A站点1的192.168.1.0/24路由转换成VPNv4路由64512:100:192.168.1.0/24，而将到达企业B站点1的192.168.1.0/24路由转换成VPNv4路由64513:200:192.168.1.0/24，然后通过BGP将路由通告给PE2。值得注意的是，传统的BGP只能通告IPv4路由，并不能通告VPNv4路由，此处使用的是MP-BGP。

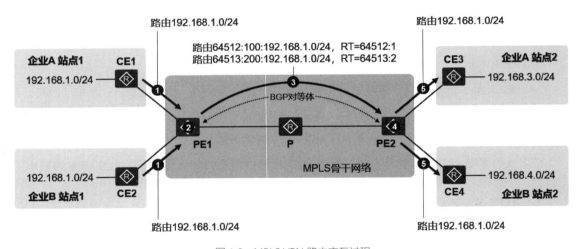

图 6-8　MPLS VPN 路由交互过程

（4）PE1将VPNv4路由通过MP-BGP通告给PE2时，除了通告VPNv4路由前缀，还会通告一系列BGP路径属性，如Next_Hop、AS_Path等，也包括Community。我们已经知道Community可用于对路由进行标记，便于路由策略的部署。在MPLS VPN中，Community也用于承载RT（Route Target，路由目标）。在本例中，PE1将多个客户的VPN路由通告给PE2，当PE2收到这些路由时，它需要判断接收的路由与本地VRF的对应关系，RT便用于达成这个目的。在PE1上，其对应企业A的VRF中指定了Export RT（出站RT），该RT的值与PE2上对应企业A的VRF中指定的Import RT（入站RT）值相等；企业B对应的VRF也同样。当PE1将两个企业的路由通告给PE2时，这些路由会携带对应的Export RT值。当PE2收到PE1通告的VPNv4路由时，PE2识别路由所携带的RT值，发现VPNv4路由64512:100:192.168.1.0/24的RT值为64512:1，这与本地某一个VRF的Import RT值相等，于是它将该路由的RD剥除，将IPv4路由前缀加载到该VRF的路由表中。PE2对企业B的路由也采用同样的处理方式。

（5）PE2将到达企业A站点1的192.168.1.0/24路由通告给企业A站点2的CE3；将到达企业B站点1的192.168.1.0/24路由通告给企业B站点2的CE4。

2. MPLS VPN数据转发过程

经过前述步骤，CE3和CE4已分别学习到了去往远端站点的路由。接下来，站点间的数据需要通过MPLS骨干网络进行转发。以从企业A站点2发往企业A站点1的192.168.1.0/24网段的报文为例，报文需要被CE3转发给PE2，再转发到PE1，然后由PE1转发到与企业A对应的VRF中，最终送达CE1。此处有两个关键问题需要解决：其一是去往企业A站点1的192.168.1.0/24网段的报文进入MPLS骨干网络后，网络如何将报文逐跳地从PE2转发至PE1；其二是在报文到达PE1后，PE1该如何处理这个报文，如何判断由本地的哪个VRF来处理这个报文。需要强调的是，PE1和PE2中间的P设备并不运行BGP，也并不知晓到达客户站点的VPN路由，因此如果直接将报文从PE2转发给P设备，P设备便会因为缺乏相应的路由信息而将报文丢弃。

在本方案中，企业各站点之间通过MPLS骨干网络交互的报文都将进行MPLS封装，即打上MPLS标签。在典型场景中，报文会被封装两层标签（即两个标签头部）。这两层标签用于携带不同的信息，其中外层标签（栈顶标签）用于指引报文沿着标签交换路径到达远端PE设备，而内层标签（栈底标签）则用于告知远端PE设备报文对应的VRF。外层标签通过LDP（Label Distribution Protocol，标签分发协议）进行分发，而内层标签则通过MP-BGP进行分发。图6-9中，PE1将其为VPNv4路由分发的标签与路由信息一起通告给了PE2，这样当携带标签值2001或2002的报文到达PE1时，它便能根据该标签值将报文对应到具体的VRF。此外，为了确保MPLS骨干网络内部（不包括客户网络）的路由可达性，网络中会部署IGP，设备之间会建立LDP邻居关系，并通过LDP进行标签分发与通告。在典型的场景中，我们会在PE设备、P设备上创建Loopback（回环）接口，并通过IGP使MPLS骨干网络中的设备能够发现到达每台设备Loopback接口的路由；再结合LDP为这些路由分发标签。以PE1为例，假设设备的Loopback接口地址为1.1.1.1/32，P和PE2都能通过IGP学习到该路由，然后PE1将其为该路由分配的标签值1212通过LDP通告给P设备，而P设备则将下一跳设备PE1所通告的标签存储起来，然后自己为该路由分配标签值1223，并通过LDP将标签通告给PE2。这样，一条从PE2去往PE1的MPLS标签交换路径就构建了起来。

我们以CE3发往企业A站点1的报文为例解释报文的转发过程。图6-10中，CE3将目的地址为192.168.1.1的报文转发给PE2，PE2在对应企业A的VRF路由表中查询到达192.168.1.1的路由，发现存在匹配的路由，并且该路由的下一跳为PE1。PE2在报文的网络层头部之前、数据链路层头部之后插入两层MPLS标签，其中外层标签的标签值为1223，内层标签的标签值为2001，然后将报文转发给P设备。P设备收到MPLS标签报文后只处理外层标签，发现报文所携带的标签正是自己所分配的，且对应的出站标签值为1212，下一跳设备是PE1，于是它对报文的外层标签进行置换，置换后的标签值为1212，然后P设备将报文转发给PE1。PE1收到报文后，将外层标签弹出，观察到内层标签值为2001，而该标签值是PE1自己通告的，它通过标签值找到对应的VRF，并在该VRF的路由表中查询目的地址192.168.1.1，并将报文解除MPLS封装，转发给CE1。

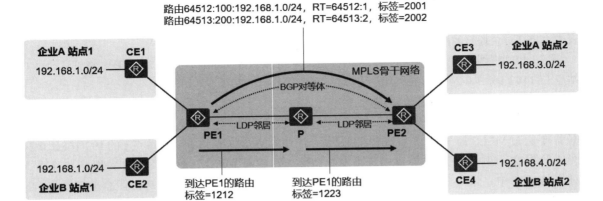

图 6-9　MPLS 标签的准备

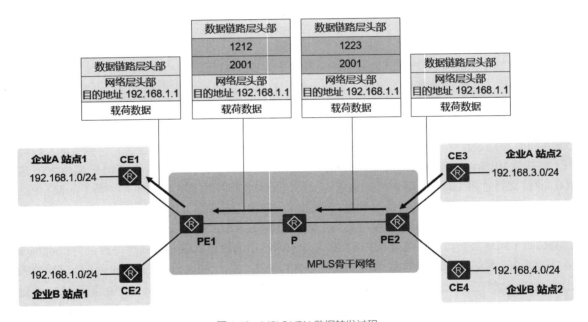

图 6-10　MPLS VPN 数据转发过程

6.4　MPLS TE

　　MPLS TE 是基于 MPLS 技术实现的流量工程，用于对网络资源进行合理调配和利用，从而为网络流量提供更好的 QoS 保证。此外，MPLS TE 也常用于提升网络的可靠性。MPLS TE 隧道可用于承载 MPLS L2VPN 和 MPLS L3VPN 业务，使 VPN 业务不仅具有良好的安全性，还具有可靠的 QoS 保证。

闯关题6-2　　闯关题6-3

　　在图 6-11 所示的网络中，一个应用（如视频应用）需要在 PE1 与 PE2 之间传输相关流量，流量需求的带宽为 50Mbit/s。如果网络是传统 IP 网络并部署了 IGP，那么设备将依赖 IGP 选路结果来转发流量，即通常选择Cost值最小的路径。在本例中，流量将在PE1—P1—PE2和PE1—P2—PE2这两条路径上进行等价负载分担。然而，这两条路径中，一条路径上的链路可用带宽资源不满足业务需求，另一条路径虽然链路带宽资源充足但链路不稳定，丢包率高。

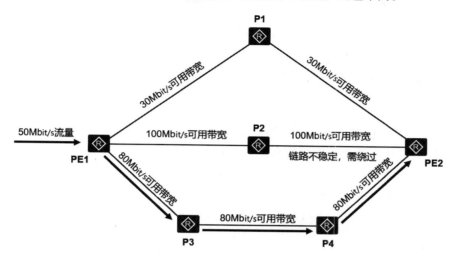

图 6-11　MPLS TE 的应用场景

我们希望网络提供给该业务流量的服务满足两点：转发路径上的链路的可用带宽不小于50Mbit/s，转发路径绕开网络中不稳定的链路。

利用MPLS TE可满足上述需求。我们在网络中建立一条MPLS TE隧道，通过隧道来承载业务流量。简单来说就是通过IGP进行网络信息发布，并收集TE相关信息；根据这些信息进行路径计算；然后使用信令协议在上下游节点之间交互信令来实现隧道路径建立；最后将流量引入MPLS TE隧道进行转发。

1．信息发布

我们在图6-11所示的网络中部署IGP以获取网络的IP可达性。在MPLS TE中，IGP除了帮助设备发现网络拓扑及路由信息外，还负责发布TE信息，如最大链路带宽、最大可预留带宽、链路颜色等，这些信息是实现MPLS TE的关键。OSPF协议和IS-IS协议是MPLS TE中经常使用到的IGP，但传统OSPF协议和IS-IS协议并不能发布TE信息，因此MPLS TE需对这些协议进行扩展。

说明：最大链路带宽是指接口所具有的带宽；最大可预留带宽是指可以预留给MPLS TE隧道使用的带宽，最大可预留带宽小于或等于最大链路带宽；链路颜色是一个配置在设备接口上、用于表示链路属性的32bit数值（可以表示32个属性，每个属性占1bit），通常以十六进制格式表示，取值范围是0x0～0xFFFFFFFF，其中每一位的值可为0或1，网络管理员可将其关联任何需要的意义，例如，某一位表示这段链路上有MPLS TE隧道经过或者这段链路上承载的是组播业务。在本例中，可指定某一位表示链路的稳定性，该位置1表示链路不稳定，然后在P2和PE2的直连接口上进行链路属性的配置来体现这个信息。除了上文所述，与TE相关的信息还包括TE Metric、SRLG等，关于它们的介绍超出了本书的范围。

节点通过MPLS TE扩展的IGP将TE信息扩散到网络中，同时，节点也将其通过IGP发现的TE信息收集起来，存储在TEDB（TE DataBase，流量工程数据库）中。

2．路径计算

在本例中，PE1是流量的头节点（MPLS TE隧道的入站节点）。我们将在PE1上创建MPLS

TE隧道接口，指定隧道的目的节点为PE2，同时指定本隧道的约束，如隧道的带宽约束及路径约束等。其中路径约束主要包括显式路径、优先级与抢占、路径锁定、亲和属性和跳数限制。在本例中，我们要求隧道保证带宽50Mbit/s，且路径需绕开不稳定的链路（通过配置亲和属性将链路颜色不符合要求的链路过滤掉），因此需要在PE1的TE隧道接口上进行相关路径约束的配置。

接下来，头节点PE1通过CSPF（Constrained Shortest Path First，带有约束条件的最短路径优先）算法，利用TEDB中的数据来计算满足指定约束条件的路径。CSPF算法由SPF（最短路径优先）算法演变而来，它首先在当前拓扑结构中滤除不满足隧道约束条件的节点和链路，然后通过SPF算法来计算。在本例中，满足约束条件的路径是PE1—P3—P4—PE2。

3．路径建立

在第2步中，设备已经计算出满足约束条件的路径，但这个路径信息目前仅有头节点PE1自己知晓，接下来还需要让沿途的设备都知晓该信息，因此需要在网络中建立端到端MPLS TE隧道。在典型场景中，我们会通过信令协议来动态地建立隧道，这个信令协议是RSVP-TE（Resource Reservation Protocol for Traffic Engineering，基于流量工程扩展的资源预留协议）。

说明：RSVP是为Integrated Service（综合服务）模型设计的，用于在一条传输路径的各节点上进行带宽资源预留。这种带宽资源预留能力使其非常适合作为建立MPLS TE隧道的信令协议。RSVP-TE在RSVP的基础上进行了一定程度的扩展，以满足MPLS TE的要求。

RSVP-TE主要使用Path报文和Resv报文来建立MPLS TE隧道。MPLS TE隧道建立完成后，网络中将形成一条从头节点到尾节点的MPLS标签交换路径，业务报文将沿着指定的路径执行MPLS转发。RSVP-TE的Path报文用于创建RSVP会话和关联路径状态，该报文由发送者向下游转发，报文内保存着所经过的节点的路径信息；Resv报文则由接收者向上游逐跳转发，用于响应Path报文，并向上游节点分配MPLS标签。

如图6-12所示，PE1通过CSPF算法计算出满足业务需求的路径PE1—P3—P4—PE2后，将路径信息递交RSVP-TE，RSVP-TE开始进行MPLS TE隧道建立。这个过程从头节点PE1开始，它向下游节点P3发送Path报文，该报文中记录着沿途每一跳的IP地址，以及带宽资源请求等信息。P3收到PE1发来的Path报文后，重新生成Path报文并向自己的下游节点P4发送。P4的操作与之类似。PE2收到Path报文后，判断其自身是出站节点（尾节点），于是PE2为该隧道分配所需的资源及MPLS标签，然后将标签通过Resv报文通告给上游节点P4。P4收到PE2发来的Resv报文后解析该报文，并将后者通告的MPLS标签保存起来作为出站标签，同时P4也为该隧道生成一个新的标签（入站标签），然后将标签通过Resv报文通告给上游节点P3。P3也将P4通告的标签保存起来，同时将自己生成的标签通告给PE1。至此，从PE1到PE2的MPLS TE隧道，以及隧道对应的MPLS标签交换路径就建立起来了。

4．流量转发

隧道建立后，接下来节点需要采用特定的方式将流量引入MPLS TE隧道中进行转发。将流量引入MPLS TE隧道的方式有如下几种。

（1）静态路由指定：适用于网络拓扑简单或者网络环境稳定的场景。

（2）隧道策略指定：适用于需要选择MPLS TE隧道承载VPN业务的场景。

（3）自动路由发布：适用于网络拓扑复杂或者网络环境经常变动的场景。

静态路由指定方式最为简单，仅需在PE1将MPLS TE隧道的隧道接口设置为静态路由的出接口。网络管理员要创建MPLS TE隧道，必须先在头节点上创建一个隧道接口，然后在隧道接口下完成隧道的相关属性配置（如隧道的目的地址、路径约束、带宽约束等）。隧道接口主要负责隧道的建立、管理和指导报文转发。如图6-13所示，若希望使用静态路由指定的方式将到达10.2.2.0/24的流量引入事先建立好的MPLS TE隧道，则可以配置一条静态路由，该静态路由的目的网段为10.2.2.0/24，出接口为MPLS TE隧道对应的隧道接口。当流量对应的报文到达PE1时，PE1对报文进行MPLS封装，压入下游节点P3通告的MPLS标签值1031，然后将报文转发给P3；P3收到报文后，将标签值置换为1043，然后将报文转发给P4；P4也采用类似的操作。在整个转发过程中，报文的MPLS标签会被逐跳置换，直到报文到达尾节点PE2，PE2将MPLS标签解封装，然后将报文送达目的地。

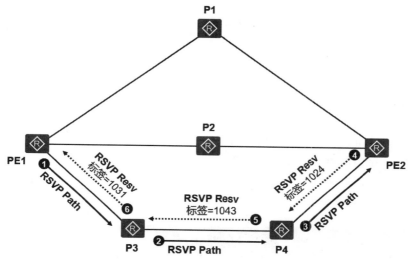

图 6-12 RSVP-TE 的基本工作过程

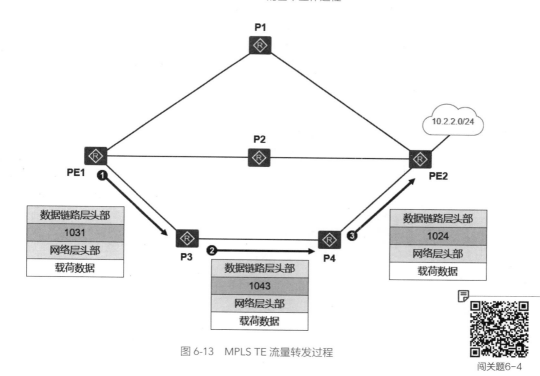

图 6-13 MPLS TE 流量转发过程

闯关题6-4

6.5 本章小结

本章介绍了广域网络技术，主要包括以下内容。

（1）广域网络常用技术包括基本的 IPv4/IPv6、MPLS VPN、MPLS TE、Segment Routing MPLS、Segment Routing IPv6 等。本章主要介绍了 MPLS 及其相关应用。

（2）MPLS 结合了 IP 与 ATM 的优点，基本思想是在数据包的网络层头部（如 IP 头部）前面、数据链路层头部后面插入标签。在 MPLS 域中仅需依据标签来转发数据包，而不用逐跳解析 IP 头部，节约了处理时间。MPLS 的核心概念包括 MPLS 标签、LSR、LSP。

（3）MPLS VPN 是 MPLS 的典型应用，是在支持 MPLS 的公共网络之上构建的虚拟的、逻辑的专有网络。MPLS VPN 采用 VRF 区分和隔离不同用户的 VPN 的路由，并通过 MP-BGP 在 PE 设备之间实现路由交互；在数据转发时，采用双层 MPLS 标签，外层标签用于骨干网络中的标签转发，内层标签用于 PE 设备区分不同 VPN 的 VRF 转发。

（4）MPLS TE 是基于 MPLS 技术的流量工程，用于对网络资源进行合理调配和利用，从而为网络流量提供更好的 QoS 保证。MPLS TE 支持在 MPLS 网络中建立满足特定业务需求或策略约束需求的隧道，通过隧道来承载业务流量。其过程如下：基于 IGP 进行 TE 信息发布和收集；基于 TE 信息进行路径计算；使用信令协议在上下游节点之间交互信令来实现隧道路径建立；将业务流量引入 MPLS TE 隧道进行转发。

6.6 思考与练习

6-1 MPLS TE 技术有什么作用？我们为什么需要该技术？

6-2 请描述 MPLS VPN 典型架构中的 CE、P 和 PE 设备的主要功能。

6-3 在 MPLS VPN 架构中，用来确保使用相同 IPv4 地址空间的客户的路由在 MPLS VPN 网络中传递时不会出现冲突的主要机制是什么？用来控制 VPN 路由信息在各站点之间发布和接收的是什么？

6-4 请结合典型组网，说明 MPLS VPN 的路由交互过程，以及数据转发过程。

6-5 一个 VRF 可以包含的内容有哪些？

第 **7** 章

IPv6 网络安全

　　无论是 IPv4 网络还是 IPv6 网络都会面临各种网络安全威胁。相比于 IPv4，IPv6 在安全性方面实现了一定程度的优化，比如以下几方面。①攻击溯源更容易。IPv6 地址空间巨大，足以满足任何未来可预计的地址需求，并且可以采用层次化的结构进行地址分配，每个终端都可以获得独一无二的 IPv6 地址，而且无须使用网络地址转换技术，这使得攻击溯源变得更加容易。②反黑客嗅探与扫描能力增强。在 IPv4 中，分配给终端的网络地址段往往是 24bit 的前缀长度，每个地址段包含 254 个可用 IP 地址，针对这样的地址数量进行嗅探或扫描是非常容易的。在 IPv6 中，分配给终端的网络地址段往往是 64bit 的前缀长度，针对如此庞大的地址空间，使用传统的嗅探与扫描方式已经难以达成攻击目标。③避免广播攻击。在 IPv6 中，广播地址已经被取消，从而避免了广播地址引起的广播风暴和 DDoS 攻击。④减少分片攻击。IPv6 仅允许报文发送方执行分片，禁止中间转发设备对报文进行分片，这与 IPv4 不同。在这个层面上，IPv6 减少了分片攻击的可能性。

　　当然，在 IPv6 网络中，安全问题和攻击行为依然存在。虽然 IPv6 在某些安全方面针对 IPv4 进行了增强，但是 IPv6 依然面临诸多安全威胁。庆幸的是，这些安全威胁都有相应的技术及解决方案应对。

学习目标：

1. 掌握针对 IPv6 基础协议（如 NDP、DHCPv6 等）的保护技术，并掌握实现防 IPv6 地址欺骗等攻击行为的方法；
2. 掌握在交换网络中实现二层流量隔离以减少流量泛洪的方法；
3. 了解常见 IPv6 路由协议的安全保护措施；
4. 了解通过 ACL6 及防火墙实现 IPv6 流量管理的方法；
5. 了解 IPSec 的概念及应用场景，并理解 IPSec VPN 技术原理。

知识图谱

7.1 基础协议安全

7.1.1 ND Snooping

NDP 是 IPv6 中一个重要的基础协议，它基于 ICMPv6 报文实现包含地址解析、邻居不可达检测、重复地址检测、路由器发现、重定向等一系列功能。然而，NDP 缺乏相应的安全机制，因此容易被攻击者利用，进而对网络造成威胁。

1. 针对 NDP 的常见攻击行为

（1）地址欺骗攻击。在一个部署了 IPv6 的以太网中，节点与同一个二层网络中的另一个节点通信时必须知晓对方的 IPv6 地址和 MAC 地址，NDP 使用 NS 和 NA 报文来实现地址解析。攻击者可以仿冒其他节点发送 NS 或 NA 报文给被攻击者，从而对后者进行欺骗。图 7-1 中，攻击者仿冒合法节点 PC2 向 PC1 发送非法 NS 或 NA 报文，在该报文中携带了攻击者的 MAC 地址 X，由于 NDP 没有认证机制，因此 PC1 收到了上述报文后会更新本地 IPv6 邻居表，将 PC2 的 IPv6 地址与 MAC 地址 X 形成绑定关系，从而错误地将攻击者当作 PC2。此外，攻击者也可以通过向网关设备（见图 7-1 中的路由器 R1）发送非法的 RS 报文，改写网关设备的 IPv6 邻居表表项，导致被仿冒用户无法正常接收报文。攻击者甚至可以通过截获被仿冒用户的报文来非法获取用户的相关信息，造成重大利益损失。

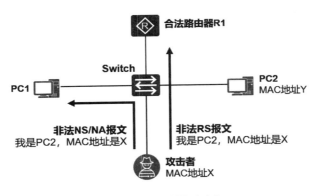

图 7-1　IPv6 地址欺骗攻击

（2）RA 攻击。RA 攻击指的是攻击者仿冒网关设备向其他节点发送非法 RA 报文。该报文会改写其他节点的 IPv6 邻居表表项或导致其他节点记录错误的 IPv6 配置参数，造成这些节点无法正常通信。图 7-2 中，攻击者向 PC1 和 PC2 发送非法 RA 报文，并在 RA 报文中添加非法 IPv6 地址前缀，此时如果 PC1 和 PC2 基于无状态地址自动配置方式自动配置地址，便会生成错误的 IPv6 地址，从而导致网络通信异常。

2. ND Snooping 的基本概念

ND Snooping 是一种安全特性，常被部署于接入交换机。该特性专门针对 NDP 协议提供保护

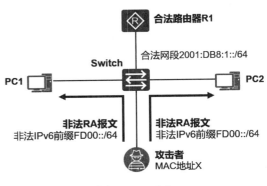

图 7-2　RA 攻击

机制，以避免上述攻击行为带来的危害。ND Snooping 将设备连接 IPv6 节点的接口区分为信任接口与非信任接口，划分网络安全边界，以避免来自非信任接口的安全威胁。此外，ND Snooping 通过侦听 NDP 报文来建立前缀管理表表项和 ND Snooping 动态绑定表表项，使设备可以根据前缀管理表来管理接入用户的 IPv6 地址，并根据 ND Snooping 动态绑定表来过滤从非信任接口接收到的非法 NDP 报文。

ND Snooping 将设备连接 IPv6 节点的接口区分为信任接口和非信任接口。默认情况下，设备的所有接口均为非信任接口；网络管理员可以通过手工配置的方式按需将特定接口指定为信任接口。不同的接口类型对 NDP 报文的处理行为不同。

（1）ND Snooping 信任接口。ND Snooping 信任接口用于连接可信任的 IPv6 节点，如合法的 IPv6 路由器等。对于从该类接口接收到的 NDP 报文，设备正常转发，同时设备会根据接收到的 RA 报文建立前缀管理表表项，如图 7-3 所示。关于前缀管理表的概念，将在后续章节中介绍。

（2）ND Snooping 非信任接口。ND Snooping 非信任接口用于连接不可信任的 IPv6 节点，设备将丢弃从该类接口收到的 RA 报文；对于收到的 NA、NS 及 RS 报文，如果该接口或接口所在的 VLAN 激活了 NDP 报文合法性检查功能，设备会根据 ND Snooping 动态绑定表对这些报文进行检查，当报文不符合绑定表关系时，则认为该报文是非法报文直接丢弃；对于收到的其他类型 NDP 报文，设备则正常转发。ND Snooping 非信任接口的工作原理如图 7-4 所示。

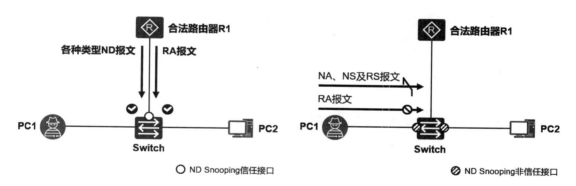

图 7-3　ND Snooping 信任接口的工作原理　　　　图 7-4　ND Snooping 非信任接口的工作原理

（3）前缀管理表。RA 报文中可以携带 IPv6 网络前缀等信息。在无状态地址自动配置场景下，路由器通过 RA 报文发布 IPv6 前缀，终端则通过解析 RA 报文获得该前缀，然后自动产生 IPv6 地址，因此对于 RA 报文发布的 IPv6 网络前缀的感知和管理是重要的。网络管理员在设备上配置 ND Snooping 功能后，设备侦听从 ND Snooping 信任接口接收到的 RA 报文并在 ND Snooping 前缀管理表中生成相应的表项。如图 7-5 所示，配置了 ND Snooping 功能的交换机 Switch 在信任接口 GE0/0/1 上收到 R1 发送的 RA 报文后转发该报文，并在解析报文后生成如下表项：

```
[Switch] display nd snooping prefix verbose
prefix-table:
-------------------------------------------------------------------
Prefix                     : 2001:DB8:1::
Prefix Length              : 64
Valid Lifetime(sec)        : 2592000
Preferred Lifetime(sec)    : 604800
Interface                  : GE0/0/1
VLAN ID(Outer/Inner)       : 1/-
```

```
Prefix Type              : dynamic
------------------------------------------------------------------------------
Prefix table total count:        1        Print count:              1
```

（4）动态绑定表。ND Snooping动态绑定表是设备判断NDP报文是否合法的关键数据表，设备通过动态绑定表对非信任接口接收到的NA、NS和RS报文进行绑定表匹配检查，从而过滤掉非法的NA、NS和RS报文。ND Snooping动态绑定表的表项内容包括IP报文的源IPv6地址、源MAC地址、VLAN和接口（报文的入接口）等信息。

配置ND Snooping功能后，设备通过检查DAD NS报文来生成ND Snooping动态绑定表表项，通过检查NS报文（包括DAD NS报文和普通NS报文）和NA报文来更新ND Snooping动态绑定表。ND Snooping动态绑定表的生成机制如图7-6所示。

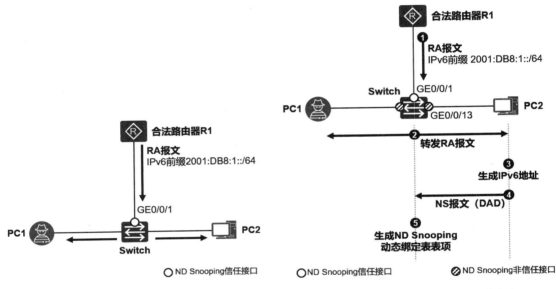

图 7-5　ND Snooping 前缀管理表　　　　图 7-6　ND Snooping 绑定表表项的生成

① Switch在ND Snooping信任接口上收到R1发送的RA报文，在前缀管理表中创建一个对应的表项。

② Switch将RA报文进行转发。

③ PC2收到RA报文后解析出报文中的IPv6前缀，然后生成IPv6单播地址，此时该地址暂未正式启用。

④ PC2针对即将启用的IPv6单播地址进行DAD检测，它发送NS报文到网络中，报文中的"Target Address"字段包含待检测的IPv6单播地址。

⑤ Switch收到PC2发送的DAD NS报文后，首先根据报文中的"Target Address"查找是否有对应的前缀管理表表项，如果没有，意味着该地址可能是非法地址，Switch将直接丢弃该报文；如果有对应的前缀管理表表项，则继续根据"Target Address"查找是否有对应ND Snooping动态绑定表表项。如果没有，则新建ND Snooping动态绑定表表项，并且转发该报文；如果有，则判断DAD NS报文的MAC地址、入接口、VLAN信息与该表项的相关信息是否一致，如果一致，则更新对应表项中用户的地址租期；如果MAC地址一致而其他信息不一致，则删除原有表

项，重新建立表项，并且转发该报文；如果MAC地址不一致，则表项不变，并且转发该报文。

在Switch交换机上查看ND Snooping动态绑定表的详细信息如下：

```
[Switch] display nd snooping user-bind all verbose
ND Dynamic Bind-table:
Flags:O - outer vlan ,I - inner vlan ,P - Vlan-mapping
-----------------------------------------------------------------------
  IP Address      : 2001:DB8:1::3600:A3FF:FED8:8212
  MAC Address     : 3400-a3d8-8212
  VSI             : --
  VLAN(O/I/P)     : 10  /--  /--
  Interface       : GE0/0/13
  Renew time      : 2021.11.09-15:24
  Expire time     : 2021.11.09-16:24
  DadTimerId      : --
  DadPktNum       : --
  User State      : BOUND
-----------------------------------------------------------------------
Print count:              1         Total count:          1
```

3．ND Snooping的工作原理

（1）防地址欺骗攻击。在图7-7中，如果不在交换机上部署ND Snooping，则攻击者PC1可以仿冒PC2向网关设备R1发送伪造的NA、NS或RS报文（图7-7中以NA报文为例），导致R1的邻居表表项中记录错误的PC2地址映射关系，因此PC1可以轻易获取到R1原本要发往PC2的数据；同时，PC还可以仿冒R1向PC2发送伪造的NA、NS或RS报文，导致PC2的邻居表中记录错误的网关地址映射关系，PC1便可以轻易获取到PC2原本要发往网关的数据。

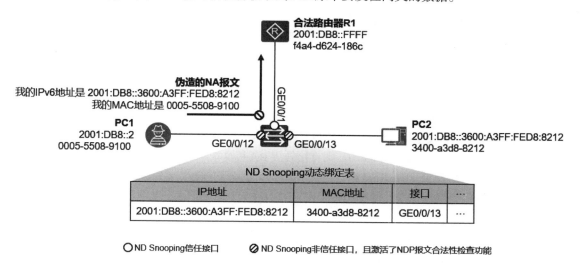

图 7-7　ND Snooping 防止地址欺骗攻击

在交换机上部署ND Snooping功能可以防止以上地址欺骗攻击行为。在本例中，可以将交换机与R1相连的接口GE0/0/1配置为信任接口，并在交换机连接用户终端的接口GE0/0/12、GE0/0/13上激活NDP报文合法性检查功能。对于从GE0/0/12接收到的NA、NS或RS报文（图7-7中以NA报文为例），交换机会根据生成的ND Snooping动态绑定表进行绑定表检查，将非法报文丢弃。

（2）防RA攻击。在图7-8中，如果没有在交换机上部署ND Snooping功能，则攻击者PC1可以通过发送伪造的RA报文来修改PC2的网络配置参数，以使其无法进行正常的通信。例如，给PC2通告错误的IPv6地址前缀，使其基于这个前缀产生错误的IPv6地址，从而无法正常访问网络。

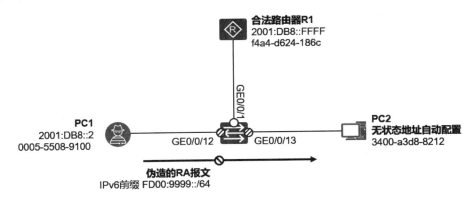

图 7-8　ND Snooping 防止 RA 攻击

在交换机上部署ND Snooping可以防止RA攻击。在本例中，将交换机与合法路由器R1相连的接口GE0/0/1配置为信任接口，将GE0/0/12和GE0/0/13配置为非信任接口。交换机会直接丢弃GE0/0/12接口收到的RA报文，仅处理信任接口收到的RA报文，从而避免伪造的RA报文带来的危害。

闯关题7-1

7.1.2　IPv6 RA Guard

RA报文是NDP中的一种重要的报文类型，该报文用于IPv6路由器通告相关网络信息，如IPv6地址前缀、路由优先级等。攻击者可能会利用RA报文实施攻击行为，如仿冒网关向其他设备发送RA报文，改写这些设备的邻居表表项，或导致设备记录错误的IPv6配置参数等，造成设备无法正常通信。

IPv6 RA Guard是一种可部署在二层设备上的针对RA攻击的安全功能，主要有如下两个应用场景。

（1）网络管理员为设备接口配置接口角色，设备根据接口角色选择是转发还是丢弃该RA报文。

①若接口角色为路由器（Router），则直接转发RA报文。

②若接口角色为用户（Host），则直接丢弃RA报文。

（2）网络管理员为接收RA报文的接口配置IPv6 RA Guard策略，按照策略内配置的匹配规则对RA报文进行过滤。

①若IPv6 RA Guard策略中未配置任何匹配规则，则应用该策略的接口直接转发RA报文。

②若IPv6 RA Guard策略中配置了匹配规则，则RA报文需成功匹配策略下所有规则后才会被转发，否则，该报文被丢弃。

在图7-9中，攻击者可以向网络中发送非法RA报文，从而对合法终端PC1和PC2造成影响。网络管理员可根据接口在组网中的位置来配置接口的IPv6 RA Guard角色。在本例中，可以在Switch上部署IPv6 RA Guard，将其连接合法路由器R1接口的角色配置为"Router"，当该接口收到R1发来的RA报文时，Switch会将报文正常转发；此外，可以将Switch连接终端的接口角色都配置为"Host"，当这些接口收到RA报文时，将直接被丢弃。

在部署IPv6 RA Guard时，可能会出现如下两种情况。第一种情况是，网络管理员无法确定交换机接口所连接的设备类型，因此无法明确接口的IPv6 RA Guard角色；第二种情况是，网络管理员希望对接口上收到的某些满足要求的RA报文进行转发，其他RA报文被丢弃。针对这两种情况，可以使用IPv6 RA Guard策略。在图7-10所示的网络中，Switch的GE0/0/2接口连接着一个包含路由器及终端的局域网，此时管理员希望Switch将该接口上收到的源地址为2001:DB8:1::1的RA报文进行转发，而丢弃其他RA报文，则可以创建一个IPv6 RA Guard策略，在策略中配置匹配规则，匹配源地址为2001:DB8:1::1，然后在Switch的GE0/0/2接口上调用这个策略。

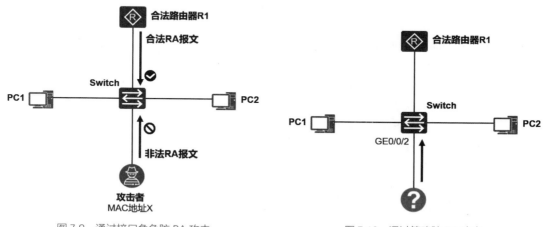

图 7-9　通过接口角色防 RA 攻击　　　　　图 7-10　通过策略防 RA 攻击

7.1.3　DHCPv6 Snooping

在实际网络中，DHCP被广泛应用，DHCP客户端（DHCP Client）通过该协议自动地从服务器（DHCP Server）获取IPv6地址/前缀及其他网络配置参数。DHCP适用于设备规模较大或对配置维护效率有高要求的场景，例如，当园区网络中存在大量终端时。值得注意的是，DHCP Server和DHCP Client之间没有认证机制，这导致运行DHCP的网络环境容易产生网络安全威胁，例如，当网络中的非法DHCP Server为用户分配错误的IP地址和其他网络参数时，将会对网络造成非常大的危害，如图7-11所示。

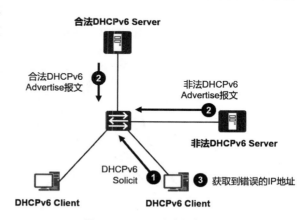

图 7-11　DHCP 攻击行为示例

DHCP Snooping是一种针对DHCP的安全特性，可部署在交换机上用于确保DHCP Client从合法的DHCP Server获取IP地址。此外，DHCP Snooping会侦听DHCP报文交互过程，并建立DHCP Snooping绑定表表项来记录DHCP客户端IP地址与MAC地址等参数的对应关系，然后基于这些绑定表表项来防止DHCP攻击行为。DHCP Snooping分为DHCPv4 Snooping和DHCPv6 Snooping，两者实现原理相似。下面以DHCPv6 Snooping为例进行介绍。

1. DHCPv6 Snooping 信任功能

网络管理员可以根据实际情况将交换机的接口指定为 DHCPv6 Snooping 信任接口或非信任接口。

（1）信任接口正常接收 DHCPv6 Server 响应的 Advertise、Reply 等报文。在实际应用中，通常将连接合法 DHCPv6 Server 的接口指定为信任接口。

（2）非信任接口丢弃收到的 Advertise、Reply 报文。在实际应用中，通常将连接合法 DHCPv6 Server 之外的接口指定为非信任接口。

在图 7-12 中，可以在交换机上部署 DHCPv6 Snooping，并将连接合法 DHCPv6 Server 的接口指定为信任接口，将其余接口指定为非信任接口。当 DHCPv6 Client 发起 DHCPv6 请求时，请求报文到达交换机后，会被其转发到信任接口，因此，合法 DHCPv6 Server 能够收到请求报文并进行处理，而合法 DHCPv6 Server 响应的 DHCPv6 报文（如 DHCPv6 Advertise、Reply 等）也会被交换机转发给对应的 Client。至于非法 DHCPv6 Server 发出的 DHCPv6 Advertise、Reply 等响应报文则会被交换机丢弃，因为该设备连接在非信任接口上。

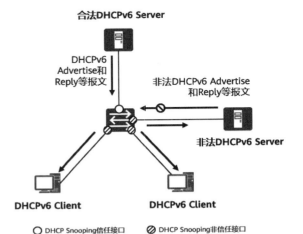

图 7-12　DHCPv6 Snooping 信任功能示意图

2. DHCPv6 Snooping 绑定表

交换机激活 DHCPv6 Snooping 功能后将维护 DHCPv6 Snooping 绑定表，侦听 DHCPv6 报文交互，并解析这些报文，然后生成绑定表表项，如图 7-13 所示。由于 DHCPv6 Snooping 绑定表记录了 DHCPv6 Client 的相关网络参数，因此交换机收到报文后，将报文与绑定表中的表项进行匹配、检查，能够有效防范非法用户的攻击行为。

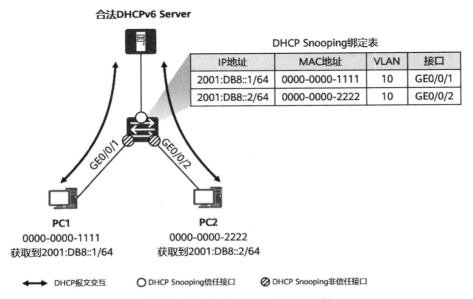

图 7-13　DHCPv6 Snooping 绑定表示例

以下是某台交换机的DHCPv6 Snooping绑定表示例。DHCPv6 Snooping绑定表表项包含IPv6地址、MAC地址、VLAN-ID、地址租期等信息：

```
[IPv6+ACC1] display dhcpv6 snooping user-bind all
DHCPv6 Dynamic Bind-table:
Flags:O - outer vlan,I - inner vlan,P - Vlan-mapping
IP Address                    MAC Address    VSI/VLAN(O/I/P) Lease
-------------------------------------------------------------------------------
2001:DB8::1                   286e-d488-cf25 1   /--  /--    2023.05.06-12:24
2001:DB8::2                   286e-d489-2945 1   /--  /--    2023.05.06-12:24
-------------------------------------------------------------------------------
Print count:         2            Total count:         2
```

可以进一步查看绑定表表项的详细内容：

```
[IPv6+ACC1] display dhcpv6 snooping user-bind all verbose
DHCPv6 Dynamic Bind-table:
Flags:O - outer vlan,I - inner vlan,P - Vlan-mapping
-------------------------------------------------------------------------------
  IP Address     : 2001:DB8::1
  MAC Address    : 286e-d488-cf25
  Bridge-domain  : 0
  VSI            : --
  VLAN(O/I/P)    : 1   /--  /--
  Interface      : GE0/0/1
  Renew time     : 2023.05.04-12:24
  Expire time    : 2023.05.06-12:24
  DadTimerId     : --
  DadPktNum      : --
  User State     : BOUND
-------------------------------------------------------------------------------
  IP Address     : 2001:DB8::2
  MAC Address    : 286e-d489-2945
  Bridge-domain  : 0
  VSI            : --
  VLAN(O/I/P)    : 1   /--  /--
  Interface      : GE0/0/2
  Renew time     : 2023.05.04-12:24
  Expire time    : 2023.05.06-12:24
  DadTimerId     : --
  DadPktNum      : --
  User State     : BOUND
-------------------------------------------------------------------------------
Print count:         2            Total count:         2
```

3. DHCPv6 Snooping 的主要应用场景

DHCPv6 Snooping 的主要应用场景描述如下（见图7-14）。

（1）防止DHCPv6 Server仿冒攻击。通过在交换机上部署DHCPv6 Snooping，并将连接合法DHCPv6 Server的接口配置为信任接口，将其他接口配置为非信任接口，可以有效防止用户终端获取到错误的IP地址和网络参数。

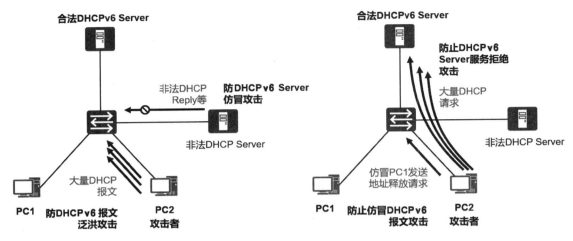

图 7-14　DHCPv6 Snooping 的应用场景

（2）防止 DHCPv6 报文泛洪攻击。当网络中出现大量 DHCPv6 报文（如存在 DHCPv6 泛洪攻击）并涌向交换机时，交换机的 DHCPv6 报文处理模块将疲于处理这些报文，进而导致设备性能下降，甚至无法正常工作。通过 DHCPv6 Snooping 可以防止 DHCPv6 报文泛洪攻击而导致设备无法正常工作。DHCPv6 Snooping 可以限制 DHCPv6 报文上送 DHCPv6 报文处理单元的速率。

（3）防止仿冒 DHCPv6 报文攻击。当网络中的合法用户终端正常获取 IPv6 地址后，攻击者可以仿冒合法用户终端向 DHCPv6 Server 发送 Release 报文（该报文用于向 DHCPv6 Server 请求释放已获取的 IPv6 地址），这样将导致对应的合法用户终端异常下线。在交换机上部署 DHCPv6 Snooping 后，交换机将侦听 DHCPv6 地址分配过程并建立 DHCPv6 Snooping 绑定表表项，而当交换机收到 Release 等报文后，交换机将报文对应的 VLAN、IPv6 地址、MAC 地址、接口编号等信息与 DHCPv6 Snooping 动态绑定表表项中的信息进行匹配检查，若匹配成功则转发该报文，否则丢弃该报文。

（4）防止 DHCPv6 Server 拒绝服务攻击。当攻击者通过网络向 DHCPv6 Server 发送大量 DHCPv6 报文进行 IPv6 地址申请时，会导致 DHCPv6 Server 中地址池资源快速耗尽而不能为其他合法用户提供服务，进而出现 DHCPv6 拒绝服务攻击。在交换机上激活 DHCPv6 Snooping 后，可配置设备或接口允许接入的最大用户数，当接入的用户数达到该值时，则不再允许任何用户通过此设备或接口成功申请到 IPv6 地址。

闯关题 7-2

7.1.4　IPSG

前面介绍的 ND Snooping 及 DHCPv6 Snooping 是分别针对 NDP 和 DHCPv6 协议的安全技术。除了上述安全威胁外，网络中一些攻击者可能还通过伪造合法终端的 IPv6 地址进行终端仿冒，从而对网络造成威胁。在图 7-15 所示的场景中，网络管理员在防火墙上部署了安全策略，仅允许源地址为 2001:DB8::8 的终端访问 Server，当该地址对应的合法终端 PC1 下线时，攻击者 PC2 可以仿冒 PC1 的地址并访问网络，对 Server 发起攻击，这些攻击流量能够匹配防火墙预先配置好的安全策略而被其转发，导致 Server 被攻击。此时可以在交换机上部署 IPSG（IP Source Guard，IP 源防护），对交换机收到的 IP 报文进行检查，丢弃非法终端的报文。

与 ND Snooping 和 DHCPv6 Snooping 分别针对 NDP 报文、DHCPv6 报文不同，IPSG 是一种针对 IP 报文的安全技术。IPSG 利用绑定表去匹配检查二层接口上收到的 IP 报文，只有匹配绑定表的报文才允许通过，其他报文将被丢弃。IPSG 可以针对 IPv4 及 IPv6 报文进行匹配与检查。IPSG 可以使用的绑定表有以下多种。

（1）静态绑定表：网络管理员通过配置命令手工配置的绑定表。

（2）DHCPv6 Snooping 绑定表：通过 DHCPv6 Snooping 管理的动态绑定表。

（3）ND Snooping 绑定表：通过 ND Snooping 管理的动态绑定表。

无论是哪种绑定表，绑定表表项中的关键字段主要是 IP 地址、MAC 地址、VLAN、接口编号等。

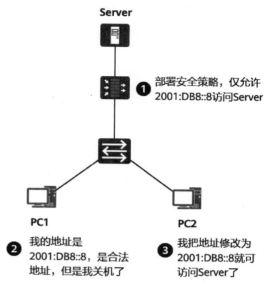

图 7-15　IPSG 技术的应用场景

图 7-16 中，我们在交换机 Switch 上部署了 IPSG，假设 Switch 部署了 DHCPv6 Snooping，并通过该功能侦听地址分配过程后形成了绑定表。此时 PC2 试图仿冒 PC1 的 IPv6 地址，并向 Server 发送报文，该报文的源地址为 PC1 的地址 2001:DB8:3::1，报文到达 Switch 后，Switch 将报文的信息与绑定表进行匹配，结果发现 2001:DB8:3::1 对应的表项中 MAC 地址及接口编号与报文中的信息不符，于是判断报文为非法报文，将其丢弃。

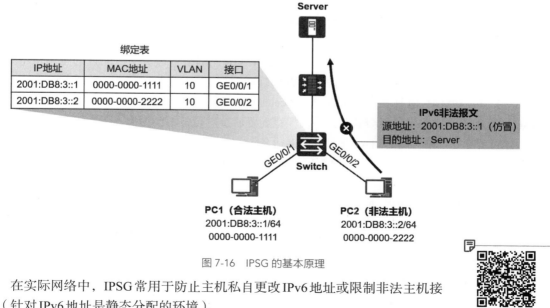

图 7-16　IPSG 的基本原理

在实际网络中，IPSG 常用于防止主机私自更改 IPv6 地址或限制非法主机接入（针对 IPv6 地址是静态分配的环境）。

闯关题7-3

7.2 交换网络安全

7.2.1 端口安全

在某些网络中，网络管理员可能需要对接入交换机特定接口的终端数量做限制，或者在交换机特定接口上仅允许特定的终端接入，并通过禁止特定终端接入交换机的其他接口，从而保证员工不能私自更换办公位置，如图7-17所示。通过在交换机Switch1上部署端口安全（Port Security），限制接口的MAC地址学习数量，并且配置出现越限（越过了设定限值）时的保护措施。Port Security通过在交换机接口上维护安全MAC地址表项，阻止非法用户通过本接口和交换机通信，从而增强设备的安全性。

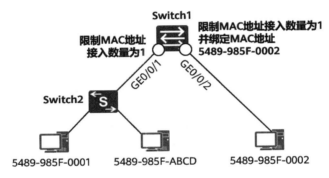

图 7-17　端口安全技术的应用场景

说明：在本节中，交换机接口、交换机端口的含义相同，这两个术语会被混用。

安全MAC地址表项是Port Security中的概念，其可分为以下三种类型。

（1）安全动态MAC地址表项：激活Port Security且未激活Sticky MAC功能时转换的MAC地址表项。这些MAC地址表项在交换机重启后会被丢失。

（2）安全静态MAC地址表项：激活Port Security时，网络管理员手工配置的静态MAC地址表项。这些表项不会老化，手动保存配置后重启设备不会丢失。

（3）Sticky MAC地址表项：激活Port Security后又同时激活Sticky MAC功能后转换到的MAC地址表项。这些表项不会老化，手动保存配置后重启设备不会丢失。

当交换机接口学习到的MAC地址达到Port Security设置的上限后，交换机将不在该接口上继续学习MAC地址，如此一来其他非信任的终端便无法通过该接口进行通信。与此同时，交换机会根据配置的动作对接口做保护处理。默认情况下，保护动作是丢弃该报文并上报告警。除此之外，网络管理员也可将保护动作配置为只丢弃源MAC地址不存在的报文且不上报告警或将接口状态置为error-down并上报告警。

说明：error-down状态表示接口由于错误事件而被关闭。常见的事件包括auto-defend保护、越限事件、远端故障事件、BPDU保护、mac-address-flapping、链路振荡、错误报文超过告警阈值、光功率过低等。

在本例中，网络管理员可以在Switch1的GE0/0/1和GE0/0/2接口上激活Port Security，在

GE0/0/1接口上限制MAC地址接入数量为1；在GE0/0/2接口上也限制MAC地址接入数量为1并绑定安全静态MAC地址表项5489-985F-0002。当首个PC发出的数据帧到达Switch1的GE0/0/1接口时，交换机学习该帧的源MAC地址并形成安全动态MAC地址表项，然后转发数据帧，而当其他PC发出的数据帧到达该接口时，Switch1发现数据帧的源MAC地址在接口GE0/0/1的安全MAC地址表项中无匹配表项，并且接口的安全MAC地址数已达上限，于是丢弃该数据帧并触发保护措施。另外，当源MAC地址为5489-985F-0002的数据帧到达GE0/0/2接口后被交换机正常转发，而当源MAC地址为其他地址的数据帧到达该接口后，交换机丢弃该数据帧并触发保护措施。

7.2.2 端口隔离

默认情况下，相同VLAN内的设备之间可直接进行二层通信，并且交换机在某个接口收到的广播数据帧会被泛洪到相同VLAN内的其他接口。为了实现二层隔离，可将不同的终端加入不同的VLAN，但若企业规模很大，则需耗费大量的VLAN，且增加了配置维护工作量。此外，IPv6设备的接口一旦激活可能会自动配置IPv6链路本地地址，然后便可以直接与相同VLAN内的其他设备通信，这样就增加了安全隐患。

针对上述问题，可以配置端口隔离（Port Isolation）功能。在交换机上激活端口隔离功能后，将需要隔离的接口加入同一个端口隔离组就可以实现隔离组内不同接口之间的二层隔离。在图7-18中，若在Switch上激活端口隔离功能并将两个接口加入相同的隔离组，那么PC1与PC2即使在相同的VLAN内也会实现二层隔离，其中一台设备发出的广播帧将无法到达对方。不同隔离组的接口之间或者不属于任何隔离组的接口与其他接口之间都能进行正常的数据转发。

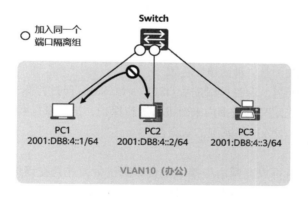

图 7-18 端口隔离的应用

端口隔离功能支持用户选择隔离类型，包括双向隔离和单向隔离。

（1）双向隔离：指的是同一个隔离组内的接口相互之间无法通信。

（2）单向隔离：指的是若在接口A上配置它与接口B隔离，则从接口A发送的报文不能到达接口B，但从接口B发送的报文可以到达接口A。

此外，端口隔离功能还支持用户选择隔离模式，包括L2（二层隔离三层互通）和ALL（二层和三层都隔离）。

（1）L2：隔离组内接口之间二层隔离，但是可通过三层路由实现互通。默认情况下，隔离模式为二层隔离三层互通。

（2）ALL：隔离组内接口之间二层、三层都不能互通。

7.3 路由协议安全

在IP网络中，一个IP数据包的转发路径是由转发设备的路由表决定的，只有当网络中的路由器拥有正确的路由信息时，数据通信才能够正常进行。所以路由层面的操作对于网络而言是非常重要的，网络中存在的针对路由协议的安全威胁或攻击行为都会影响到路由协议的运行，进而对网络的数据转发造成影响、对业务造成影响。各种动态路由协议均在安全性方面做了考虑，本节以OSPFv3协议为例进行介绍。

OSPFv3协议是广泛应用于实际网络中的IGP协议，针对OSPFv3存在多种攻击行为（见图7-19）。以下列举了针对OSPFv3的安全机制及其应对的攻击行为。受限于篇幅，本书无法覆盖OSPFv3的所有安全机制。

1. GTSM

在OSPFv3网络中，远程攻击者可以伪装成邻居OSPFv3路由器发布高优先级的OSPFv3单播报文对网络设备发起攻击，这些OSPFv3单播报文的目的地址都是被攻击设备本身的地址，设备收到报文后需要将其上送OSPFv3协议单元进行处理，而不辨别其合法性，如果报文的数量庞大，则将会极大地消耗设备性能而导致设备工作异常。

通用TTL安全保护机制（Generalized TTL Security Mechanism，GTSM）是一种简单、有效

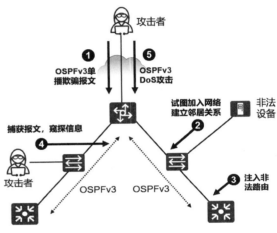

图 7-19 针对 OSPFv3 的攻击行为

的保护单跳协议会话的机制。设备可以配置OSPFv3 GTSM，通过检测IPv6报文头部中的"Hop Limit"值是否在一个预先定义的范围内来对设备进行保护，抵御来自网络外部的伪造OSPFv3协议数据包对设备的攻击，增强网络系统的安全性。

2. 报文认证

在图7-19中，攻击者可以在网络中接入一台非法设备，并且在该设备接口上激活OSPFv3，由于OSPFv3在Broadcast网络中采用组播的Hello报文发现邻居，因此交换机连接的合法OSPFv3设备可能会发现这台非法设备，并与其建立OSPFv3邻居关系。此时非法设备可以向OSPFv3中灌入大量垃圾路由，从而导致整个OSPFv3网络的路由计算出现问题，网络的数据转发必将受到严重影响。

开启OSPFv3报文认证功能，可对设备间交互的OSPFv3协议报文进行检查，仅当设备配置正确的口令才能够正常建立邻居关系。

3. 路由策略

在某些场景中，攻击者可以侵入网络中的合法OSPFv3设备并向网络中注入非法路由，从而对网络的数据转发造成影响，实现路由劫持攻击，此时可以在OSPFv3设备上通过路由策略，对发送、接收的路由信息进行过滤。

4．IPSec

默认情况下，OSPFv3 报文在网络中以明文的方式进行传输，攻击者可以通过镜像等方式捕获 OSPFv3 报文并对报文进行解析，从而根据报文中的内容窥探到整个网络的拓扑、路由信息等。

IPSec 是 IETF 制定的一组开放的网络安全协议，它包含一系列为网络提供安全性的协议和服务，包括认证报头（Authentication Header，AH）、封装安全载荷（Encapsulating Security Payload，ESP）两个安全协议，密钥交换和用于验证及加密的一些算法等。通过 IPSec 可以在两个设备之间建立安全通信隧道，提供数据源认证、数据加密、数据完整性校验及防报文重放等功能。在实际网络中，可以通过 IPSec 对 OSPFv3 报文进行加密，并实现报文完整性校验等。

5．CPU 防攻击

中央处理器（Central Processing Unit，CPU）是网络设备的核心部件之一。它为设备提供计算能力，大量的网络协议报文在到达设备后，需要设备将报文上送 CPU 进行处理。正常情况下，处理这些报文并不会对 CPU 性能造成太大影响，但是当网络中存在诸如拒绝服务（Denial of Service，DoS）这样的攻击行为时，被攻击的设备将收到大量需要上送 CPU 处理的垃圾报文，导致 CPU 长时间繁忙地处理攻击报文，而没有多余的性能处理正常业务，最终导致业务受损。

网络管理员可以在 OSPFv3 设备上配置 CPU 防攻击功能，通过该功能对上送 CPU 的 OSPFv3 报文进行限速，以抵御 OSPFv3 DoS 攻击。

闯关题7-4

7.4 网络边界安全

7.4.1 网络接入控制

现实中的企业网络面临各种网络安全威胁，这些威胁有些来自网络外部，如来自 Internet 等，也有相当一部分威胁来自企业内部，如非法接入的外来终端，或者合法的设备越权访问网络资源等。因此，在设备接入企业网络时，需要对用户和设备进行认证，以便保证网络的安全。

网络接入控制（NAC）通过对接入网络的设备和用户的认证保证网络的安全，是一种"端到端"的安全解决方案。图7-20简要示意了 NAC 的基本工作原理。基本工作流程如下。

（1）终端接入网络，并向接入设备发起网络接入请求（通常会携带账号、密码等认证信息）。接入设备通常为网络设备，例如，交换机、路由器或防火墙等。

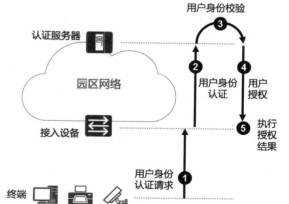

图 7-20　NAC 的基本工作原理

（2）接入设备将收到的认证信息通过 AAA 协议（如 RADIUS）向认证服务器发起认证请求。

说明：AAA 是 Authentication（认证）、Authorization（授权）和 Accounting（计费）的简称，

提供了在网络接入设备上配置访问控制的管理框架。其中认证指的是对接入网络的用户的身份进行识别，判断其是否为合法用户。授权指的是对用户授予相应的权限，例如，允许用户访问相关资源等。计费则指的是记录用户使用网络服务过程中的操作，包括使用的服务类型、起始时间等，可以实现针对时间、流量的计费需求，也对网络起到监视作用。在 AAA 架构中，接入设备作为 AAA 客户端，它管理用户接入，当未认证用户接入时，AAA 客户端与 AAA 服务器进行通信完成用户认证，并在用户认证通过后允许用户接入网络；AAA 服务器作为服务端，负责集中管理用户信息，AAA 服务器通常具备认证、授权及计费功能。AAA 客户端与服务端之间通过 AAA 协议进行通信，如 RADIUS 或 HWTACACS 等。

（3）认证服务器对用户提供的账号、密码等进行校验。认证服务器可以使用本地的数据源（一个保存了用户合法账号及密码信息的数据库），也可以使用外部数据源。

（4）认证服务器进行用户授权，将授权结果通知接入设备。

（5）接入设备根据收到的授权结果开启/禁止终端的网络访问，执行授权结果。

NAC 包括三种典型的认证方式，分别是 802.1X 认证、MAC 地址认证及 Portal 认证。

1．802.1X 认证

802.1X 是一种广泛应用于企业网络的认证方式，是基于接口的网络接入控制协议。如图 7-21 所示，在典型场景中，用户终端设备作为 802.1X 客户端连接接入设备（如交换机），接入设备再通过 AAA 协议与认证服务器通信。使用该认证方式时，用户终端需支持 802.1X 认证并运行 802.1X 客户端软件，通过该软件发起 802.1X 认证，认证过程中用户在客户端界面上输入用户名和密码。

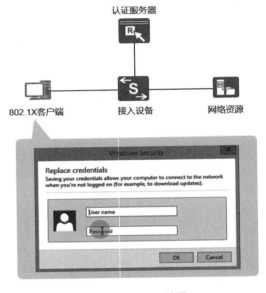

图 7-21　802.1X 认证

802.1X 认证适用于对安全要求较高的认证场景，如企业办公场景。

2．MAC 地址认证

MAC 地址认证是一种基于端口和 MAC 地址对用户的网络访问权限进行控制的认证方式，该认证方式以用户的 MAC 地址作为身份凭据到认证服务器进行认证。使用该认证方式时，用户终端设备不需要安装任何客户端软件，并且认证过程中，用户也不需要在终端设备上输入用户名或密码，因此，MAC 地址认证适用于打印机、传真机等哑终端认证的场景，如图 7-22 所示。网络管理员需要事先在认证服务器上录入合法终端的 MAC 地址信息，以便 MAC 地址认证顺利进行。当哑终端连接到接入设备后，可以通过 ARP、DHCP、NDP 及 DHCPv6 等报文触发 MAC 地址认证，而接入设备则会将接入终端的 MAC 地址作为身份凭据发送到认证服务器进行认证，如果认证成功，则允许该终端接入网络并访问网络资源，否则终端将被拒绝接入。

3．Portal 认证

Portal 认证是一种基于网页的认证方式（也称为 Web 认证），客户端一般是运行 HTTP/HTTPS 协议的浏览器。当客户端连接到接入设备后，如果是未认证状态，则客户端通过 Web 浏览器访问网络资源时，接入设备会将该访问重定向到 Portal 服务器，Portal 服务器则向客户端推送用于认证的Portal页面，如图7-23所示。以用户名及密码认证为例，用户需在该页面中输入用户名及密码进行认证，认证成功后，客户端即可正常访问网络资源。

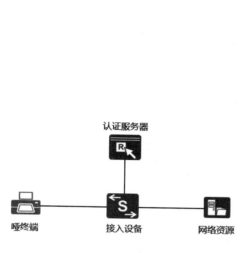

图 7-22　MAC 地址认证

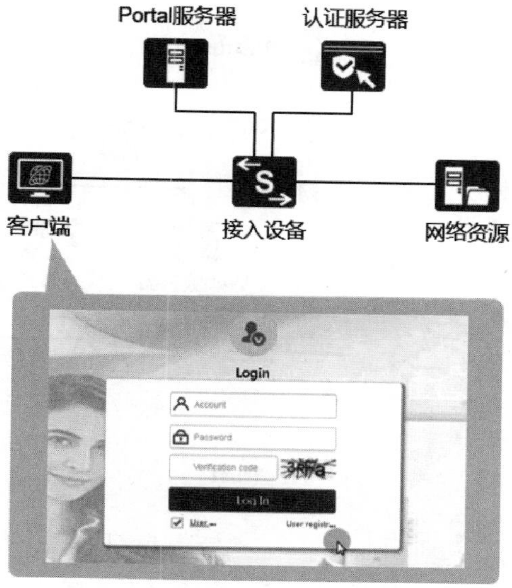

图 7-23　Portal 认证

Portal认证方式简单、方便且便于运营，用户可在网页上完成身份认证过程；此外，在网页上也可进一步完成广告推送、优惠信息推送、会员服务推送等增值服务。Portal认证主要用于无特殊客户端软件要求的接入场景或访客接入场景，如酒店客房等。

7.4.2　防火墙部署

通常，企业员工人数众多、业务复杂，极易成为各类网络威胁的攻击目标。因此，需要边界设备具备威胁检测与防御功能，能够在持续大流量环境下稳定运行。防火墙可以作为企业的出口网关，连接企业内网与外部网络，对企业的网络边界进行安全防护。部署防火墙后，可以基于防火墙划分网络安全区域（Security Zone），实现内部网络或关键业务系统与外部网络的安全隔离，隐藏内部网络结构。

1．安全区域

安全区域是防火墙上的一个基本安全概念。在图7-24所示的企业网络中，防火墙被部署于网络边界，该防火墙连接着三个网络部分：第一部分是企业内网办公PC所在的部分，这部分网络通过交换机接入防火墙的GE1/0/1接口，由于办公业务是企业的核心业务，因此这部分网络的安全级别是相对较高的；第二部分是一些业务服务器所在的网络，包括Web服务器、文件服务器等，这些服务器需要被出差员工及分支机构访问，部分服务器还需要对公网用户提供服务，因此从安全的角度来看，将这部分网络与内网办公PC所在的网络隔离开来，这些服务器通过交换机接入防火墙的GE1/0/2接口，该部分网络的安全级别低于内网办公PC所在的网络；最后一部分是Internet网络，出差员工、分支机构及公网用户可以通过Internet访问该企业所开放的网络资源，与此同时，Internet上也充斥着各种安全威胁，因此该部分网络的安全级别是最低的。

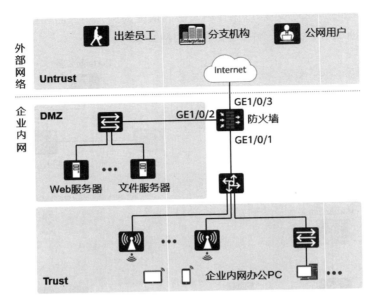

图 7-24　防火墙的典型应用场景

安全区域是绑定了一个或多个物理接口/逻辑接口的逻辑实体，绑定了同一个安全区域的接口下的网络具有相同的安全属性。通过将防火墙各接口下连接的网络划分到不同的安全区域，可以将设备连接的网络划分为不同的安全等级。在本例中，防火墙上定义了三个安全区域，分别是Trust（受信区域）、DMZ 和 Untrust（非受信区域），这三个安全区域都是防火墙出厂即创建好的，它们的安全级别被由高到低地设置。安全区域优先级的取值越大，安全级别越高。Trust、DMZ及 Untrust 区域的优先级取值分别为 85、50 和 5。网络管理员也可根据实际需要创建自定义的安全区域，并定义区域的优先级。定义好安全区域后，可以通过配置基于源、目的安全区域匹配条件的策略对跨安全区域的业务流量进行集中管控，无须将逐个 IP 或逐个网段作为匹配条件配置安全策略，极大地降低了策略配置的复杂度。

安全区域被绑定到防火墙的接口，每个防火墙的接口都必须绑定到一个安全区域，否则无法正常工作。笼统地说，当接口绑定到安全区域后，该接口所连接的网络便被视为属于该安全区域。在本例中，网络管理员将防火墙的 GE1/0/1 接口、GE1/0/2 接口及 GE1/0/3 接口分别绑定到Trust、DMZ 和 Untrust 区域。当办公 PC 发送流量到 Web 服务器时，流量从 GE1/0/1 接口进入防火墙，并需要从 GE1/0/2 接口转发出去，那么该流量被视为从 Trust 区域去往 DMZ 区域，如果防火墙的安全策略允许该流量，那么流量便被正常转发，否则流量被禁止。

2．安全策略

安全策略（Security Policy）是防火墙的核心特性，它的作用是对通过防火墙的数据流进行检验，只有符合安全策略的流量才能通过防火墙进行转发，如图 7-25 所示。防火墙的安全策略中包含安全规则（Rule），用户可以根据业务需要自定义安全规则，通过安全规则中的条件对流量进行匹配；流量匹配安全规则中的条件后，设备将对该流量执行安全规则中所定义的动作（允许或禁止）。

防火墙的安全策略中可以定义多条安全规则，每条安全规则中又可以定义多个匹配条件，并定义对应的动作。当安全规则中存在多个匹配条件时，各个匹配条件之间是"与"的关系，即报文必须匹配安全规则中的所有条件，才被认为匹配这条规则。安全策略中的安全规则是有序的，当配置多条安全规则时，默认按照配置顺序来排列这些规则，越先配置的安全规则位置越靠前，优先级越高。当报文到达防火墙后，防火墙将报文的属性与安全策略中的规则依序匹配，即从规则列表的顶端开始逐条向下匹配，如果报文匹配了某个规则，便执行规则中所定义的动作，不再进行下一个规则的匹配。在防火墙的安全策略末尾存在匹配条件为任意（Any）、动作为禁止（Deny）的默认规则，如果报文不能匹配安全规则中的任何一条规则，那么该报文最终命中默认规则。

在图 7-25 中，当办公网段中正在使用 2001:DB8:1:1::1 地址的终端在 10:00 时刻访问 Internet 时，其发出的报文到达防火墙后，防火墙首先将报文的属性匹配第一条规则 a，由于该报文的属性匹配规则 a 中的所有条件，因此防火墙对报文执行该规则中的动作，报文被防火墙正常转发；而研发网段的终端发送报文到 Internet 时，报文无法匹配规则 a 和规则 k，因此报文命中默认规则并被丢弃。

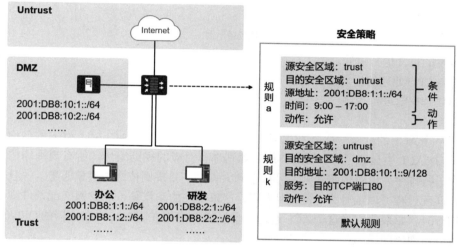

图 7-25　防火墙的安全策略

闯关题 7-5

7.5 业务通信安全

7.5.1 ACL

在现实网络中，我们经常会有业务流量过滤的需求，如图 7-26 所示，在该网络中，路由器分别连接研发部及会计部的终端网络，同时还连接着财务服务器和 Internet。财务服务器中存储着企业的财务数据，属于企业的核心资产，仅允许会计部终端访问，禁止研发部及 Internet 用户访问。为了保障业务安全，可以在路由器上配置访问控制列表（Access Control List，ACL）。通过 ACL 实现流量匹配，并应用关联 ACL 的流量过滤器（Traffic Filter）来实现流量过滤。

ACL 是一种通过名称或编号定义的列表，可以包含一条或多条规则，每条规则都包含匹配条件及动作等元素，其中匹配条件将用于匹配报文、路由等对象。ACL有着广泛的应用场景，它可被其他应用所调用，实现如下功能。

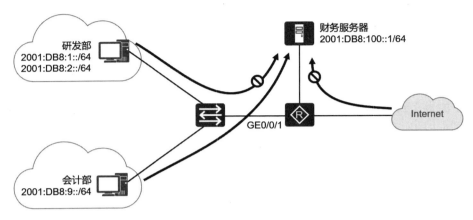

图 7-26　ACL 的应用场景示例

（1）对设备转发的报文进行过滤。

（2）对上送设备CPU处理的报文进行过滤。

（3）对设备的登录权限进行控制。

（4）路由过滤。

图7-27显示了一个ACL的示例。这个ACL是一个IPv6 ACL（简称为ACL6），ACL的名称是test，编号为2000。该ACL中显示了3条规则，每条规则都有对应的规则编号，所有规则均按照规则编号从小到大进行排序。设备按照规则编号从小到大排序，将规则依次与对象匹配，一旦命中某条规则便停止匹配过程。以编号为5的规则为例，这条规则的动作是deny，而匹配条件则是源地址2001:DB8:1::/64。如果我们将这个ACL通过流量过滤器应用在图7-26中路由器的GE0/0/1接口上，那么便可以实现该网络的业务流量控制需求。

图 7-27　ACL 示例

以AR路由器为例，常用的ACL6的类型主要包含如下两种。

（1）基本ACL6：可使用IPv6报文的源IPv6地址、分片信息和生效时间段来定义规则。ACL编号的范围为2000 ～ 2999。图7-27展示的便是基本ACL6。

（2）高级ACL6：可以使用IPv6报文的源IPv6地址、目的IPv6地址、IPv6协议类型、ICMPv6类型、TCP源/目的端口、UDP源/目的端口号、生效时间段等来定义规则。ACL编号的范围为3000 ～ 3999。

7.5.2　IPSec

默认情况下，IP报文在网络中以明文的形式进行传输，数据容易被窃取、篡改或伪造，尤其是在公共网络中（如Internet）传输数据，安全面临的挑战将更大，然而现今越来越多的企业通过Internet实现互联，因为Internet接入链路的采购成本相对广域网络专线更低，而且链路质量也基本满足业务需求。因此，迫切需要一种针对IP协议的通用安全方案。

IPSec是IETF制定的一组开放的网络安全协议，它包含一系列为网络提供安全性的协议和服务，包括AH和ESP两个安全协议，以及密钥交换和用于验证及加密的一些算法等。通过IPSec可以在两个设备之间建立受保护的网络层通信隧道，并提供数据源认证、数据加密、数据完整性校验及防报文重放等功能。IPSec的加密和认证算法所需要的密钥可以手工配置，也可以通过因特网密钥交换（Internet Key Exchange，IKE）协议进行动态协商。IKE支持在不安全的网络（如Internet）上进行身份认证和密钥协商，在两个设备之间建立安全关联，并降低IPSec的管理复杂度。

图7-28展示了一个关于IPSec的简单应用场景。在该场景中，我们使用IPSec实现VPN业务，使得R1及R2所处的站点通过中间的公共网络安全地互访。在典型的场景中，在R1及R2上部署IPSec VPN后，双方会进行加密算法、认证算法、对等体身份认证方法等策略的协商，以确保使用一致的策略。此外，还会进行密钥交换和对等体身份认证。完成这一系列工作后，R1与R2之间建立起了一条受IPSec保护的VPN隧道，我们称为IPSec VPN隧道。通过该隧道发送的报文将会被加密，并进行完整性保护。

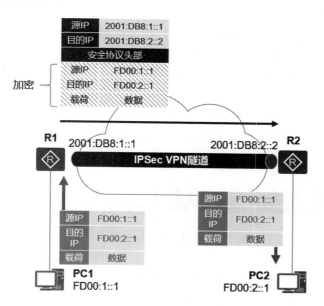

闯关题7-6

图 7-28　IPSec VPN

7.6 本章小结

本章介绍IPv6网络安全技术，主要包括以下内容。

（1）ND Snooping是一种部署在接入交换机上为NDP协议提供安全保护的机制。ND Snooping划分网络安全边界，避免来自非信任接口的安全威胁，侦听NDP报文建立前缀管理表表项和ND Snooping动态绑定表表项，过滤从非信任接口接收到的非法NDP报文，防止RA攻击和地址欺骗攻击。IPv6 RA Guard是一种针对RA攻击的安全机制，支持基于角色和基于策略两种应用场景。

（2）DHCPv6 Snooping是部署在交换机上为DHCPv6协议提供安全保护的机制。管理员将交换机的接口指定为DHCPv6 Snooping信任接口或非信任接口，只有信任接口能够接收DHCPv6 Server的Advertise、Reply报文。DHCPv6 Snooping侦听DHCPv6报文并建立DHCPv6 Snooping绑定表表项，然后基于绑定表表项防止DHCPv6攻击行为。

（3）IPSG是一种针对IP报文的安全技术，利用绑定表去匹配检查二层接口上收到的IP报文，丢弃非法终端的报文。IPSG可以使用的绑定表包括静态绑定表、DHCPv6 Snooping绑定表和ND Snooping绑定表。

（4）交换网络安全包括端口安全和端口隔离两种技术。端口安全支持对接入交换机特定接口的终端的数量做限制，支持在交换机接口上维护安全MAC地址表项，阻止非法用户通过接口和交换机通信；端口隔离技术支持相同VLAN组内不同接口之间的二层隔离。

（5）OSPFv3是广泛应用于实际网络中的内部网关协议，面临的典型攻击有单播欺骗、非法设备接入、非法路由注入、路由信息窥探和拒绝服务攻击等。针对上述攻击行为的主要安全机制包括GTSM、报文认证、路由策略配置、IPSec加密与认证、OSPFv3报文限速等。

（6）网络边界安全主要包括两类技术：一类是网络接入控制技术，对用户和设备进行身份认证，典型的机制包括针对哑终端的MAC地址认证、基于客户端的802.1X认证和基于Web方式的Portal认证；另一类是网络流量访问控制，典型的设备是部署在企业出口网关的防火墙，实现内部网络或关键业务系统与外部网络的安全隔离。

（7）ACL支持业务流量过滤，通过在路由器上配置访问控制列表，实现流量匹配与过滤，控制用户业务流量。IPSec是网络层的安全协议组，包括AH、ESP两个安全协议，以及密钥交换协议IKE和用于验证、加密的一些算法等。通过IPSec可以在两个设备之间建立受保护的通信隧道，并提供身份认证、数据加密、数据完整性校验及防报文重放等功能，典型的应用是IPSec VPN。

7.7 思考与练习

7-1 请结合一个典型场景，解释IPv6地址欺骗的攻击原理。

7-2 NDP面临的安全风险有哪些？

7-3 ND Snooping的信任接口与非信任接口有什么区别？

7-4 请简要说明ND Snooping如何实现防RA攻击。

7-5 如果不结合任何安全机制，DHCPv6服务可能存在什么安全隐患？

7-6　IPSG 与 ND Snooping、DHCPv6 Snooping 技术的应用场景有何不同？

7-7　请对比常见的认证方式，包括 802.1X 认证、MAC 地址认证及 Portal 认证的特点，并说明它们的主要应用场景。

7-8　攻击者可以在网络中接入一台非法设备，并且与网络中的设备建立 OSPFv3 邻居关系，然后向 OSPFv3 中灌入大量垃圾路由，从而导致整个 OSPFv3 网络的路由计算发生问题，此时建议使用哪项技术应对该安全问题？请说明该项技术是如何进行安全防御的。

第**8**章

IPv6过渡技术

当前，仍然有大量的网络在使用IPv4，虽然从IPv4向IPv6演进已经是必然趋势，但是对于大多数网络而言，完全新建IPv6网络用于满足业务需求是比较困难的，更多的用户可能会选择将网络从IPv4逐渐过渡到IPv6，在这个过程中，可能出现一个物理网络同时承载IPv4和IPv6流量、IPv6孤岛之间通过IPv4网络实现互访、IPv4孤岛之间通过IPv6网络实现互访等情况，甚至还会出现IPv4与IPv6设备需要直接互访的情况等，此时就需要使用IPv6过渡技术。

IPv6过渡技术并不是单一的技术，它包含一系列技术和解决方案，如图8-1所示，简单来说，可以概括成以下三类。

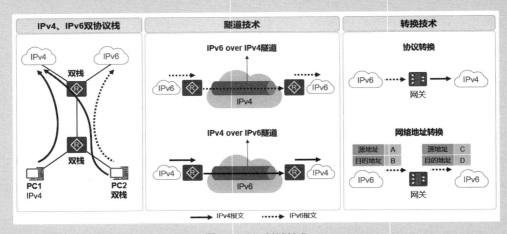

图 8-1　IPv6 过渡技术

1. IPv4与IPv6双协议栈

IPv4与IPv6双协议栈（简称双栈）指的是设备同时支持IPv4和IPv6这两个协议栈，目前主流的操作系统、数据库应用、网络设备等均支持双栈。双栈是IPv6过渡技术的基础，后面将要介绍的隧道技术、转换技术都用到了双栈。

2. 隧道技术

在现实中，通过挖隧道，我们可以快速获得穿越山峦或江、河、湖、海的通道，使车辆、人群等可以通过这个通道快速到达对端。在网络中，隧道（Tunnel）是一种封装技术，它利用一种网络协议来传输另一种网络协议的数据，就像我们在快递文件时，将文件装入快递公司提供的快递信封，在快递运送过程中，其内所保存的文件是外部不能感知的，当快递到达收件人手中时，后者再将其拆封，取出文件。因此，隧道技术其实是利用一种网络协议的报文封装其他网络协议的报文，然后在网络中传输。IPv6过渡技术主要包含两种隧道技术，分别是IPv6 over IPv4隧道技术和IPv4 over IPv6隧道技术。

IPv6 over IPv4隧道将IPv6报文封装在IPv4隧道中，在IPv4网络中实现IPv6孤岛互通。这类隧道技术主要包括IPv6 over IPv4手动隧道、GRE、6to4隧道、6PE、6VPE及VXLAN等。

IPv4 over IPv6隧道将IPv4报文封装在IPv6隧道中，在IPv6网络中实现IPv4孤岛互通。这类隧道技术主要包括IPv4 over IPv6手动隧道及Segment Routing IPv6等。

3. 转换技术

目前，常用的转换技术根据转换目标的不同主要分为两种，一种是协议转换技术，另一种是网络地址转换技术。其中协议转换技术用于实现IPv4与IPv6的协议转换，主要解决IPv4与IPv6网络的互访问题；网络地址转换技术则在不更改协议的情况下，对报文头部中的网络地址进行转换（也可以对传输层端口号进行转换），不仅可以实现私网地址与公网地址的转换，保护私网用户的隐私，而且可以降低IPv6网络维护和管理成本。

学习目标：

1. 了解IPv6过渡技术的典型应用场景和技术分类；
2. 理解三类IPv6过渡技术的技术原理、特点和适用场景；
3. 掌握在特定场景下选择适用的过渡技术的能力。

知识图谱

8.1 IPv4 与 IPv6 双协议栈

闯关题 8-1

IPv4 与 IPv6 双协议栈是最基本的过渡机制，网络中的设备同时支持 IPv4 和 IPv6 协议栈，源节点根据目的节点的不同选用不同的协议栈，中间的网络设备根据报文的协议类型选择不同的协议栈进行处理和转发。如图 8-2 所示，PC1 和 PC2 分别是 IPv4、IPv6 单协议栈终端，前者只能访问 IPv4 服务器及其他 IPv4 终端，后者同理。网络中初期可能只存在 IPv4 服务器及终端，当终端发送数据到 IPv4 服务器时，所产生的 IPv4 报文按图示进行转发。随着 IPv6 业务的引入，网络需要承载 IPv6 流量，此时可以采用双栈技术。在这个过程中可以优先将网络设备 R1 和 R2 升级，在 IPv4 基础上激活 IPv6 转发功能，如此一来，R1 和 R2 就成为双栈设备，而其所构成的网络也成为双栈网络。此时，IPv6 终端和 IPv6 服务器便可以顺利接入网络，并通过该网络实现通信。在这个网络中，IPv4 和 IPv6 流量共存，同时又相互独立。

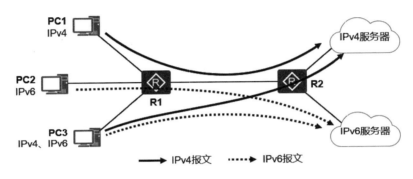

图 8-2　IPv4 与 IPv6 双协议栈

8.2 隧道技术

8.2.1 IPv6 over IPv4 手动隧道

在 IPv4 向 IPv6 过渡的初期，网络以 IPv4 网络为主，同时开始出现少量的 IPv6 网络，这些 IPv6 网络内部可以通过 IPv6 实现通信，但是 IPv6 网络之间往往也存在通信的需求，然而 IPv4 与 IPv6 的不兼容性导致这些 IPv6 网络在 IPv4 网络中形成一座座"孤岛"。使用 IPv6 over IPv4 隧道可以实现 IPv6 孤岛之间的通信。

IPv6 over IPv4 手动隧道是 IPv6 over IPv4 隧道的一种，是一种静态隧道。如图 8-3 所示，PC1 及 PC2 各自处于一个 IPv6 网络，这两个 IPv6 网络中间存在一个 IPv4 网络，现在它们要实现互通。当 PC1 发送报文给 PC2 时，该报文采用 IPv6 格式，源地址、目的地址分别是 PC1 和 PC2 的地址，该报文无法直接穿越 IPv4 网络到达对方。此时，可以在 R1 和 R2 上部署 IPv6 over IPv4 手动隧道。R1 和 R2 是这条隧道的端点设备，它们需要各自完成隧道接口的配置。隧道接口（Tunnel Interface）是一种逻辑接口，设备对从该接口发出的报文会进行隧道封装。

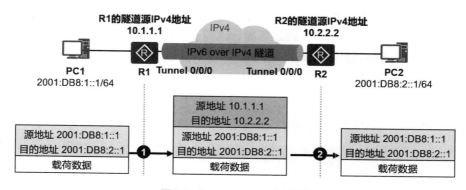

图 8-3　IPv6 over IPv4 手动隧道

以下展示了 R1 的关键配置示例，R2 的配置与之类似。

```
[R1] ipv6
[R1] interface Tunnel0/0/0
[R1-Tunnel0/0/0] tunnel-protocol ipv6-ipv4          #指定隧道类型
[R1-Tunnel0/0/0] source 10.1.1.1                    #指定隧道源 IPv4 地址
[R1-Tunnel0/0/0] destination 10.2.2.2               #指定隧道目的 IPv4 地址
[R1-Tunnel0/0/0] ipv6 enable                        #激活 IPv6 功能
[R1-Tunnel0/0/0] ipv6 address auto link-local       #使接口自动产生 IPv6 链路本地地址
[R1-Tunnel0/0/0] quit
[R1] ipv6 route-static 2001:DB8:2:: 64 Tunnel 0/0/0 #配置静态路由，将去往 2001:DB8:2::/64
的流量从 Tunnel 0/0/0 接口送出
```

　　R1 使用本设备的地址 10.1.1.1 作为隧道源 IPv4 地址，这个地址同时也是隧道对端设备 R2 的隧道目的地址；R2 则使用 10.2.2.2 作为隧道源 IPv4 地址，这个地址同时也是隧道对端设备 R1 的隧道目的地址。这两个 IPv4 地址在 IPv4 网络内必须是路由可达的，通过 IPv4 网络内所运行的动态路由协议可以满足这一要求。在本例中，R1 和 R2 都是支持 IPv4 与 IPv6 双协议栈的设备。

　　当 PC1 发往 PC2 的 IPv6 报文到达 R1 时，R1 查询路由表发现报文所匹配的路由的出接口是 Tunnel0/0/0，而该接口的协议类型是 IPv6 over IPv4，隧道源地址是 10.1.1.1，隧道目的地址是 10.2.2.2，于是它对上述 IPv6 报文进行封装，为报文增加一个 IPv4 外层头部，其中 IPv4 源地址为 10.1.1.1，目的地址为 10.2.2.2，然后在路由表中查询到达 10.2.2.2 的路由并将报文转发出去。这个包裹着 IPv6 报文的 IPv4 报文在 IPv4 网络中被正常转发直至到达 R2，中间的转发设备只关注报文的 IPv4 头部，并不感知报文内容。R2 收到报文后对报文进行解封装，去除 IPv4 外层头部，然后将里面的 IPv6 报文转发给 PC2。

　　在本例中，静态路由用于实现引流，将去往远端 IPv6 孤岛的 IPv6 流量引导到隧道接口上。除了使用静态路由引流外，也可以使用动态路由协议引流，这部分知识超出了本书的范围，读者可以自行查阅相关资料进行学习。

8.2.2　GRE

　　通过 GRE 隧道，也能实现 8.2.1 节中的需求。GRE（Generic Routing Encapsulation，通用路由封装）提供了将一种协议的报文封装在另一种协议报文中的机制，是一种三层隧道封装技术，使报文可以通过 GRE 隧道透明传输，解决异种网络的传输问题。

GRE具备较强的通用性，可以对多种不同的网络层协议进行封装，包括IPX、IPv4、IPv6及AppleTalk等。图8-4所示为通过GRE隧道解决IPv6孤岛通信问题的原理。可以看到，其与IPv6 over IPv4手工隧道的关键差异是隧道的类型变为GRE，并且报文封装中增加了GRE头部。GRE头部中"Protocol Type（协议类型）"字段用于标识上层所封装的协议，例如，字段值0x86DD代表IPv6。

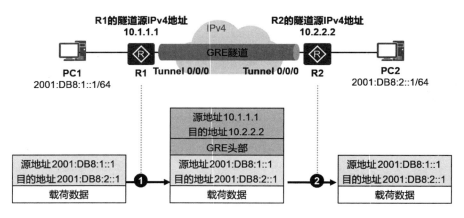

图 8-4　GRE 隧道

8.2.3　6to4 隧道

无论是IPv6 over IPv4手动隧道，还是GRE隧道，在部署时都需要网络管理员在设备上指定隧道的源地址和目的地址，因此这些隧道都是静态隧道。这种方式在站点少，而且地址固定的情况下可行，但是可扩展性太差。

另一种隧道类型是自动隧道，在自动隧道中，网络管理员仅需在设备上配置隧道的起点，而隧道的终点则由设备自动生成。6to4隧道便是一种自动隧道，它也能解决IPv6孤岛穿越IPv4网络进行通信的问题，与IPv6 over IPv4手动隧道相比，6to4隧道的目的IPv4地址是源设备根据报文的目的IPv6地址解析得到的，该目的IPv6地址内嵌了对应的IPv4地址。

如图8-5所示，R1及R2各自拥有IPv4地址192.168.1.1及192.168.2.2，这两个地址在IPv4网络中相互具备IP可达性。此时，R1及R2各自基于IPv4地址生成对应的6to4 IPv6地址。2002::/16地址段被保留专门用于6to4隧道。以R1及PC1所在的站点为例，在2002::/16基础上嵌入32bit的IPv4地址192.168.1.1（C0A8:0101），可以得到2002:C0A8:0101::/48这个6to4网络前缀，通过这个前缀可以进一步划分子网并分配给PC使用，例如，PC1所使用的地址为2002:C0A8:0101::1/64。R2及PC2所在的站点同理。

以R2为例，其6to4隧道的关键配置如下：

```
[R2] interface tunnel 0/0/0
[R2-Tunnel0/0/0] tunnel-protocol ipv6-ipv4 6to4
[R2-Tunnel0/0/0] ipv6 enable
[R2-Tunnel0/0/0] source 192.168.2.2
[R2-Tunnel0/0/0] ipv6 address auto link-local
[R2-Tunnel0/0/0] quit
[R2] ipv6 route-static 2002:: 16 tunnel 0/0/0
```

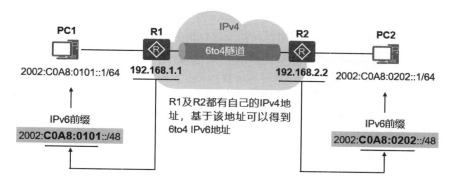

图 8-5　6to4 隧道

此时，当 PC2 发送 IPv6 报文给 PC1 时，报文的目的地址是 2002:C0A8:0101::1，该报文到达 R2 后，R2 查询 IPv6 路由表，发现需将报文从 Tunnel0/0/0 接口送出，而该接口的隧道类型为 6to4，于是 R2 从报文的目的地址中解析出内嵌的 IPv4 地址，得到 192.168.1.1，然后对 IPv6 报文进行封装，增加 IPv4 外层头部，并写入目的地址 192.168.1.1、源地址 192.168.2.2，然后将报文转发出去。报文到达 R1 后，再由其解封装，并最终送达目的地。

8.2.4　6PE 与 6VPE

6PE（IPv6 Provider Edge，IPv6 提供商边缘）设备是广域骨干网络中的网络边缘设备，该设备是 IPv4 与 IPv6 双协议栈设备，一方面连接 IPv6 网络，另一方面也连接 IPv4 MPLS 骨干网络，并帮助其所连接的 IPv6 网络与 IPv4 MPLS 骨干网络另一侧的 IPv6 网络实现通信。6PE 技术利用现有的 IPv4 MPLS 骨干网络实现 IPv6 网络的连接能力。

图 8-6 所示为 6PE 的大致架构，基本原理如下。

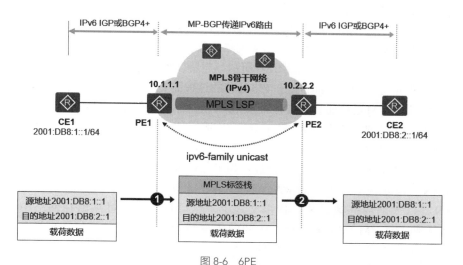

图 8-6　6PE

（1）初始时，PE1 及 PE2 所在的 MPLS 骨干网络已经完成构建，在该网络中，PE1 与 PE2 之间已经具备 IP 可达性，整个骨干网络具备 MPLS 转发功能。

（2）CE1 及 CE2 为 IPv6 节点，这两个节点要通过中间的 IPv4 MPLS 骨干网络实现通信。本书在前面的章节中介绍过MPLS技术，MPLS网络能够对IPv4报文进行封装，形成MPLS标签报文，中间转发设备基于报文所携带的MPLS标签进行报文转发，而不关注MPLS中封装的内容，也无须感知到达目的网络的路由，设备只需将报文逐跳转发至远端PE设备。实际上，MPLS除了能够承载IPv4报文外，也能承载IPv6报文。在本例中，以CE1发往CE2的IPv6报文为例，报文到达PE1后，PE1对IPv6报文进行MPLS封装，并将报文沿着到达PE2的MPLS标签交换路径转发到PE2，再由PE2进行解封装，然后将IPv6报文转发给CE2。因此，MPLS骨干网络内的中间转发设备无须支持IPv6。

说明：在本例中，PE1在对CE1发往CE2的IPv6报文进行MPLS封装时，会为报文封装两层MPLS标签，其中内层MPLS标签为PE2的MP-BGP为IPv6路由2001:DB8:2::/64所分配的，PE2通过与PE1之间的MP-BGP对等体关系将路由与标签通告给了PE1；外层MPLS标签则是LDP所分配的，用于将报文沿着LDP LSP转发到PE2。

（3）CE1及CE2与直连的PE设备之间通过IPv6 IGP或BGP4+交互IPv6路由。PE设备学习到去往直连站点的IPv6路由后，通过PE设备之间的MP-BGP对等体关系（IPv6单播地址族）将IPv6路由直接通告给远端PE设备，再由远端PE设备通告给直连的CE设备。

6VPE（IPv6 VPN Provider Edge，IPv6 VPN提供商边缘）是基于BGP/MPLS IPv6 VPN的技术，在IPv4 MPLS骨干网络上承载IPv6的VPN业务。与6PE相比，6VPE通过MP-BGP在IPv4 MPLS骨干网络发布VPNv6路由，使用MPLS隧道在骨干网络上实现私网数据的传送。PE设备之间使用IPv4地址建立BGP对等体关系，并激活对等体交换VPNv6路由信息的功能。

8.2.5　VXLAN

目前，大量的企业在IT（Information Technology，信息技术）建设中采用云计算技术。云计算具备灵活、可扩展、人力及管理成本低、资源利用率高等特点。服务器虚拟化是云计算的关键技术之一，部署服务器虚拟化技术后，用户可以在物理服务器上按需创建VM（Virtual Machine，虚拟机），并在VM中部署App（Application，应用程序），VM与VM之间逻辑隔离。同时，为了实现业务的灵活变更，VM需要能够在网络中实现热迁移。VM热迁移是指在不中断业务的情况下把VM从原来的位置挪到另一个位置，如图8-7所示。之所以需要对VM进行迁移，可能是出于IT系统维护、升级或改造等原因。总而言之，VM迁移的过程需要尽可能平滑。为了保证VM迁移过程中业务不中断，要求VM迁移前后的IP地址及MAC地址不发生改变，即VM迁移前后处于相同的二层网络中，此时如果要求二层网络（VLAN）实现端到端覆盖会造成广播域过大的问题，而如果使用三层组网，又无法满足VM迁移前后所在的网络处于同一个二层网络的需求，这给传统的"二层+三层"数据中心网络带来了新的挑战。为了应对传统数据中心网络对服务器虚拟化技术的限制，VXLAN（Virtual eXtensible Local Area Network，虚拟扩展局域网）技术应运而生。

VXLAN将以太网数据帧封装在IP报文之上，然后将报文通过路由在网络中传输，中间的传输设备无须关注VM的MAC地址，中间的传输网络可以采用任意的物理拓扑，仅需保证VXLAN隧道的端点设备之间IP可达。这使得VXLAN的承载网络无网络结构限制，具备大规模扩展能力，而且VM迁移不受网络架构限制。在VXLAN技术架构中，我们将VXLAN的底层承载网络称为Underlay网络，Underlay网络是一种承载网络，由各类物理设备构成，如交换机等。使用VXLAN在Underlay网络基础上构建的虚拟网络称为Overlay网络，它由逻辑节点和逻辑链路构成，如图8-8所示。如今，VXLAN被广泛应用于数据中心网络及多业务园区网络。

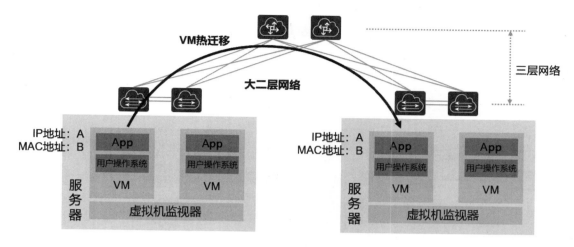

图 8-7　VXLAN 的技术背景

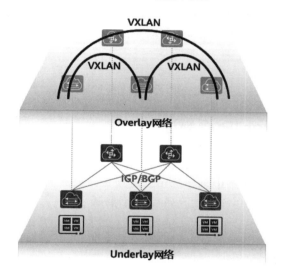

图 8-8　VXLAN

使用VXLAN技术，可以实现以下Underlay网络和Overlay网络的组合。

（1）IPv4 over IPv4：Overlay网络和Underlay网络均为IPv4网络。

（2）IPv6 over IPv4：Overlay网络为IPv6网络，Underlay网络为IPv4网络。

（3）IPv4 over IPv6：Overlay网络为IPv4网络，Underlay网络为IPv6网络。

（4）IPv6 over IPv6：Overlay网络和Underlay网络均为IPv6网络。

因此，VXLAN可以作为IPv6过渡技术。在部署了VXLAN的数据中心网络或园区网络的网络演进初期，Underlay网络以IPv4网络为主，此时可以使用VXLAN技术在网络设备之间构建IPv4 VXLAN隧道，并通过VXLAN隧道来承载IPv6流量，即IPv6 over IPv4。如图8-9所示，SW1和SW2都接入IPv4 Underlay网络，两者之间建立了一条VXLAN隧道。此时有两个IPv6 VM分别接入SW1和SW2，它们要实现IPv6通信。以VM1发往VM2的IPv6报文为例，报文到达SW1后，SW1通过相关表项查询意识到需将报文送入VXLAN隧道，并且隧道另一端的设备地址为10.2.2.2，于是它首先为报文进行VXLAN封装，并在其中写入VXLAN网络标识等信息，然后封装 UDP 头部，其中目的 UDP 端口设置为知名端口 4789，最后为报文封装外层 IPv4 头部，以便报文在 IPv4 Underlay 网络中传输。在 IPv4 头部中，源地址为 SW1 的地址 10.1.1.1，目的地址则为隧道目的端点地址 10.2.2.2。报文经过中间的 IPv4 网络传输到 SW2，由 SW2 进行解封装，最后，SW2 将 IPv6 报文转发到目的地。

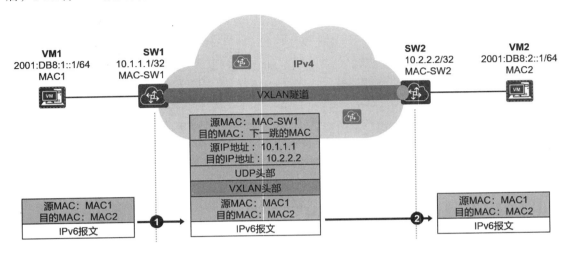

图 8-9　使用 VXLAN 承载 IPv6 报文

8.2.6　IPv4 over IPv6 隧道

在 IPv4 网络向 IPv6 网络过渡的后期，网络中以 IPv6 为主、IPv4 为辅，此时可能出现 IPv4 孤岛。利用隧道技术可在 IPv6 网络中创建隧道，实现 IPv4 孤岛的互连。在 IPv6 网络中用于连接 IPv4 孤岛的隧道称为 IPv4 over IPv6 隧道，如图 8-10 所示。

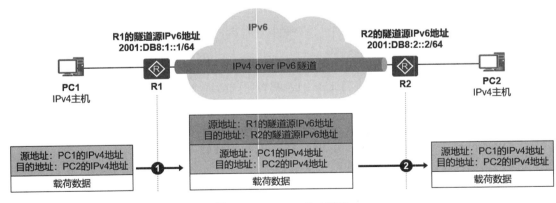

图 8-10　IPv4 over IPv6 隧道

IPv4 over IPv6 手动隧道满足 IPv4 over IPv6 业务需求，其技术原理与 IPv6 over IPv4 手动隧道类似，此处不赘述。此外，Segment Routing IPv6 也可用于实现 IPv4 over IPv6。关于 Segment Routing IPv6，本书将在后续章节中介绍。

闯关题8-2　　闯关题8-3

8.3　转换技术

8.3.1　NAT64

前面所介绍的IPv6 over IPv4或IPv6 over IPv4隧道技术都是使用一种协议来封装另一种协议，从而实现网络孤岛之间的通信。然而在IPv6网络演进过程中往往会出现另一种情况，即需要实现IPv4设备与IPv6设备之间的通信。由于IPv4与IPv6两个协议版本互不兼容，因此IPv4与IPv6设备是无法直接互通的，但是现实中存在两者互通的需求，例如，某企业已经部署了IPv4服务器，而该企业的客户已经开始使用IPv6终端，将IPv4服务器及配套的系统升级到IPv6固然是最终的方案，但在此之前企业可能需要一种快捷的方式，以尽可能小的成本快速响应客户需求，如直接使用IPv4服务器向IPv6用户提供服务，此时便可以使用NAT64技术。

NAT64本质上是一种协议转换技术，使用该技术能够将IPv4报文转换为IPv6报文或者将IPv6报文转换为IPv4报文。图8-11所示为NAT64的主要应用场景。

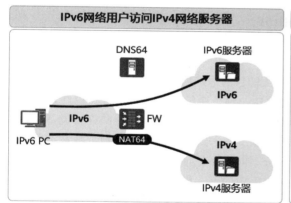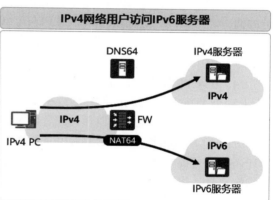

图 8-11　NAT64 的主要应用场景

1．动态NAT64映射

动态NAT64适用于IPv6终端（客户端）主动访问IPv4服务器的场景。在该场景中，网络中存在大量IPv6终端且地址不固定，当IPv6终端访问IPv4服务器时，IPv6报文到达NAT64设备后，设备会将IPv6地址动态转换为预先配置的地址池中的IPv4地址，并将IPv6报文转换为IPv4报文发送给IPv4服务器，实现IPv6用户访问IPv4业务。

在典型的场景下，为了实现动态NAT64映射，往往需要DNS64配合。DNS64是一种DNS服务，它可以根据特定的规则，使用特定IPv6网络前缀及IPv4地址合成IPv6地址并形成DNS AAAA记录。图8-12所示为一个典型NAT64应用示例。在该网络中，IPv6 PC需要访问IPv4服务器10.1.1.1/24，网络中部署了NAT64设备及DNS64。

说明：AAAA记录是DNS中用来将域名解析为IPv6地址的DNS记录，相对地，A记录是DNS中用来将域名解析为IPv4地址的DNS记录。

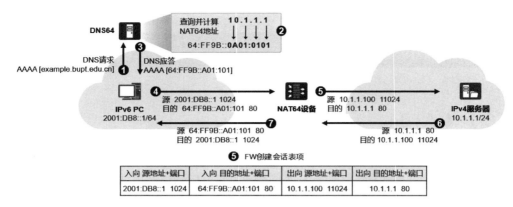

图 8-12　动态 NAT64 映射

（1）IPv6 PC 主动访问 IPv4 服务器，该 IPv4 地址对应的域名为 example.bupt.edu.cn。PC 向 DNS64 发起关于 example.bupt.edu.cn 的域名查询请求，请求该域名对应的 IPv6 地址。

（2）DNS64 收到 DNS 请求后，首先查询域名 example.bupt.edu.cn 对应的 IPv6 地址，由于该域名对应的服务器当前仅提供 IPv4 服务，因此查询不到对应的 IPv6 地址。DNS64 发现该域名映射到了 IPv4 地址 10.1.1.1，于是结合该 IPv4 地址与预先配置的 NAT64 前缀（本例中使用知名前缀 64:FF9B::/96）产生一个 IPv6 地址，具体的操作方法是将服务器的 IPv4 地址 10.1.1.1 嵌入 IPv6 地址的低 96～127bit，进而得到地址 64:FF9B::A01:101。

（3）DNS64 向 IPv6 PC 发送 DNS 应答，告知后者 example.bupt.edu.cn 域名对应的 IPv6 地址为 64:FF9B::A01:101。

（4）IPv6 PC 发送 IPv6 报文给 IPv4 服务器，报文的目的地址为 64:FF9B::A01:101。

（5）NAT64 设备收到该报文后，在报文的目的 IPv6 地址中解析出 IPv4 地址，以此 IPv4 地址作为 IPv4 报文的目的地址，以预先配置的 NAT 地址池中的地址（在本例中，NAT64 设备从地址池中分配 10.1.1.100 给 IPv6 PC）为 IPv4 报文的源地址，考虑到地址池中 IPv4 地址数量有限，多个 IPv6 地址可能共用一个 IPv4 地址，因此为了区分不同 IPv6 地址，NAT64 设备同时修改了传输层的端口号，将传输层端口号作为地址转换会话表表项的唯一标识（在本例中，NAT64 设备将 IPv4 报文中的源端口 1024 转换为 IPv6 报文中的源端口 11024），然后将 IPv6 报文转换为 IPv4 报文，将报文发往 IPv4 服务器。与此同时，NAT64 设备生成对应的会话表表项。

（6）IPv4 服务器收到报文后，发送响应报文，报文的目的地址是 10.1.1.100，目的端口是 11024。

（7）NAT64 设备收到该报文后，根据会话表表项将 IPv4 报文转换为 IPv6 报文，然后发送至 IPv6 PC。

如果 IPv6 PC 直接使用基于 NAT64 前缀及 IPv4 地址生成的 IPv6 地址来访问 IPv4 服务器（如在本例中 IPv6 PC 直接访问 64:FF9B::A01:101，而不是 example.bupt.edu.cn），那么可以不需要 DNS64。

2．静态 NAT64 映射

动态 NAT64 适用于 IPv6 终端主动访问 IPv4 服务器的场景，静态 NAT64 则适用于 IPv4 终端主动访问 IPv6 服务器的场景，也支持 IPv6 终端主动访问 IPv4 服务器的场景。网络管理员需要预先在 NAT64 设备上配置静态 NAT64 映射，将 IPv6 地址静态映射到一个 IPv4 地址。

如图 8-13 所示，IPv4 PC 需要访问 IPv6 服务器，此时可以在 NAT64 设备上部署 NAT64 静态映射，将 IPv6 地址 2001:DB8::1 映射到一个 IPv4 地址，如本例中的 10.2.2.2（发往该地址的流量会途经图 8-13 中的 NAT64 设备）。随后，IPv4 地址 10.2.2.2 被注册到域名 example.bupt.edu.cn。

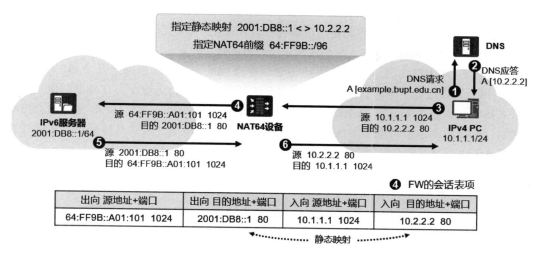

图 8-13　静态 NAT64 映射

（1）当 IPv4 PC 发送报文给 example.bupt.edu.cn 时，PC 首先向 DNS 服务器发起 DNS 请求。

（2）DNS 服务器查询后发现该域名映射到 IPv4 地址 10.2.2.2，于是发送 DNS 应答报文给 IPv4 PC。

（3）IPv4 PC 发送目的地址为 10.2.2.2 的 IPv4 报文。

（4）NAT64 设备收到用户发出的 IPv4 报文后，将报文的目的 IPv4 地址 10.2.2.2 根据 NAT64 静态映射转换成对应的 IPv6 地址 2001:DB8::1，以此地址作为 IPv6 报文的目的地址，将 IPv4 报文的源 IPv4 地址 10.1.1.1 与预先配置的 NAT64 前缀合成 IPv6 报文的源地址 64:FF9B::A01:101，然后将 IPv4 报文转换为 IPv6 报文，将报文发送给 IPv6 服务器，同时生成会话表表项。

（5）IPv6 服务器发送响应报文，该报文发往 NAT64 设备。

（6）NAT64 设备根据会话表将 IPv6 报文转换为 IPv4 报文，然后发送至 IPv4 PC。

闯关题8-4

8.3.2　NAT66

NAT66 是 IPv6 网络中的另一种转换技术，NAT66 严格来说不属于 IPv4 到 IPv6 的过渡技术，但是随着它在 IPv6 网络中的应用越来越广泛，掌握这项技术是非常有必要的，因此本书将该技术放在本章介绍。

图 8-14 所示为 NAT66 的典型应用场景。

图 8-14　NAT66 的典型应用场景

（1）场景1：当用户在网络内部使用IPv6唯一本地地址时，内网通信没有问题，但是IPv6唯一本地地址不能在Internet上被路由，因此使用IPv6唯一本地地址的终端无法直接访问Internet。此时，可以在网络的出口处部署NAT66设备，将内网发往Internet的报文的源地址转换为IPv6全球单播地址。

（2）场景2：当用户在网络内部使用IPv6全球单播地址，并且使用的是某个ISP（如图中的ISP1）所分配的PA地址空间时，内网设备使用上述IPv6地址作为源地址发往外部的流量是可以正常进入ISP1的公网并被正常路由的，但是当该网络需要同时接入多个ISP时便可能会出现问题，例如，ISP2的网络中可能并不维护到达ISP1所分配的上述地址段的具体路由，因此发往该企业的流量无法通过ISP2的广域网络链路到达。

说明：在构建IPv6网络时，网络管理员需要评估其所管理的网络的IPv6地址空间方案。IPv6地址可以分为两种类型，分别是PA（Provider-Aggregated，提供商可聚合）地址和PI（Provider-Independent，提供商无关）地址。PA地址空间由ISP分配，这种方式适用于大部分企业，当企业向ISP申请Internet接入链路时，可以从该ISP获得其分配的PA地址空间，这对于企业而言是非常便捷的，网络管理员可以直接对该地址空间进行合理规划，并将IPv6地址分配到内部网络，网络中的节点可以使用该地址作为源地址，通过ISP提供的Internet接入链路访问Internet。当使用PA地址空间时，网络管理员面临的问题是，当企业切换ISP时，可能需要对网络进行IPv6地址重规划，因为企业将从新的ISP获得新分配的PA地址空间。PI地址空间与ISP无关，企业需要自行向RIR（Regional Internet Registry，区域互联网注册）申请IPv6地址空间。PI地址空间并不与任何ISP绑定，因此可以作为一种满足企业同时连接多个ISP的需求的方案，但是想要从RIR申请到PI地址空间，申请单位必须满足相应的要求，并且企业往往需要与ISP通过BGP等路由协议交换路由信息，以便将相关路由通告给ISP。更多详细信息可参考RFC 7381文档"Enterprise IPv6 Deployment Guidelines（企业IPv6部署指南）"。

（3）场景3：若用户不希望在更换ISP时变更内网的IPv6地址空间，那么可以在网络的出口处部署NAT66设备，在切换ISP后，将内网发送到外网的报文的源IPv6地址转换为该ISP所分配的IPv6地址。

根据转换方式的不同，NAT66可分为NPTv6、静态NAT66、源地址池NAT66和Easy IP NAT66。

- 在私网IPv6数量较多且不关注转换后的IP地址的场景下，一般采用NPTv6转换方式，如大量IPv6私网用户访问Internet。
- 在私网IPv6地址数量较少且关注转换后的IP地址时，一般采用静态NAT66方式，如IPv6公网用户访问内部服务器。
- 在私网IPv6地址数量较多且关注转换后的IP地址时，一般采用源地址池NAT66方式，如需要多个私网地址共用一个或者多个公网地址的场景。
- 在需要利用出接口的公网IPv6地址作为NAT转换后的地址时，一般采用Easy IP NAT66方式，如出接口上获取的公网IP地址会发生变化的场景。

根据转换对象的不同，NAT66可以分为三类：源NAT66、目的NAT66及双向NAT66。

本书主要介绍静态NAT66方式的源NAT66、NPTv6方式的源NAT66和源地址池NAT66。

1. 静态NAT66方式的源NAT66

在图8-15中，我们在网络中部署了NAT66设备，用于将内网使用的IPv6地址段FD00:102:304::/64转换为2001:DB8:1111:1::/64，在设备上完成静态NAT66方式的源NAT66配置后，当IPv6 PC发送报文到Internet时，报文的源地址将被NAT66设备转换，其中源地址的IPv6前缀被转换为网络管理员预先在NAT66设备上配置的NAT66前缀，而IPv6接口ID部分则保持不变。

2．NPTv6方式的源NAT66

如图8-16所示，在NAT66设备上部署NPTv6（IPv6-to-IPv6 Network Prefix Translation）方式的源NAT66后，NAT66设备使用用户所配置的IPv6前缀替换源地址的前缀，同时根据RFC 6296文档转换IPv6的接口ID部分。NPTv6是一种无状态地址转换方式。在本例中，当IPv6 PC发送报文给IPv6服务器时，报文的源地址将被NAT66设备转换，其中IPv6前缀被转换为网络管理员预先在NAT66设备上配置的NAT66前缀，而接口ID部分则由NAT66设备计算得到。

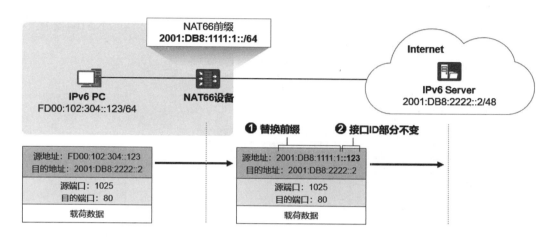

图 8-15　静态 NAT66 方式的源 NAT66

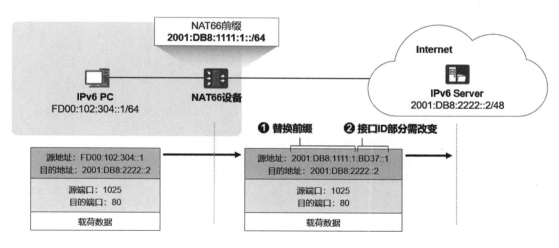

图 8-16　NPTv6 方式的源 NAT66

3．源地址池NAT66

源地址池NAT66即对IPv6地址做NAPT转换，是一种转换时同时转换IP地址和端口，实现多个私网地址共用一个或多个公网地址的地址转换方式。

源地址池NAT66适用于公网地址数量少，需要上网的私网用户数量大的场景。

设备接收到IPv6报文且命中源地址池NAT66方式的源NAT策略后，根据源IP Hash算法从NAT地址池中选择一个公网IPv6地址，替换报文的源IPv6地址，同时使用新的端口号替换报文的源端口号，并建立会话表，然后将报文发送出去。

闯关题8-5

此方式下，由于地址转换的同时还进行端口的转换，可以实现多个私网用户共同使用一个公网IP地址上网，设备根据端口区分不同用户，所以可以支持同时上网的用户数量更多。

8.4 实验：配置 NAT64 动态映射

如图8-17所示，FW连接着一个IPv6网络及一个IPv4网络，其中IPv6网络对应外网，IPv4网络对应DMZ。用户在IPv4网络中部署了IPv4服务器，我们将在FW上完成NAT64配置（动态NAT64映射），使IPv6 PC能够访问IPv4服务器。

FW的关键配置如下。

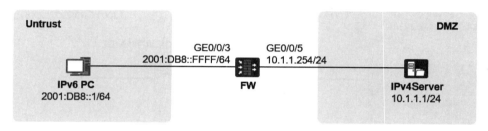

图 8-17　NAT64 动态映射

1. 完成接口的基础配置

```
[FW] ipv6
[FW] interface GigabitEthernet 0/0/3                          #配置 GE0/0/3接口
[FW-GigabitEthernet0/0/3] ipv6 enable
[FW-GigabitEthernet0/0/3] ipv6 address 2001:DB8::FFFF 64
[FW-GigabitEthernet0/0/3] quit
[FW] interface GigabitEthernet 0/0/5                          #配置 GE0/0/5接口
[FW-GigabitEthernet0/0/5] ip address 10.1.1.254 24
[FW-GigabitEthernet0/0/5] quit
[FW] firewall zone untrust
[FW-zone-untrust] add interface GigabitEthernet 0/0/3         #将 GE0/0/3绑定到 Untrust
[FW-zone-untrust] quit
[FW] firewall zone dmz
[FW-zone-dmz] add interface GigabitEthernet 0/0/5             #将 GE0/0/5绑定到 DMZ
[FW-zone-dmz] quit
```

在以上配置中，我们完成了FW接口的基础配置，然后将GE0/0/3和GE0/0/5接口分别绑定到了Untrust及DMZ。

2. 完成安全策略的配置

```
[FW] security-policy
[FW-policy-security] rule name IPv6PC_to_IPv4Server
[FW-policy-security-rule-IPv6PC_to_IPv4Server] source-zone untrust
[FW-policy-security-rule-IPv6PC_to_IPv4Server] destination-zone dmz
[FW-policy-security-rule-IPv6PC_to_IPv4Server] destination-address
64:FF9B::A01:101 128
[FW-policy-security-rule-IPv6PC_to_IPv4Server] action permit
[FW-policy-security-rule-IPv6PC_to_IPv4Server] quit
```

```
[FW-policy-security] quit
```

为了确保IPv6 PC能够访问IPv4服务器，需在FW安全策略中添加安全规则来放通相应的流量。在以上配置中，我们添加了一个名为"IPv6PC_to_IPv4Server"的安全规则，该规则中的条件包含源安全区域、目的安全区域、目的IPv6地址，并且动作为允许。当Untrust中的设备访问DMZ中的64:FF9B::A01:101时，该流量将被FW放通。

3．完成NAT64的配置

首先配置IPv4 NAT地址池addressgroup1，地址范围为192.168.1.1 ～ 192.168.1.100。NAT地址池中的地址将作为NAT64转换后报文的源IPv4地址。

```
[FW] nat address-group addressgroup1
[FW-address-group-addressgroup1] mode pat
[FW-address-group-addressgroup1] section 192.168.1.1 192.168.1.100
[FW-address-group-addressgroup1] quit
```

然后配置动态NAT64映射。

```
[FW] nat-policy
[FW-policy-nat] rule name policy_nat64
[FW-policy-nat-rule-policy_nat64] source-zone untrust
[FW-policy-nat-rule-policy_nat64] destination-zone dmz
[FW-policy-nat-rule-policy_nat64] destination-address 64:FF9B::A01:101 128
[FW-policy-nat-rule-policy_nat64] nat-type nat64
[FW-policy-nat-rule-policy_nat64] action source-nat address-group addressgroup1
[FW-policy-nat-rule-policy_nat64] quit
```

在以上配置中，我们创建了一个名称为"policy_nat64"的NAT规则，该规则对Untrust访问DMZ中64:FF9B::A01:101地址的报文执行NAT64转换，转换后的IPv4报文的源地址为addressgroup1地址池中的地址。

说明：在本实验中，我们使用知名NAT64前缀64:FF9B::/96。如果要使用自定义的NAT64前缀，则需使用**nat64 prefix**命令进行配置。

接下来激活接口GE0/0/3的NAT64功能。

```
[FW] interface GigabitEthernet 0/0/3
[FW-GigabitEthernet0/0/3] nat64 enable
[FW-GigabitEthernet0/0/3] quit
```

完成上述配置后，IPv6 PC即可通过访问64:FF9B::A01:101来访问IPv4服务器。

当IPv6 PC ping IPv4服务器时，可以在FW上观察到如下会话：

```
[FW] display firewall ipv6 session table

 Current Total IPv6 Sessions : 1
  NAT64: icmpv6  VPN: public --> public  2001:DB8::1.57515[192.168.1.68:2050] -->
64:FF9B::A01:101.2048[10.1.1.1:2048]
```

会话的详细信息如下：

```
[FW]display firewall ipv6 session table  verbose

 Current Total IPv6 Sessions : 1
  NAT64: icmpv6  VPN: public --> public  ID: a487f7e8252e055fe6455208e
  Zone: untrust --> dmz TTL: 00:00:45  Left: 00:00:39
  Interface: GigabitEthernet0/0/5 NextHop: 10.1.1.1 MAC: 0000-0000-0000
```

```
<--packets: 5 bytes: 520 --> packets: 5 bytes: 520
2001:DB8::1.57515[192.168.1.68:2050] --> 64:FF9B::A01:101.2048[10.1.1.1:2048]
PolicyName: IPv6PC_to_IPv4Server
```

8.5 本章小结

本章介绍 IPv6 过渡技术，主要包括以下内容。

（1）从 IPv4 向 IPv6 是个逐渐过渡的过程，在过渡过程中，存在一个物理网络同时承载 IPv4 和 IPv6 流量、IPv6 孤岛之间通过 IPv4 网络互访或反之、IPv4 与 IPv6 设备直接互访等通信场景，针对上述场景的过渡技术包括双栈技术、隧道技术和转换技术。

（2）支持双栈的设备可以同时访问 IPv4 和 IPv6 网络，源节点根据目的节点的不同，选用不同的协议栈，中间的网络设备根据报文的协议类型选择不同的协议栈进行处理和转发。IPv4 和 IPv6 流量共存，同时又相互独立。

（3）隧道是一种协议封装技术，利用一种网络协议来传输另一种网络协议的数据，利用隧道技术可以实现 IPv6 孤岛之间通过 IPv4 网络互访或 IPv4 孤岛之间通过 IPv6 网络互访。隧道的目的地址（即隧道终点）可以静态手工配置（手动隧道），也可以由设备自动生成（6to4 隧道），GRE 隧道支持对多种不同的网络层协议进行封装，6PE 和 6VPE 利用运营商的 MPLS 骨干网络承载 IPv6 业务。

（4）转换技术包括协议转换和网络地址转换。NAT64 属于协议转换技术，能够实现 IPv4 与 IPv6 设备直接互访，根据地址映射的方式和适用的通信场景的不同，可以分为动态 NAT64 映射和静态 NAT64 映射。NAT66 属于网络地址转换技术，仅适用于 IPv6 网络，根据转换方式的不同，NAT66 可以分为 NPTv6 方式的源 NAT66 和静态 NAT66 方式的源 NAT66。在 IPv6 地址较多且不关注转换后的 IP 地址的场景下，一般采用 NPTv6 方式；在 IPv6 地址较少且关注转换后的 IP 地址时，一般采用静态 NAT66 方式。

8.6 思考与练习

8-1 请概括 IPv6 过渡技术中的双栈技术、隧道技术及转换技术的特点与适用的场景。

8-2 请说明 IPv6 over IPv4 手工隧道与 GRE 隧道的差异。

8-3 哪些 IPv6 过渡技术可以利用现有的 IPv4 MPLS 骨干网络实现 IPv6 网络的连接功能？

8-4 某企业内部网络为 IPv4 单协议栈，其中有对外提供服务的 IPv4 服务器，现在公网上出现了大量使用 IPv6 地址的用户，该企业希望在不改变内网现有架构及网络规划的情况下快速使得 IPv4 服务器向 IPv6 用户提供服务，此时可建议该企业使用哪项技术？请描述该技术的工作过程。

8-5 某企业内部网络使用 IPv6 唯一本地地址通信，为了令使用该类地址的终端能够访问 Internet 上的服务，应该在网络的出口处部署什么设备？请描述该设备的工作原理。

第 **9** 章
IPv6+ 技术概述

如今，数据通信网络的重要性已经无须多言。作为数据通信网络的核心协议，IPv6 为网络的发展奠定了基础，它提供了海量的地址，报文头部的处理较 IPv4 更为简化，在提高处理效率的同时又通过扩展头部提供了无限的想象空间。IPv6 支持通过地址自动配置方式使主机自动获取 IPv6 地址，实现设备即插即用。随着海量终端接入数据通信网络，IPv6 的上述特性的确能够在一定程度上满足"万物互联"的需求，然而如今的数字化应用要求网络不仅仅能够解决连接问题，还能够提供高质量的连接、更加智能的连接，因此 IPv6+ 应运而生。

本章简要介绍 IPv6+ 的概念及其内涵，对 IPv6+ 关键技术的深入介绍将在后续章节中展开。

学习目标：

知识图谱

1. 掌握 IPv6+ 的概念及内涵；

2. 理解 SRv6、BIERv6、网络切片、IFIT、APN6 等 IPv6+ 关键技术的基本概念和基本原理；

3. 了解上述技术的价值及应用场景。

9.1 IPv6+ 与智能连接

数据通信网络作为数字化的基石，"左手"连接万物，"右手"连接应用，实现千行百业信息化、智慧化。如图9-1所示，过去，数据通信网络主要用于满足人们的基本通信需求，如访问网页获取信息等。彼时通信对网络的需求更多体现在连接方面，IPv4成为整个数据通信网络的核心协议。随着语音、视频、游戏等应用的普及，人们对网络的需求发生了变化。这些变化要求网络实现差异化的服务质量，并且，关键业务的流量需始终被调整到满足带宽需求的转发路径上，而不是单纯地使用最短路径；某些场景下要求网络实现逻辑隔离，进而能够用一个统一的物理网络来承载多种业务数据。另一方面，20世纪90年代中期，随着IP技术的快速发展，Internet数据海量增长，但由于硬件技术存在限制，基于最长匹配算法的IP技术必须使用软件查找路由，转发性能低，因此IPv4的转发性能成为限制网络发展的瓶颈。于是，MPLS逐渐盛行。MPLS的出现带来VPN、TE等应用，满足了当时网络的需求。

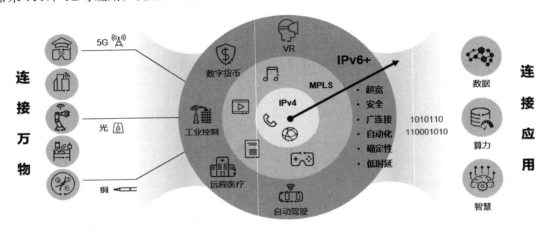

图 9-1　数据通信产业迈向 IPv6+ 智能连接时代

如今，接入网络的终端呈现数量大、多样化、生产化等趋势。这些终端除了典型的个人计算机（有线或无线）、手机、VR（Virtual Reality，虚拟现实）终端、AR（Augmented Reality，增强现实）终端等，还包括海量的物联网传感器、工业生产设备、医疗设备、智慧教育终端等。这些终端的背后是各种智慧化应用，如视频游戏、工业控制、远程医疗、电子政务等。大量新兴业务的出现，要求网络不仅能够提供海量的网络地址以满足海量连接的需求，而且能够更加智慧，总体来说，需具备超宽、安全、广连接、自动化、确定性、低时延等特征。IPv6提供了128bit长度的地址空间，满足海量终端接入，并且业界针对IP网络的创新重心早已从IPv4迁移至IPv6。IPv6具备强大的创新与演进能力，满足上述需求。目前，IP网络已步入IPv6+智能连接时代。

IPv6+是基于IPv6的创新与升级，主要体现在以下几方面。

（1）网络技术体系创新：基于IPv6的技术与协议创新，典型的代表包括网络切片、分段路由、新型组播、确定性IP及随流检测等，如图9-2所示（图中通过现实生活中的例子来帮助读者更好地了解相关概念）。部分关键技术创新将在本书后续章节中介绍。值得强调的是，基于IPv6的技术体系创新在不断加速，未来会有更多的新技术与新应用出现并广泛应用到产业中。

图 9-2　IPv6+ 关键技术创新

（2）智能运维体系创新：在 IPv6 基础上，结合新技术应用，如智能技术等，使网络的运行及维护变得更加智能，包括网络故障的自主发现、识别及自愈，网络自动调优，以及网络健康度实时感知等。

（3）网络商业模式创新：以 5G toB、云间互联、用户上云等为代表。

IPv6+ 的出现，支撑 IP 网络实现"两个升级"，分别是由万物互联向万物智联升级，以及由消费互联网向产业互联网升级。

9.2　SRv6

9.2.1　早期 IP 网络与 IP 路由面临的问题

在早期的 IPv4 网络中，数据采用 IPv4 封装，在 IPv4 报文头部中写入数据的源、目的地址，然后送入网络进行转发。网络设备收到报文时，在其路由表中查询报文的目的 IP 地址，然后根据所匹配的路由信息进行报文转发。网络设备通过路由协议发现路由信息。这种转发机制简单，并且支持多路径等价负载分担，但由于当时的硬件技术存在限制，转发性能低。

此外，IP 路由基于最短路径转发流量，如图 9-3 所示，从 192.168.1.1 发往 192.168.2.1 的报文

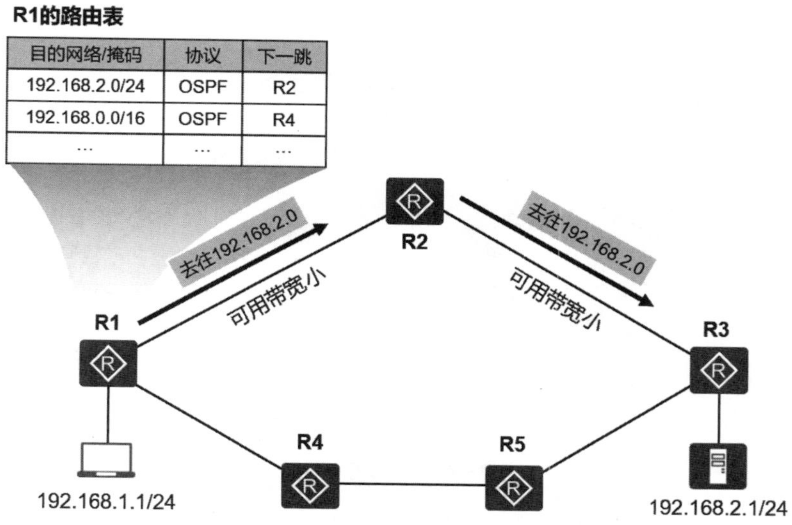

R1的路由表

目的网络/掩码	协议	下一跳
192.168.2.0/24	OSPF	R2
192.168.0.0/16	OSPF	R4
…	…	…

图 9-3　IP 路由

到达R1后，R1通过网络中运行的动态路由协议发现了去往192.168.2.0/24的最短路径，数据被发往R2并最终到达R3。然而R1—R2—R3这段路径的可用带宽小，并不满足业务需求；虽然R1—R4—R5—R3这段路径所提供的带宽远大于前者，但IP路由并不具备路径规划能力，因此业务无法获得更佳的服务质量。

9.2.2 MPLS 面临的问题

MPLS的出现解决了上述问题，如本书第6章所述，它是一种IP骨干网技术。MPLS的核心思想是在报文的数据链路层头部后面、网络层头部前面插入标签，通过标签来指导报文转发（而不是基于网络层头部中的目的IP地址）。

MPLS实际上是一种隧道技术，这种技术不仅支持多种上层协议与业务，而且在一定程度上可以保证信息传输的安全性。以VPN业务为例，使用MPLS技术可以构建一个IP骨干网，并允许接入多个不同的用户（如企业用户），这些用户的数据都在这个骨干网上传输且相互隔离（使用MPLS对业务数据进行封装可以实现数据的逻辑隔离）。但MPLS也面临以下问题。

1. MPLS的基本工作原理回顾

如图9-4所示，图中的5台路由器构成了一个IP骨干网。首先，这个网络需运行IGP，如IS-IS协议，通过该协议实现骨干网内的IP可达性；其次，需要在R1～R5上激活MPLS功能，使设备能够处理MPLS数据；再次，需要运行LDP，通过该协议在设备之间分配与通告标签。IGP与LDP需要协同工作，IGP发现路由，LDP为路由分配并通告MPLS标签。报文从192.168.1.1/24发往192.168.2.0/24时，由R1对数据进行MPLS封装，写入标签值1012，该标签值由R2为路由192.168.2.0/24分配；R2收到报文后，将标签值置换为1023（该标签值由R3为路由192.168.2.0/24分配），然后转发给R3；R3收到报文后将标签头部解封装，将载荷数据（IPv4报文）转发到目的地。

R2的标签转发表

FEC	入标签	出标签	出接口
192.168.2.0/24	1012	1023	GE0/0/1
…	…	…	…

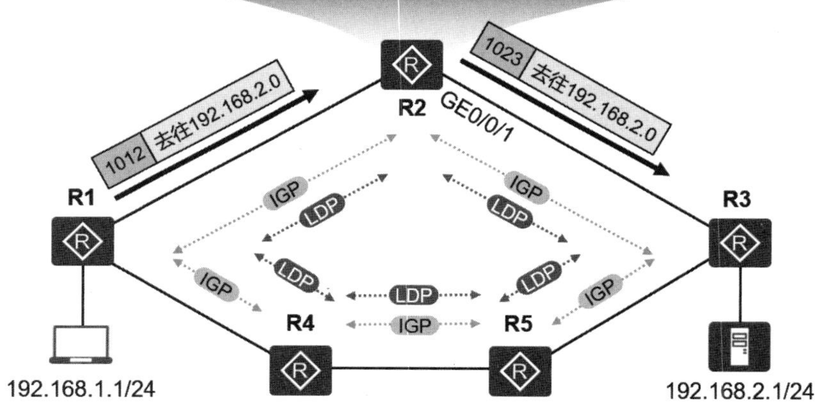

图 9-4　MPLS 标签转发

实际上，MPLS是在网络中构建了一条转发数据的隧道，以实现包括VPN等在内的业务。当然，它也存在一些缺陷：它的工作仍然依赖路由协议，如果单纯依靠LDP实现标签分发则无路径规划功能，即流量的转发路径还是遵循路由协议所计算出的最短路径，何况它还引入了额外的 LDP 来实现标签分发，增加了网络部署和维护的复杂度；再者，网络管理员还需警惕 IGP 与 LDP 同步问题，两个协议如果出现收敛不一致的情况，会引发数据转发方面的问题。

说明：FEC（Forwarding Equivalence Class，等价转发类）指的是具有相同特征的报文，这些报文在 LSR 转发过程中被采用相同的方式处理。MPLS 标签通常是与 FEC 相对应的，网络管理员必须通过某种机制使 MPLS 网络中的 LSR 能够获得关于 FEC 的标签信息。在实际应用中，关于 FEC 的常见例子之一是，目的 IP 地址匹配同一条路由的报文，这些报文被认为属于同一个 FEC。

2. MPLS 流量工程与面临的问题及挑战

传统的 IP 路由不支持流量工程，但 MPLS 支持。当数据包进入 MPLS 网络时，设备可以为数据包压入标签，通过标签来体现报文所需经过的每一跳，从而为报文规划一条显式路径。这条路径可能是高带宽或者低时延的路径，以满足业务的需要。携带标签的数据进入 MPLS 网络后，会沿着事先规划的路径转发。

MPLS 通过建立基于一定约束条件的隧道，并将流量引入这些隧道中进行转发，使网络流量按照指定的路径传输，达到流量工程的目的。

如图 9-5 所示，路由器 R1 ～ R5 首先运行 IGP，通过 IGP 实现路由通告，同时在 IGP 中通告可用带宽等用于流量工程的信息。R1 基于这些信息通过 CSPF 算法计算满足指定约束条件的路径（如计算一条可用带宽为 50Mbit/s 的路径），计算出路径后便明确了路径所需经过的节点。然后设备采用 RSVP-TE 信令来建立隧道。RSVP 请求一跳一跳地沿着计算出的路径发送至 R3。R3 为这个隧道预留资源并分配标签，将标签信息通过 RSVP 响应报文发送给 R5。R5 同理，发送 RSVP 响应报文给 R4，R4 则发送 RSVP 响应报文给 R1。如此一来，一条 RSVP-TE 隧道便建立起来了，隧道沿途的标签也都准备好了。接下来 R1 将 192.168.1.1 发往 192.168.2.1 的流量引入该隧道，当流量对应的报文到达时，R1 对报文执行 MPLS 封装，然后将其转发给 R4。R4 将标签替换为 R5 的标签，然后将其转发给 R5。依次类推，直至报文到达 R3。R3 将报文解除 MPLS 封装并送达目的地。

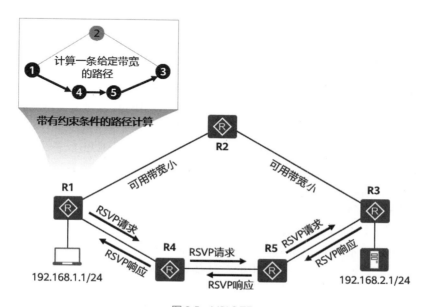

图 9-5　MPLS TE

基于 MPLS 的流量工程 MPLS TE 已经广泛应用，它面临的主要问题：依赖 IGP 扩散可用带宽等信息；引入额外的协议实现资源预留和标签分发，增加了配置及维护工作量；对负载分担的支持不够友好；路径状态的维系依赖 RSVP 报文刷新，浪费链路带宽。此外，在 MPLS TE 中，当创建一个隧道时，除了隧道的端点设备，其途经的中间节点均会维护该隧道的状态信息，若隧道数量较大，则节点的压力较大。

3．MPLS 的跨域部署

一般的 MPLS VPN 体系结构在一个 AS 内运行，属于该 AS 的 VPN 信息仅在 AS 内部扩散，不会扩散到 AS 外部。如图 9-6 所示，MPLS VPN 骨干网络对应单一的 AS，企业 A 和企业 B 的 VPN 路由信息在该 AS 内进行扩散。

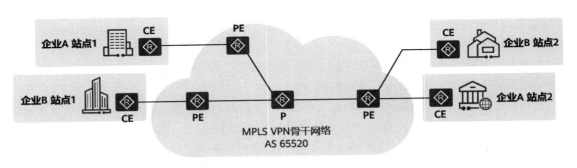

图 9-6　单域 MPLS VPN

如今，MPLS VPN 已经广泛部署到运营商网络及大型企业网络中。运营商的不同城域网络之间，或相互协作的不同运营商的骨干网络之间都存在着跨越不同 AS 的情况。大型企业的骨干网络也可能存在类似的情况。此时便需要使用跨域（Inter-AS）的 MPLS VPN 方案，以便通过 AS 间的链路来发布路由前缀和标签信息。目前，主要有三种跨域 VPN 解决方案：OptionA、OptionB、OptionC。这些方案旨在通过不同的方式解决 AS 之间控制信息的传递（VPN 路由通告）及数据转发问题。

如图 9-7 所示，某运营商拥有两个城域网，这两个城域网都支持 MPLS VPN，但是分别对应两个 AS。该运营商需要跨越这两个城域网为企业提供端到端的 MPLS VPN 专线服务，因此必须在网络中选择跨域方案。以 OptionA 为例，两个 AS 的边界设备 ASBR（Autonomous System Boundary Router，自治系统边界路由器）直接相连，它们之间不需要运行 MPLS，ASBR 同时也是各自所在 AS 的 PE 设备。两台 ASBR 都把对端 ASBR 看作自己的 CE 设备。在该方案中，需要在 ASBR 上为每一个 VPN 创建 VPN 实例，并分配独立的物理接口或子接口，两台 ASBR 通过 EBGP 等路由协议交互路由信息，再通过 MP-BGP 与本 AS 内的其他 PE 设备交互 VPN 路由信息。总而言之，MPLS VPN 跨域场景涉及较大的配置与维护工作量。

4．MPLS 与云网协同

如今，企业的数字化转型正在加速，越来越多的企业选择将 IT 支撑系统甚至生产系统逐步迁移到云上。数据中心是云底座，而数据中心网络则是数据中心的核心基础设施。目前，VXLAN 技术在数据中心内广泛部署，企业作为数据中心的租户，其数据在数据中心内部通过 VXLAN 进行封装。而广域骨干网络中的封装技术则以 MPLS 为主，企业作为 VPN 用户，其数据在广域骨干网络中通过 MPLS 进行封装。数据从企业的站点发出后，需分别经过 MPLS 及 VXLAN 等的封装与解封装过程，最终才能抵达位于数据中心内的服务器，其中还有跨越 AS 的情况，因此ISP面临云网协同困难的问题。为了实现企业业务上云，ISP需要做大量的配置、协同工作，并且业务开通时间长，业务体验难以保证。

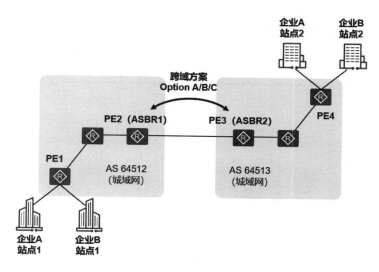

图 9-7　跨域 MPLS VPN

综上所述，MPLS 面临的问题如图9-8所示。

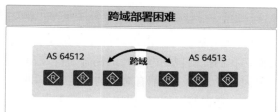

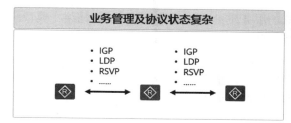

图 9-8　MPLS 面临的问题

9.2.3　SR 与 SRv6

SR（Segment Routing，分段路由）是基于源路由（Source Routing）理念设计的在网络上转发数据包的一种技术。RFC 8402文档"Segment Routing Architecture（分段路由架构）"描述了SR的架构标准。SR将报文的转发路径分为多个段（Segment），并且为每一个段分配相应的标识符，该标识符称为SID（Segment Routing Identifier，分段标识符），对SID进行有序排列就可以得到一条完整的转发路径。就像在现实中，我们乘坐公共交通工具去旅游，最终的目的地是 Z 市，但是在前往 Z 市的过程中需依序经过 X 市和 Y 市，如图 9-9 所示。我们可以买三张票：从起点到 X 的机票、从 X 到 Y 的船票，以及从 Y 到 Z 的火车票。我们在出发时手握三张票，使用第一张票搭乘飞机从起点到达 X 市，经过第一段旅途；在 X 市游玩后使用第二张票乘坐轮船从 X 市前往 Y 市，这就经过了第二段旅途；最后使用第三张票乘坐火车从 Y 市到达 Z 市，从而到达目的地。

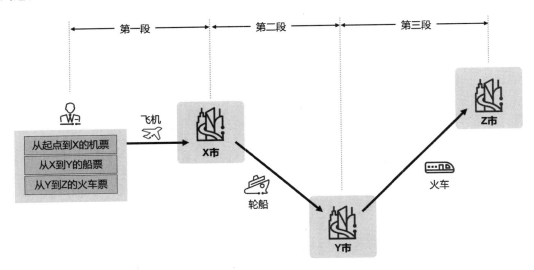

图 9-9　现实中的"分段路由"

SR 技术基于源路由理念设计，在源节点即可控制数据包在网络中的转发路径。以上述旅游为例，我们提前规划好旅行的路径，即在出发前就规划好从 X 到 Y 再到 Z 的旅行路径：将本次旅行分为三段，每一段都有对应的交通工具和乘坐凭证。在出发时将这些凭证依序准备好，一旦踏上旅途，全程便可按照规划好的路径来享受旅行时光——这便是源路由机制。

基于源路由机制的 SR 可以与 SDN（Software-Defined Networking，软件定义网络）及网络编程很好地结合在一起，让网络为业务提供更佳的服务质量，并实现应用驱动的网络。典型的 SDN 架构包含两种重要的组件，分别是 SDN 控制器和转发器，其中转发器主要指的是网络设备，如路由器等，这些设备被网络中的 SDN 控制器统一纳管；SDN 控制器是一套软件系统，主要实现网络的集中管理、控制和分析。SDN 控制器拥有网络的全局视角，可以实时监控网络的工作状态，并采集网络的拓扑结构。与此同时，SDN 控制器也可以接收业务需求，将业务需求转变为网络配置及指令并下发到网络设备上执行，从而对网络的整体业务进行控制。本章所讨论的"网络编程"主要是针对网络的转发平面而言的，简单来说就是通过编程的方式，在报文中写入相关信息来指导报文转发，或者实现某些业务功能。网络编程可以让网络变得更加智能，而不仅仅是一个发挥数据转发作用的管道。

图 9-10 所示的网络结合了 SDN 及 SR，网络中的路由器由 SDN 控制器集中纳管。SDN 控制器对网络的拓扑进行采集、建模，并通过相应的技术实时监测网络的质量，如链路拥塞情况、时延及抖动等。应用可以向 SDN 控制器发起业务需求。例如，某个视频应用希望视频流量在网络中转发时网络能够提供一条低时延的路径，SDN 控制器则基于业务需求进行全局计算，计算出一条满足业务需求的显式路径，这条路径可能以多个分段的形式跨越整个网络；SDN 控制器将该路径转换为基于分段的指令序列（Segment List），然后将该 Segment List 下发到视频流量的网络

入口处（即头节点或源节点）；当视频应用的报文到达头节点时，头节点对报文进行封装，压入 SDN 控制器下发的 Segment List，然后将报文转发到网络中；网络按照报文的 Segment List 进行转发；最终，报文沿着预先指定的路径到达目的地。

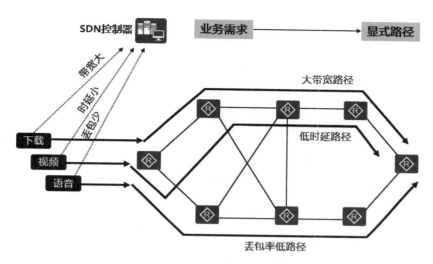

图 9-10　SR 与 SDN 及网络编程结合

SR 支持两种数据平面，分别是 MPLS 和 IPv6，其中基于 MPLS 数据平面的 SR 称为 SR-MPLS，而基于 IPv6 数据平面的 SR 则称为 SRv6。

1．SR 中的"分段"与"路由"

正如前文所说，SR 中的"分段"指的是将网络路径分成多个段，每个段都有与之对应的指令，不同的指令有不同的含义，对应不同的设备处理行为。指令在 SR 中体现为 SID，SR-MPLS 中使用的 SID 是 MPLS 标签，而 SRv6 中使用的 SID 则是 IPv6 地址。

在图 9-11 所示的例子中，整个广域骨干网络已经部署了 SR。现在，某个使用生产应用的 PC 需要发送报文到 Cloud（云）以完成生产业务，并且该业务要求时延小于 10ms。如果报文沿着图示的路径从 R1 进入广域骨干网络后先到达 R2，然后到达 R5 并从 R5 进入 Cloud，那么报文将会获得满足业务需求的服务质量。整个报文转发路径可被分为两段，第一段是从 R1 到 R2，第二段则是从 R2 到 R5。在实际应用中，该路径往往由 SDN 控制器计算得出。这两段都有与之相对应的指令，指令 1 用于指引报文到达 R2，指令 2 则用于指引报文到达 R5。在 SR-MPLS 中，这两个指令的表现形式为 MPLS 标签，而在 SRv6 中，它们的表现形式为 IPv6 地址。指令 1 和指令 2 经过有序排列形成 Segment List，SDN 控制器将该 Segment List 下发到头节点 R1。报文到达 R1 后，R1 为报文压入 Segment List，然后将其转发到网络中，网络中的其他设备则根据指令将报文转发至 R2，这就完成了第一段。第二段同理。

2．SR-MPLS

在传统的 MPLS VPN 中，网络中首先需要部署 IGP 来实现 IP 可达性，然后需要在设备上激活 MPLS 并部署 LDP。IGP 负责计算路由，而 LDP 则负责基于路由信息分发标签。在 MPLS TE 中，则需要由 RSVP-TE 来建立 TE 隧道，并完成标签分发。相比之下，SR-MPLS 保留了 MPLS 数据平面的基本功能，又在以下多个方面实现了优化。

（1）SR-MPLS 简化了控制平面。使用 SR-MPLS 时，在典型场景中，网络中只需要部署支持SR扩展能力的IGP、BGP并激活MPLS，无须部署LDP、RSVP-TE等控制平面协议。支持SR扩展功能的路由协议可以完成路由计算工作，并在此基础上完成SID（MPLS标签）分发工作，因此，SR-MPLS相较于传统的MPLS简化了控制平面。这使得SR-MPLS的配置及维护工作量更低。

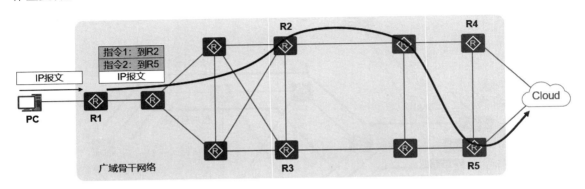

图9-11　SR中的"分段"与"路由"

（2）SR-MPLS网络容量扩展功能更佳。在传统的MPLS TE中，TE隧道的中间节点需要为每个数据流维持转发状态，此时节点之间需要频繁发送相关报文，当数据流特别多时，设备性能将受到挑战。而SR-MPLS网络仅需要在头节点维持每个数据流的状态，中间节点不需要维护路径信息，设备控制层面压力小，这使得SR-MPLS的网络容量扩展功能更佳。

此外，SR-MPLS可以提升网络的可靠性，通过TI-LFA（Topology-Independent Loop-free Alternate，拓扑无关无环路备份）FRR（Fast ReRoute，快速重路由）保护技术可以实现任意拓扑的节点和链路保护，实现故障的快速修复。

图9-12为一个部署了SR-MPLS的IPv4网络，其简单展示了SR-MPLS的工作原理。在本例中，R1、R2、R3及R4均激活了MPLS，并部署了IGP。该IGP可以是OSPF协议或IS-IS协议，并且支持SR扩展。我们分别为每台设备指定一个节点SID，这个SID用于标识对应的节点，它们被IGP扩散到网络中。为了让R1～R4所构成的MPLS网络能够转发IP报文，并且先将报文从R1送达R3，再送达R4，可以在头节点收到报文时为其插入两层标签：外层标签为R3的节点SID，内层标签为R4的节点SID。R1将压着两层标签的MPLS标签报文转发给R2，R2仅处理顶层标签16003，该标签引导报文到达R3；R2对顶层标签进行置换（在本例中，置换前后的标签值相同），然后将报文转发给R3；R3收到报文后，将顶层标签弹出，此时报文完成了第一段的转发过程。R3将MPLS报文转发出去，此时16004成为新的顶层标签，该标签用于引导报文到达R4。

值得强调的是，本例中由R1～R4构成的MPLS骨干网络进行了极大的简化，在现实中，这可能是一个包含大量设备的大型网络，并且设备之间存在冗余路径。从业务意图上看，我们希望报文从R1进入SR-MPLS网络，然后从R4出站，并且数据转发路径分为两段，其中，在第一段中，报文需要穿越中间转发设备R2。在该场景中，要求R1、R2、R3及R4均支持MPLS及SR。以R2为例，即使它在流量转发过程中仅作为一个中间转发设备，它也依然需要支持MPLS及SR，因此SR-MPLS对网络的向前演进是有要求的。

SR-MPLS能够与SDN理念很好地结合，但是它也存在一定的短板。SR-MPLS利用现有的MPLS技术架构，在报文转发层面依然使用MPLS封装，虽然提供了一定的可编程功能，如实现路径可编程，但是MPLS标签的可扩展性不足，较难满足新业务的需求。

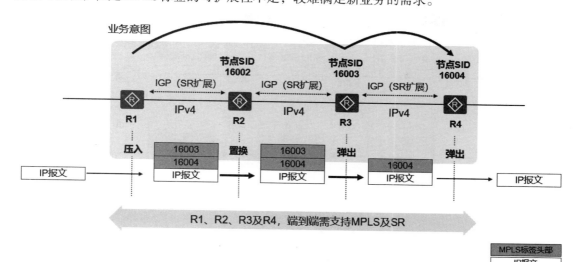

图 9-12　SR-MPLS 示例

3．SRv6

　　SRv6是基于IPv6数据平面的SR。IPv6扩展头部的设计给网络创新带来了无限的想象空间，许多新的网络技术及应用在数据平面实现中都非常巧妙地使用了IPv6的扩展头部。IPv6拥有多种扩展头部，每种扩展头拥有不同的功能。例如，RH扩展头部用于指定报文在前往目的地的途中必须经过的一个或多个中间节点。

　　SRv6直接使用IPv6地址作为SID，这使IPv6地址除了具备寻址的意义外，还隐含指令信息。SRv6可以通过在IPv6报文中插入一个SRH（Segment Routing Header，分段路由报头）来实现其功能。SRH是一种IPv6 RH扩展头部，该扩展头部包含"Segment List"字段。在SRv6报文的转发过程中，中间节点不断地进行更新目的地址和在Segment List中偏移的操作来完成逐段转发。

　　SRv6不仅继承了SR-MPLS在简化网络等方面的优点，还比SR-MPLS具有更好的兼容性和可扩展性。

　　图9-13所示为SRv6的基本工作原理。在本例中，R1、R3及R4部署了SRv6，而R2不支持SRv6。所有设备都无须部署MPLS，仅需部署IPv6及IGP（SR扩展）。为满足业务需求（将IP报文从R1送达R3，再送达R4），R1在收到IP报文后，为报文增加IPv6扩展头部SRH，并在SRH中写入Segment List，包含对应R3及R4的指令（Segment）。SRv6 Segment是IPv6地址形式，通常也可以称为SRv6 SID。同时，SRH还包含一个"指针"，用来指向Segment List中当前需执行的指令，初始时，该"指针"指向R3对应的IPv6地址，在为报文增加SRH扩展头部后，R1将报文的目的IPv6地址修改为SRH中"指针"所指向的当前指令，即R3的IPv6地址，然后将报文转发给R2。R2收到该报文后，发现报文的目的IPv6地址并非它所拥有，于是查询IPv6路由表后，将报文转发给R3。R3收到报文后，发现报文的目的地址对应本设备所产生的SRv6 SID，于是根据SID对应的操作，将SRH中的"指针"移到Segment List中的下一个Segment，得到下一个SRv6 SID（R4的IPv6地址），然后将报文的目的IPv6地址修改为R4的IPv6地址，并将报文转发给R4。最后由R4将报文解封装后发送出去。

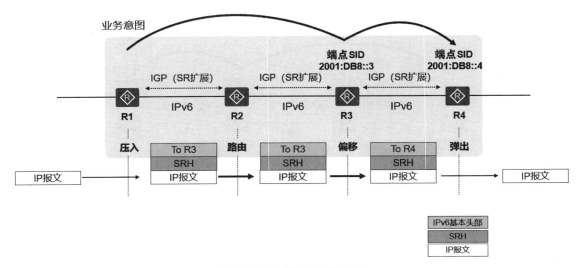

图 9-13　SRv6 的基本工作原理

从上述描述可以看出，SRv6 中所使用的 Segment 指令是 IPv6 地址，而 128bit 长度的 IPv6 地址除了能够用于寻址外，还能用于承载更丰富的信息，如报文所属的 VPN 信息，或者报文的处理动作（如将报文从哪个接口转发给哪个下一跳等）。如图 9-14 所示，IPv6 地址提供了广阔的可编程空间，适用于丰富的业务场景。此外，SRH 可以包含多个指令（多个 IPv6 地址），包括转发指令或业务指令。

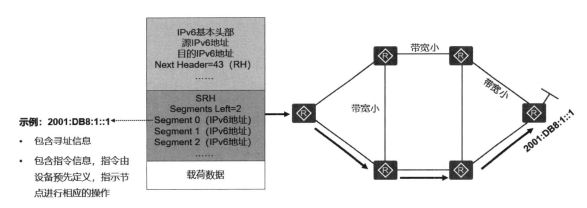

图 9-14　IPv6 扩展头部 SRH 的网络可编程功能示例

图 9-15 所示为一个形象化的例子，有三个旅游点，分别是一个体育馆、一座山和一家店，它们相当于网络中的 3 台设备。每个旅游点都有对应的位置及游玩项目，其中，体育馆和山提供观光服务，而店提供就餐服务，即通过店的地址能找到这家店，同时地址中隐含"吃饭"这项服务。某游客在出发前规划好了游玩路径：先到体育馆，然后到山，最后到店吃东西。游客将 3 个旅游点对应的地址依序排列。初始时"当前前往"这个"指针"指向第一个旅游点，即体育馆，游客乘坐交通工具前往该旅游点。然后"当前前往"这个"指针"偏移，指向下一个旅游点，即山，将山对应的地址信息设置为当前的目的地，乘坐交通工具前往该地。到达山后，"当前前往"这个"指针"偏移，指向下一个旅游点，即店，将该店对应的地址信息设置为当前的目的地，最终到达这家店。游客通过该店的目的地址来到了店里，这个地址是该店提供的，因此店内的工作人员知晓地址所对应的服务，于是为客人提供就餐服务。

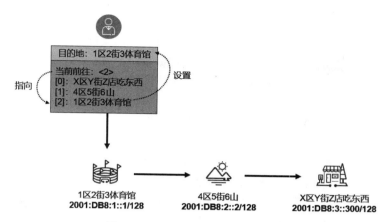

图 9-15　SRv6 操作过程的生活化示例

4．SRv6 的特点总结

（1）简化网络协议。相对于传统 MPLS，SR-MPLS 简化了控制平面协议，网络中只需要部署支持 SR 扩展功能的 IGP、BGP 并激活 MPLS 即可，无须部署 LDP、RSVP-TE 等控制平面协议。SRv6 在控制平面上对网络协议的简化继承了 SR-MPLS 的优点，同时在数据平面上使用 IPv6 取代 MPLS。

（2）灵活可编程。相较于 SR-MPLS 基于 MPLS 标签实现网络编程，SRv6 能提供更加灵活的网络编程功能。SRv6 采用 IPv6 扩展头部 SRH 来实现其功能，在 SRH 中存在多重可编程空间。首先，SRv6 使用 IPv6 地址作为 SID，128bit 长度的 IPv6 地址除了可以携带位置信息外，还可以进一步携带业务信息；其次，多个 SID 可以组成 Segment List，形成 SRv6 路径；最后，SRH 中还定义了特殊的可选 TLV，该 TLV 的长度是可变的，可以承载更多的信息，提供了丰富的创新空间。

（3）容易实现云网协同。在 SRv6 出现之前，实现云网协同是存在一定困难的。如图 9-16 所示，目前云数据中心多采用 VXLAN 技术实现数据封装，而广域网则更多基于 MPLS，包括 MPLS LDP、MPLS TE、SR-MPLS 等，这些技术在对应的场景中均已大量应用。云、网之间的对接涉及较大的业务协调及设备配置工作量。

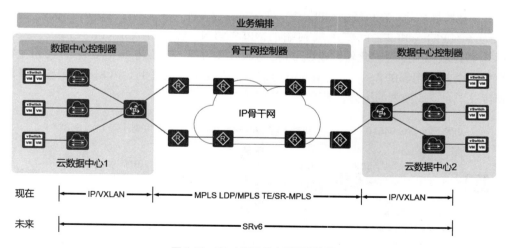

图 9-16　SRv6 更容易实现云网协同

随着 IPv6 的规模化应用，绝大多数 IP 骨干网均已部署 IPv6。对于云数据中心来说，部署 IPv6 也比部署 MPLS 更加简单，这为 SRv6 实现云网协同创造了有利条件。在 IP 骨干网及云数据中心都过渡到IPv6后，使用SRv6便可轻松满足云网协同的需求。

（4）容易实现终端与网络协同。目前已经有终端设备开始支持SRv6，例如，Linux操作系统从4.10版本开始支持SRv6，这使终端与网络更容易实现协同。例如，终端运行的应用所产生的数据在发送到网络之前就可以被终端本身进行SRv6封装，并写入应用所期望的转发路径。相比之下，让终端支持MPLS则显得更加困难。

（5）兼容存量网络。目前，随着IPv6规模化部署的加速，网络中的设备逐渐被替换或升级为支持IPv6的设备，并且部署IPv6、IPv4双协议栈。在此基础上，在网络中引入SRv6时，可以做到平滑升级并兼容存量网络。SRv6网络演进的过程分为三个阶段，如图9-17所示。阶段1为初始阶段，在本阶段中，网络中的设备升级到IPv6，网络实现IPv6可达性。在阶段2，为了快速引入SRv6并实现业务承载，可以针对关键节点进行升级，将设备升级为支持SRv6的设备并部署SRv6，例如，将关键的PE设备升级，或者将业务隧道的头、尾节点升级。在阶段2中，业务报文在SRv6头节点处被执行SRv6封装，报文进入网络后，不支持SRv6的设备会通过查询路由表对报文进行直接转发，因此这些设备即使不支持SRv6，也不会影响业务，网络管理员可以逐步对它们进行升级、替换，直至网络到达阶段3。在阶段3，全网的设备均支持并部署SRv6。由此可见，SRv6是可以兼容存量网络的。

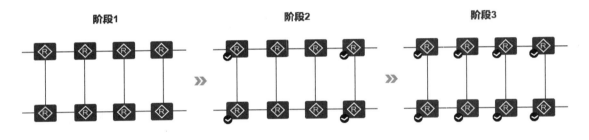

图 9-17　SRv6 网络演进

（6）简化跨域部署。在传统的MPLS中，实现跨域业务涉及较大的配置维护工作量，如图9-18所示，为了在PE1与PE2之间实现端到端的MPLS VPN，需要在ASBR1、ASBR2、ASBR3及ASBR4上做跨域相关配置。此外，以OptionC跨域方案为例，需要将一个AS中的32bit主机路由通告给另一个与之相邻的AS，在大型网络场景中，需要生成大量的MPLS表项，给设备的控制平面和转发平面造成极大的压力，影响网络的可扩展性。

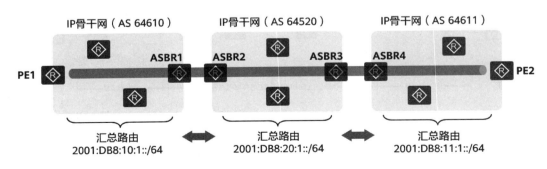

图 9-18　SRv6 简化跨域部署

SRv6的跨域部署则更加简单。笼统地说，只需要在ASBR上将到达一个AS内相关网络设备的IPv6路由通过BGP4+引入另一个AS，即可开展跨域业务，并且在路由引入的过程中可以将相关路由汇总，只将汇总路由引入，从而减小设备的路由表规模，有利于支持更大规模的组网。

9.3　BIERv6

9.3.1　单播、组播及广播

在IPv4网络中，存在三种通信方式，分别是单播、广播及组播。

（1）单播通信是"一对一"的通信方式，一个单播报文发往一个接收者。单播报文的目的IP地址为单播地址。

（2）广播通信是"一对所有"的通信方式，以目的IP地址为255.255.255.255的广播报文为例，这种报文将被发往同一个广播域中的所有设备，每一个收到广播报文的设备都需要解析该报文。当然，设备解析报文后如果发现自己并不需要该报文则会丢弃它。广播报文的目的IP地址为广播地址。在IPv4中，常见的ARP、DHCP等协议都使用了广播通信方式。广播通信方式容易对网络造成资源消耗，在IPv6中，广播已经被取消，改用组播来实现相关功能。

（3）组播通信是"一对多"的通信方式，组播报文发往一组接收者，只有加入组播报文对应的组播组的设备会收到发往该组播组的报文。组播报文的目的地址为组播IP地址，每个组播IP地址标识一个组播组。组播接收者需要宣称自己加入某个组播组，以便组播网络设备在收到发往该组播组的流量后，将流量转发到其所在的网段。组播源将一个组播报文发送到组播网络后，组播网络设备负责按需复制并转发组播报文，即使每个报文都要发送给多个接收者，组播源每次也仅需发送一个组播报文。一般，路由设备在收到组播报文后，默认并不会对其进行转发，只有激活组播路由功能并维护组播路由表表项的设备才会依据这些表项对组播报文进行合理转发。因此，组播流量的传输需要一个组播网络来承载。组播通信方式广泛应用于"一对多"的通信场景，如视频直播等。

9.3.2　组播技术基础

图9-19所示为一个典型的组播网络架构。组播网络架构包含以下三个非常重要的概念。

1．组播源

组播源是组播报文的发送方，在典型组网中，组播源不需要支持额外的组播协议，只需要发送组播报文。组播源发出的组播报文的源地址为组播源自身的地址，目的地址为对应的组播组的IP地址。

说明：IPv4地址分为五类，即A类、B类、C类、D类和E类，其中D类地址（从224.0.0.0到239.255.255.255）为IPv4组播地址，用于标识组播组。IPv6组播地址的前缀是FF00::/8。

2．接收者

接收者在这里指的是组播报文的接收者，如终端PC等。接收者也常被称为组播组成员，或组成员。只有加入特定组播组的接收者会收到发往该组的组播流量。在图9-19中，PC1、PC3和

PC4都是某个组播组的接收者，它们需要通过相应的协议宣告自己加入对应的组播组，即表达自己需要接收对应组播组的流量。

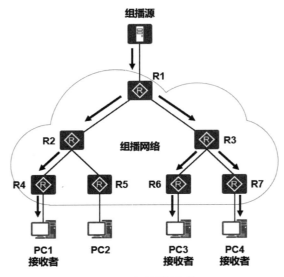

图 9-19　组播网络架构

3．组播路由器

组播路由器指的是激活了组播路由功能的网络设备，此处以路由器为代表，实际上，许多交换机、防火墙也支持组播路由功能，图9-19中的R1～R7都是组播路由器。组播路由器需要运行组播路由协议并激活组播路由功能。组播路由器协同工作，共同组成组播网络。一个组播报文被送入组播网络后，组播网络将该报文沿着通过组播路由协议构建的组播分发树（Multicast Distribution Tree）复制、转发。组播路由协议的主要功能之一就是在网络中形成一棵无环的树，称为组播分发树，这棵树便是组播流量的传输路径，而树的末梢就是组播组的接收者所在的网段。图9-19展示了一棵从组播源到所有接收者的组播分发树，在每台组播路由器上，组播分发树具体体现为对应的组播路由表表项，这些表项用于指导组播报文转发。

典型的组播网络往往包含多个协议，这些协议协同工作，将组播报文发往多个接收者，被统称为IP组播协议。根据协议的功能，IP组播协议可以分为组播成员管理协议和组播路由协议。组播成员管理协议用来在接收者和与其直接相邻的组播路由器之间建立和维护组播组成员关系。常见的组播成员管理协议有IGMP（Internet Group Management Protocol，网际组管理协议）和MLD（Multicast Listener Discovery，组播侦听者发现）协议。两者的功能相似，IGMP用于IPv4网络，而MLD用于IPv6网络。组播路由协议运行在组播网络中的路由设备之间。这些路由设备使用组播路由协议来生成和维护组播路由表，以便正确地转发组播报文。

组播路由协议的主要作用如下。

（1）在每台组播路由设备上维护组播路由表表项。一个组播路由表表项以一对二元组（组播源及组播组）进行标识，如（2001:DB8::1,FFE3::1），其中2001:DB8::1是组播源的IPv6地址，FFE3::1是组播组地址。组播路由表表项包含上游接口（Upstream Interface）、下游接口（Downstream Interface）信息。以下是一个组播路由表表项的示例。在本例中，设备在上游接口VLANIF10收到组播源2001:DB8::1发往组播组FFE3::1的组播流量后，便会将流量从下游接口VLANIF20转发出去。

```
<HUAWEI> display multicast ipv6 routing-table
IPv6 multicast routing table
 Total 1 entry

00001. (2001:DB8::1, FFE3::1)
        Uptime: 00:00:14
        Upstream Interface: Vlanif10
        List of 1 downstream interface
            1:  Vlanif20
```

（2）在每台组播路由设备上确定上游接口。上游接口即组播路由表表项中正确的、接收组播流量的接口，它通常是朝向组播源的接口。在每个组播路由表表项中，如果存在上游接口，那么上游接口只会有一个，只有在该接口到达的组播流量才被视为合法的。

（3）在每台组播路由设备上确定下游接口。下游接口即组播路由表表项中朝向组播接收者的接口。当组播流量在上游接口到达时，设备负责将流量从下游接口复制、转发出去。组播流量永远不会从上游接口转发出去，以避免在网络中造成环路。在一个组播路由表表项中，下游接口可能有 0 个、1 个或多个。

说明：RPF（Reverse Path Forwarding，反向路径转发）机制确保组播报文在正确的接口到达（上游接口），只有这些组播报文会被设备转发到下游接口。在实际应用中，组播路由设备通常基于单播路由实现 RPF 检查。在典型场景中，当设备收到一个组播报文时，它将在其单播路由表中查询到达该报文的源 IP 地址的路由，并检查该单播路由表表项的输出接口与接收该报文的接口是否一致：如果不一致，则认为报文未通过 RPF 检查并将其丢弃；如果一致，则认为报文通过 RPF 检查并对其进行转发。设备将上述接口作为上游接口，记录到对应的组播路由表表项中。

组播路由协议有 PIM、MOSPF 及 MBGP 等，其中 PIM（Protocol Independent Multicast，协议无关组播）在企业网络中的应用比较常见。PIM 使用单播路由表进行 RPF 检查和构建组播分发树，其运行机制与具体使用什么单播路由协议无关。PIM 主要有两种工作模式，即密集模式（Dense Mode，DM）和稀疏模式（Sparse Mode，SM），这两种模式分别适用于不同的网络场景。PIM-DM 适用于组播接收者较为密集的紧凑型网络。运行 PIM-DM 的组播网络收到组播流量后，组播流量首先被扩散到全网的各分支，然后，不存在组播接收者的分支或不需要组播流量的设备通过剪枝的方式将自己从组播分发树上修剪掉。PIM-SM 则适用于组播接收者较为分散、规模较大的网络。与 PIM-DM 采用"推（Push）"的工作方式不同，PIM-SM 不会在初始时将组播流量扩散到全网，而采用一种"拉（Pull）"的工作方式。PIM-SM 在网络中指定组播流量的汇聚点 RP（Rendezvous Point）。组播源首先将组播流量发往 RP；需要组播流量的网络分支主动朝 RP 的方向发送 PIM 加入报文，将自己拉到组播分发树上，然后从 RP 接收组播流量。

9.3.3 已有组播技术与挑战

图 9-20 所示的网络中已经部署了单播路由协议 OSPFv3 及组播路由协议 PIM-SM，其中 R2 被网络管理员指定为 RP。以组播组 FFE3::1 为例，该组播组在本例中对应体育频道 A，组播源正在通过组播的方式直播体育节目。当网络中出现 FFE3::1 的接收者时，该接收者通过 MLD 宣告自己加入组播组 FFE3::1。R4 通过 MLD 发现其直连的网段中出现了 FFE3::1 的接收者，于是通过 PIM-SM 朝 RP 的方向发送 PIM 加入报文，将自己拉到组播分发树上。R3 收到该报文后继续朝 RP 发送 PIM 加入报文。这样就建立了从 R4 到 RP 的组播分发树分支。随后，组播源开始朝 RP 的方向发

送组播流量，流量到达RP后，沿着组播分发树转发到接收者所在的网段。在这个过程中，沿途的设备，包括R2、R3及R4都将建立对应的组播转发表项。在本例中，如果其他组播组的流量进入该网络，那么网络中的相关设备还需建立新的组播转发表项，针对不同的组播流量维护不同的组播分发树。细心的读者可能会发现，从组播源发往接收者的组播流量的当前转发路径并非最优，最优的路径是组播源—R1—R3—R4—接收者。在PIM-SM中，RP是所有组播流量必经的中转站。由RP转发组播数据的转发路径不一定是从组播源到接收者的最短路径，且当组播流量变大时，RP负担增大，因此，当组播数据的转发速率超过阈值时，可进行组播分发树的切换，直接在组播源与接收者间建立最优路径，缓解RP的负担。

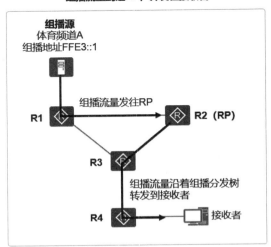

图 9-20　PIM-SM 的基本工作机制

组播技术的发展经历了公网组播方案、IP组播VPN方案、MPLS组播VPN方案等阶段。PIM是一种公网组播方案，本书大致介绍其工作原理。IP组播VPN方案和MPLS组播VPN方案超出了本书的范围。随着组播业务的不断发展，当前的组播技术存在如下短板。

1．协议复杂，配置及维护工作量大

为实现公网组播、IP组播VPN等，需要在网络中引入多种协议，如PIM、mLDP、RSVP-TE P2MP等，协议的配置及维护工作量大。

2．网络可扩展性不佳

多种协议的引入，意味着在网络中引入复杂的控制信令。同时，随着组播业务的增加，网络中需要维护的组播分发树也急剧增加，会占用设备大量的资源，不利于在大规模网络中部署。

3．保障用户体验较困难

随着网络规模越来越大，网络中的组播流量也越来越大，所需要建立的组播分发树也就越来越多，网络中的每个节点都需要保存大量的组播流状态。当网络发生变化时，这会导致组播表表项收敛缓慢，从而影响用户的体验。

9.3.4　BIER 与 BIERv6

BIER（Bit Index Explicit Replication，基于比特索引的显式复制）是一种新的组播技术。简单来说，这种组播技术将组播报文目的节点的集合以BitString的形式封装在报文头部进行发送，网络中的中间节点根据报文头部所携带的BitString对报文进行复制及转发，直至报文到达接收者所在的网段，如图9-21所示。使用BIER技术，组播网络无须为每一个组播流建立组播分发树，中间节点也无须为每个组播流的状态维护相关表项，节省了设备资源，提高了工作效率。

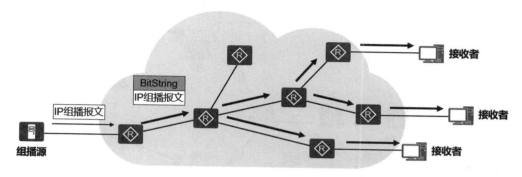

图 9-21　BIER

在典型的BIER组网中，每个BIER边界节点均需要配置一个ID，该值在一定范围内具备唯一性。如图9-22所示，组播源及PC都接入了BIER网络。在该网络中，R1、R2、R3及R4都是BIER边界节点，网络管理员需要分别为这些节点指定ID。同时每个边界节点都对应BitString中的某一位，即BitString中的每一位均代表一个组播报文目的节点，例如，ID为2的R2对应BitString中低第2位（从右往左的第2位）。BIER网络中会运行IGP，设备的ID及其他信息通过IGP在网络中扩散。每台设备将维护一张用于实现BIER数据转发的表，简单来说，该表中记录的表项是"通过什么邻居可以到达什么边界节点"。

如图9-22所示，BIER的基本工作原理如下。

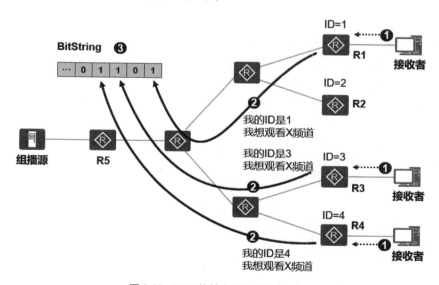

图 9-22　BIER 的基本工作原理（一）

（1）接收者希望观看组播源发布的X频道电视节目，它们向直连的BIER边界节点发送申请（通过IGMP或MLD）以便加入对应的组播组，R1、R3及R4都将收到对应的申请。

（2）R1、R3及R4直接向头节点R5发送加入报文。

（3）R5为X频道对应的组播组维护一个BitString，并将R1、R3及R4在BitString中对应的位置1。

（4）如图9-23所示，组播源发出IP组播报文。

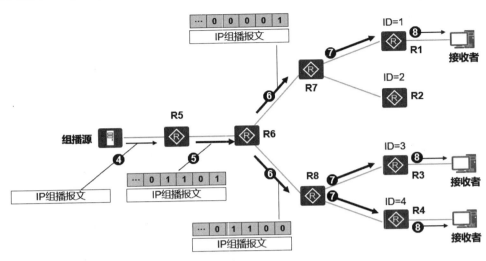

图9-23　BIER的基本工作原理（二）

（5）头节点R5对组播源发出的IP组播报文进行封装，在报文封装中写入BitString，此时BitString中与R1、R3及R4对应的位均已置1。

（6）R6收到R5转发过来的携带BitString的组播报文，对BitString进行解析后可以得到组播报文所要发往的目的地（R1、R3及R4）。R6自身也维护着BIER转发表，通过这个转发表，它意识到前往R1和R2的下游邻居是R7，前往R3和R4的下游邻居是R8。于是R6将组播报文复制两份，一份转发给R7，在该报文所封装的BitString中R1对应的位被置1，其他位被置0；另一份报文发往R8，在该报文所封装的BitString中R3及R4对应的位被置1，其他位置0。

（7）R7及R8按照类似的流程将组播报文分别转发给R1，以及R3和R4。

（8）R1、R3及R4将报文解封装后转发给接收者。

总之，BIER采用一种新的思想来解决传统组播中的问题，将组播报文目的节点的集合以BitString的方式封装在报文头部。BIER网络的中间节点不需要为每条组播流建立组播分发树及保存组播流状态，减少了对资源的占用，可以支持大规模的组播业务。BIER简化了协议的部署，只需扩展IGP、BGP，利用单播路由来转发流量，无须创建组播分发树，因此不涉及切换组播分发树等复杂的协议处理事务。此外，组播成员加入时，不再需要逐跳加入组播分发树，只需要从边界节点发送加入请求给头节点，因此组播成员的加入效率更高。BIER在头节点指定接收者和业务信息，其他网络节点不需要创建和管理复杂的协议和隧道表项，仅需要执行报文中写入的指令，因此BIER在设计理念上与SDN契合。

在MPLS网络中部署的BIER也称为BIER-MPLS，该技术基于MPLS架构，组播数据在BIER-MPLS网络中采用MPLS封装。BIER-MPLS是适用于IPv4网络的新一代组播技术，部署BIER-MPLS时，要求网络中的所有设备均具备MPLS功能，因此不易于跨域部署。随着IPv6的大规模部署，业界提出了BIERv6（Bit Index Explicit Replication IPv6 Encapsulation，IPv6封装的比特索引显式复制）。BIERv6使用了BIER的技术架构，并且利用IPv6头部可扩展的优势，将携带 BitString 信息的 BIERv6 头部封装在 IPv6 扩展头部中。与 BIER-MPLS 不同，BIERv6 不依赖于 MPLS，而是基于 IPv6 的组播方案，网络中不支持 BIERv6 的节点可以透明传输 BIERv6 报文。

　　说明：SRv6、BIERv6 等 IPv6+ 技术利用了"IPv6 基本头部 + 扩展头部"的报文封装结构来实现它们的功能，这些报文虽然增加了扩展头部，但是本质上还是 IPv6 报文，普通的 IPv6 设备也能识别 IPv6 基本头部中的内容并对这些报文进行基本的转发，这是我们将 SRv6、BIERv6 称为 Native IPv6（纯 IPv6）技术的原因。Native IPv6 技术的关键优势是新技术的引入可以兼容 IPv6，使支持新技术的设备能够与普通 IPv6 设备共同组网。

9.4　网络切片

9.4.1　网络切片产生的背景

　　随着 5G（5th Generation Mobile Communication Technology，第五代移动通信技术）和云技术的发展与普及，网络上涌现出大量的创新应用，如远程医疗、自动驾驶等。对于运营商而言，既要满足各种创新应用的差异化网络连接和服务质量需求，又要降低网络建设成本，避免建设多个专有网络；与此同时，还需要提升网络的价值。在此背景下，网络切片应运而生。总体而言，网络切片是一整套的解决方案，不仅应用在运营商的 5G 承载网络和 IP 专线网络中，还逐渐应用到各行业的骨干网络中。

　　当前，数字经济已成经济增长主要引擎，互联网正从消费应用转向行业应用。创新的应用丰富了人们的生活，提高了工业生产的效率，也给网络带来了前所未有的挑战。为研究这些丰富的应用对网络的需求，ITU（International Telecommunication Union，国际电信联盟）将应用分为三类。

　　（1）eMBB（enhanced Mobile Broadband，增强型移动宽带）应用，如 3D 视频、超高清视频、VR、AR 等，这类应用对网络带宽有着很高的要求。

　　（2）URLLC（Ultra-Reliable Low-Latency Communication，超高可靠超低时延通信）应用，如自动驾驶、工业控制、远程医疗、无人机控制等，这类应用对时延和可靠性极其敏感。

　　（3）mMTC（massive Machine Type Communication，大规模机器通信）应用，如智慧城市、智慧建筑等，这类应用的主要特征是需要连接海量的物联网终端设备。

　　这些丰富的应用既服务于个人用户，也满足各行业数字化转型的需求。不同类型的应用对网络的要求存在较大差异，当一个 IP 网络同时承载这些业务时，如何满足众多业务的多样化、差异化、复杂化需求，这是 IP 网络面临的挑战。当前，通过传统的一个共享网络难以高效地为所有业务提供可保障的 SLA（Service Level Agreement，服务等级协议），也难以实现网络的隔离和独立运营。为在同一个网络中满足不同业务的差异化需求，业界提出了网络切片方案。网络切片方案通过将一个物理网络划分为互相隔离的多个专用逻辑网络来满足不同业务的需求。例如，在一个同时承载办公业务、视频业务、应急指挥业务的物理网络中，为了满足应急指挥业务的网络需求（网络带宽、时延等），使用网络切片方案为该业务构建一个独立的切片。

　　从广义上看，端到端网络切片涉及终端、无线网、IP 承载网络和核心网络、切片管理器等。3GPP（3rd Generation Partnership Project，第三代合作伙伴计划）、ITU、IETF、GSMA（Global System for Mobile communications Association，全球移动通信系统协会）等国际标准化组织分别在网络切片的各领域进行了深入的技术研究和探索。CCSA（China Communications Standards

Association，中国通信标准化协会）也于2019年成立了"5G网络端到端切片特设项目组"，并开展了网络切片的标准化研究。我国的5G网络已经实现广泛覆盖，IPv6的产业化和大规模商用已成趋势，各行业的用户对基于IP承载网络的切片方案的呼声日益高涨。本书介绍的网络切片方案针对的是IP承载网络。

9.4.2 网络切片简介

在现代城市的交通系统中，为了缓解日益严重的拥堵，交通管理部门在城市道路中开辟出公共交通车辆专用车道、应急专用车道等来提高相关车辆的通行效率，如图9-24所示。

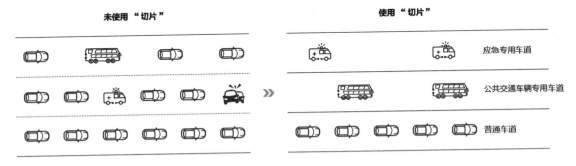

图 9-24　现实生活中关于"切片"的示例

网络切片方案与城市交通的车道切分类似。网络切片方案应用在IP承载网络中，基于物理网络划分出各种专用"车道"，这些专用"车道"称为网络切片。每一个网络切片服务于某一种类型的业务，如图9-25所示。网络切片相互隔离、互不干扰。

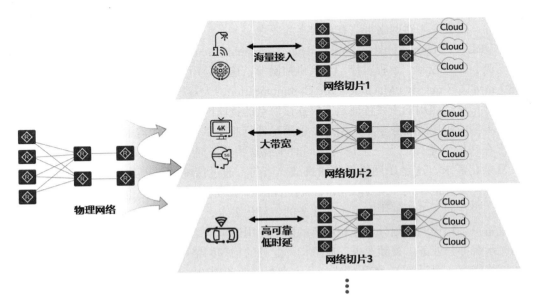

图 9-25　网络切片

以智慧港口中的龙门吊（龙门式起重机）为例，操作人员需要远程控制龙门吊实现集装箱等货物的装卸，如图9-26所示。在该场景中，操作人员在中央控制室通过网络远程控制港口的龙门吊，这种业务对IP承载网络的端到端时延和可靠性要求都很高。

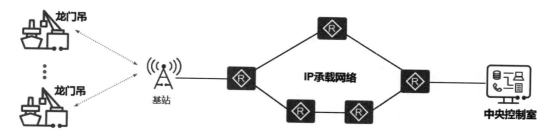

图 9-26　智慧港口龙门吊远程控制网络

传统的IP承载网络上同时运行着多种不同的业务，如港口的视频监控系统、实时通信系统等。这些业务的突发流量可能会使IP承载网络出现短暂的网络拥塞，导致龙门吊远程控制业务很难获得长期且稳定的低时延服务。一旦龙门吊远程控制业务无法确保低时延，就可能引发安全事故，造成重大财产损失。此时，可以在IP承载网络上部署网络切片方案，为龙门吊远程控制业务专门划分一个网络切片，避免不同类型的流量相互影响，确保网络满足该项业务的要求。

9.4.3　网络切片架构与方案概览

端到端的网络切片方案包含多种技术与应用。从网络架构上看，典型网络切片方案的核心组件主要包含网络切片全生命周期管理平台（如iMaster NCE）和支持切片技术的网络设备（如NetEngine路由器）。例如，iMaster NCE作为一款自动驾驶网络管理与控制系统，支持网络控制、管理及分析。它是融合SDN理念的软件系统，在集中纳管网络中的设备后可以实现对网络切片的规划、部署、维护及优化，即实现网络切片的全生命周期管理。

NetEngine系列路由器支持网络切片功能。设备在iMaster NCE上完成注册并被后者纳管，接收iMaster NCE下发的网络配置并在设备本地执行。NetEngine路由器支持多种资源预留技术。资源预留技术是网络切片提供差异化SLA保障的关键，它将物理网络中的转发资源划分为相互隔离的多份资源，分别提供给不同的网络切片使用，保证网络切片内有满足业务需求的可用资源，同时避免不同网络切片之间的资源竞争与抢占。常见的资源预留技术包括FlexE（Flexible Ethernet，灵活以太网）、信道化子接口等。以FlexE为例，设备可以使用该技术，将物理接口的资源按时隙池化，然后划分出若干个FlexE接口。每个FlexE接口都可以被视为物理接口的一个逻辑接口，并且每个FlexE接口的带宽资源相互隔离，彼此之间的时延干扰极小，因此可提供超低时延保证。

我们通过一个简单的例子来介绍网络切片方案在典型场景中的基本工作流程。

在图9-27所示的网络中，PE1、PE2、P1、P2、P3及P4均为NetEngine路由器，这些路由器均支持网络切片，由网络中的iMaster NCE统一管理。这些NetEngine路由器组成的骨干网络已经承载了一些办公业务的流量。

（1）用户新增应急指挥业务，该业务要求网络为业务流量提供10Gbit/s的端到端带宽保障，以确保业务的稳定运行。为实现这个目的，网络管理员决定使用网络切片方案，在网络中创建一个独立的切片，然后将应急指挥业务的流量通过该切片承载。

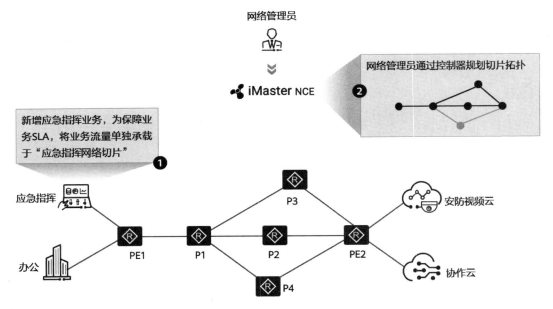

图 9-27　网络切片方案概览（一）

（2）网络管理员通过 iMaster NCE 提供的图形化界面进行网络切片拓扑规划，并选择相应的资源预留技术（如 FlexE）。网络管理员可以选择适当的设备和链路来承载切片，如图中的 PE1、PE2、P1、P2 及 P3。

（3）iMaster NCE 基于网络管理员的业务意图将网络切片的相关配置自动下发到相关设备，如图 9-28 所示。

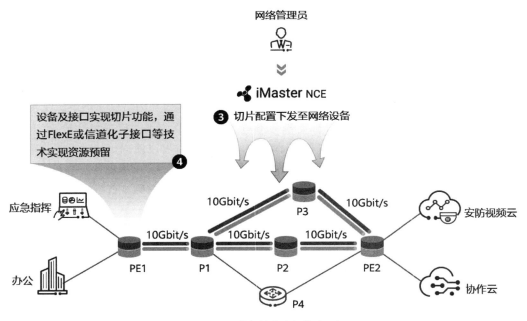

图 9-28　网络切片方案概览（二）

（4）设备获得相关配置后在本地执行，在对应的物理接口上使用资源预留技术预留出 10Gbit/s

的带宽并分配给应急指挥网络切片。为使应急指挥业务的数据从终端到安防视频云沿途经过的每一台设备都获得相应的 SLA 保障，网络切片需要进行端到端的部署。

（5）网络切片技术可以与 SRv6 很好地结合，为网络提供更高的灵活性。网络管理员可基于切片拓扑进行灵活的路径计算，以获得最匹配业务需求的路径，例如，基于当前切片拓扑进一步计算出时延最低的路径，然后将路径规划结果下发至头节点 PE1，如图 9-29 所示。

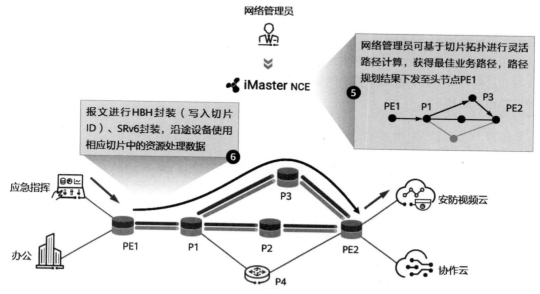

图 9-29　网络切片方案概览（三）

（6）以基于切片 ID 的切片方案为例，该方案使用全网唯一的 ID 对网络切片实例进行标识，当报文携带切片 ID 时，设备可以根据该 ID 将报文对应到具体的切片，并通过该切片为报文提供资源保障。在本例中，应急指挥业务终端发往安防视频云的报文到达 PE1 后，PE1 会对报文分别封装 SRH 扩展头部及 HBH 扩展头部，在 SRH 扩展头部中写入的 Segment List 用于指导报文沿着低时延的路径穿过骨干网络，这个路径是 iMaster NCE 计算得出并下发到网络设备的；HBH 扩展头部中则写入了应急指挥网络切片对应的切片 ID，该切片 ID 能够被切片网络设备识别。报文到达 P1 后，P1 解析 HBH 扩展头部并读取切片 ID，然后将报文通过设备预留给应急指挥网络切片的资源进行处理，其他设备同理。由此，应急指挥业务报文在网络中转发时，将获得 10Gbit/s 的带宽资源保障。

9.5　随流检测与 IFIT

9.5.1　网络性能检测的需求与趋势

5G 和云技术的普及和广泛应用加速了各行各业的数字化进程，也催生了各种新兴的应用，这给 IP 网络带来前所未有的运维压力，也给 IP 网络的服务质量保障带来了新的挑战。例如，工业控制要求网络时延不超过2ms；车联网要求网络时延不超过5ms；远程医疗要求网络时延不超过10ms。

说明：网络性能的指标主要包括网络的带宽、时延、丢包率、抖动等，SLA可理解为IP网络对业务的服务承诺，因此保障SLA即要求网络带宽可承诺、时延可承诺、丢包率可承诺。

IP网络要满足应用的SLA要求，从运维的角度看，需要使用合适的手段实时检测网络的性能，真实感知服务质量，并在网络发生故障或服务质量劣化时及时做出调整。传统的网络运维方法难以满足5G和云时代新应用的SLA要求，主要问题如下。

1．业务受损被动感知

使用传统的运维方式，当网络出现故障或业务受损时，往往是业务使用方首先感知相应的现象，并通过投诉等方式将故障上报给网络运维团队。因此，网络运维团队对业务受损的感知是滞后的，如图9-30所示。

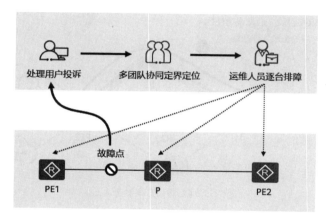

图9-30 传统网络运维方法的业务受损感知

2．定界定位效率低

在典型的场景下，网络中的单点或多点故障可能使端到端的业务体验受损，判断网络故障点可能需要多个网络运维团队协同进行定界定位，甚至需要运维人员逐台登录网络设备进行故障排查。这种运维方式涉及较大的沟通及协同工作量、设备及链路维护工作量等，定界定位效率低。

3．难以体现真实的服务质量

传统的运维手段一般通过构造测试报文来间接模拟业务流，进而对网络的性能进行检测。例如，NQA（Network Quality Analysis，网络质量分析）可以通过构造DNS、ICMP、TCP、UDP等类型的测试实例来检测网络的性能，但是这些测试实例的测试结果未必能反映真实的服务质量。

为更好地应对业务对IP网络性能检测的需求，针对目前OAM（Operation, Administration and Maintenance，操作、管理和维护）检测技术存在的不足，业界提出了IFIT（In-situ Flow Information Telemetry，随流检测）方案。IFIT是一种基于真实业务流的检测技术，能够实现精确的网络质量测量，可以结合iMaster NCE实现业务SLA实时可视和智能定界、定位。

9.5.2　带内检测技术 IFIT

网络与现实世界中的交通系统类似，在现实世界中，交通管理部门需要时刻关注道路的通行情况，通过部署在道路上方的摄像头来监控路况；在网络世界中，网络运维系统需要使用网络性能检测技术来实时检测网络的性能。当前主流的检测技术有两大类，分别是带外检测技术和带内检测技术。

1. 带外检测技术

带外检测技术通过间接模拟业务报文并周期性发送探测报文的方法，实现端到端路径的性能测量与统计。常见的带外检测技术有NQA、TWAMP（Two-Way Active Measurement Protocol，双向主动测量协议）、Ping、Trace等。以NQA为例，它主要用于网络性能检测及运行状况分析。通过在设备上部署NQA，网络管理员可以对网络的响应时间、抖动、丢包率等信息进行统计，从而实时采集到网络的各项运行指标。NQA支持DNS、ICMP、TCP、UDP等各种测试机制，例如，NQA的DNS测试通过模拟DNS客户端向指定的DNS服务器发送域名解析请求，来判断DNS服务器是否可用，并检测域名解析速度等。

图9-31将带外检测技术与现实世界中的交通系统进行对比，以方便读者理解。网络中的业务流相当于交通系统中的车流。交通管理部门为实时了解道路交通状况，通常会在道路两旁安装摄像头，由于摄像头的布设存在盲区，因此不足以完全还原车辆的行驶状况。

带外检测技术　　　　　　　　　　　　　　　**一个现实世界中的例子**

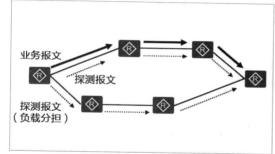
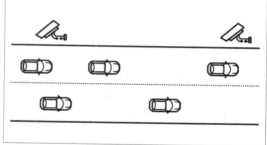

图 9-31　带外检测技术

带外检测技术通过发送探测报文来检测网络的性能，探测报文并非真实的业务报文，因此检测结果与实际业务体验之间存在偏差的可能性。带外检测技术缺乏逐跳检测的能力，检测精度低，结果难以让人信服。另外，带外检测所构造的探测报文的转发路径可能和真实业务报文的转发路径不一致，这样的检测结果更加无法准确地反映业务体验。

2. 带内检测技术

带内检测技术通过对真实业务报文进行特征标记或在真实业务报文中嵌入检测信息，实现对真实业务流的性能测量与统计。

图9-32所示，使用带内检测技术，相当于在现实世界中给每一辆车都安装了GPS（Global Positioning System，全球定位系统），车辆的行驶状况会被实时采集。由此交通管理部门可以实现对每一辆车的实时定位、速度测量等，所有车辆行驶信息被汇总之后，道路上的事故、拥堵情况等都可被及时发现。

目前，常见带内检测技术有IOAM（In-band Operation，Administration and Maintenance，带内操作管理和维护）、INT（In-band Network Telemetry，带内网络遥测）、IP FPM（IP Flow Performance Measurement，IP流性能监控），以及IFIT等。

IFIT是一种基于真实业务流的带内检测技术。IFIT提供真实业务流的端到端及逐跳SLA测量功能（包括丢包率、时延、抖动等），可实时呈现网络性能指标及业务体验状况。通过IFIT可快速感知及定位网络性能相关故障。IFIT结合了报文染色技术，更可以与iMaster NCE配合。网络设备将IFIT检测结果通过Telemetry（遥测）技术实时上报给iMaster NCE，再由后者通过可视化的方式呈现网络性能。网络管理员可以根据IFIT结果对业务进行及时调整，保证数据的正常传输，提升用户的业务体验。

带内检测技术　　　　　　　　　　　　　　　**一个现实世界中的例子**

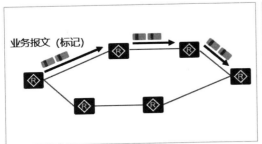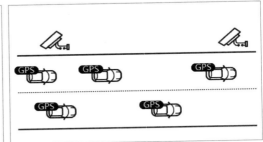

图 9-32　带内检测技术

说明：Telemetry是一种从设备上高速采集数据的技术。设备通过"推"模式周期性地主动向Telemetry采集器上报设备的接口流量统计结果、CPU或内存数据等信息，相对于传统"拉"模式的一问一答式交互，提供了更实时、更高速的数据获取功能。

简单来说，IFIT的工作原理是对特定的业务流（目标流）进行报文染色，被染色的报文进入IFIT网络后，网络中的设备对染色的报文进行统计，然后汇总得出要统计的性能指标。

在图9-33所示的网络中，R1、R2及R3是支持IFIT功能的路由器，均由iMaster NCE纳管。网络管理员通过iMaster NCE在路由器上全局激活IFIT功能，并下发Telemetry配置，使设备能够通过Telemetry上报IFIT统计数据。在本例中，网络管理员对视频监控发往视频云的流量进行业务质量监控。iMaster NCE将网络管理员所做的IFIT相关配置转换为配置命令下发到路由器。当目标流的报文到达入站节点R1时，R1对报文进行周期性染色，并通过Telemetry秒级上报业务SLA给iMaster NCE；同样，被染色的报文到达R3并被识别后，R3对这些报文进行统计，并通过Telemetry把统计数据上报给iMaster NCE。iMaster NCE则通过可视化的方式呈现检测结果，网络管理员可以通过iMaster NCE的图形化界面查看业务SLA。

IFIT支持端到端和逐跳两种统计方式。其中，端到端统计方式通过在流量的入站节点和出站节点上部署检测点，实现对该网络性能的实时监控；逐跳统计方式则将检测点部署在网络中的各节点上，以便对流经各节点的染色流量进行实时检测。在典型场景中，当网络正常时，可采用端到端统计方式。网络管理员可以配置监控阈值，当网络性能指标劣化并超过阈值时，可通过iMaster NCE自动将IFIT策略从端到端统计方式切换为逐跳统计方式，从而实现对流量的实时监控与故障快速定位。

IFIT通过在真实业务报文中插入IFIT报文头部来实现性能检测。在IFIT报文头部中存在用于标识业务流的"Flow ID"字段，以及用于报文染色的标志位，包括"L标志位（Loss Flag）"和"D标志位（Delay Flag）"。这两个标志位分别用于丢包测量染色和时延测量染色，因此"L标志位"也称为"丢包染色位"，"D标志位"也称为"时延染色位"。IFIT的报文染色功能实际上就是对业务报文进行标记，即将"L标志位"和"D标志位"置0或置1。IFIT的丢包检测和时延检测功能通过对目标业务报文的染色及统计来实现。

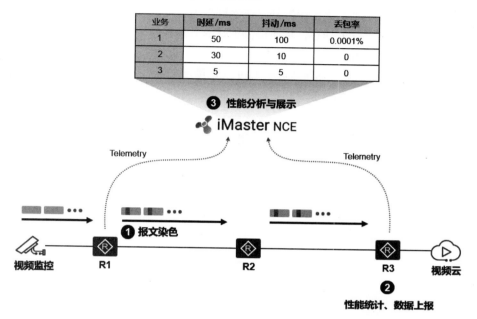

图 9-33　IFIT 的基本工作原理

　　在本例中，当视频监控发往视频云的报文到达入站节点R1时，R1对报文进行封装，插入IFIT报文头部，并在第一个统计周期内将"L标志位"置1并计算报文数量，得到Tx。报文到达出站节点R3后，R3在相同周期内统计"L标志位"置1的报文数量，得到Rx。于是，本周期内的丢包数便等于Tx减去Rx的差值。在下一个周期中，R1将"L标志位"置0并统计报文数量，R3则在相同周期内统计"L标志位"置0的报文数量，依次类推。

　　IFIT时延统计则主要通过对"D标志位"的操作来实现。当视频监控发往视频云的报文到达入站节点R1时，R1在每一个周期内只对被检测业务流的一个报文进行染色（表示要测量时延），将"D标志位"置1并获得时间戳T1。该报文随着业务流经网络传输最终到达R3，R3识别"D标志位"置1的报文并记录时间戳T2，于是本周期内R1至R3方向的单向时延便等于T2减去T1的差值。

9.6 ◂ APN6

9.6.1　APN6 概述

　　IP网络相当于现实世界的物流系统，而IP报文则相当于其中的货物，物流系统负责将货物从源送达客户指定的目的地。设想一下，如果货物上粘贴的货运单上仅填写固定的内容，包括收件地址、发件地址等，那么物流系统仅能实现货物运输的基本功能，即尽力而为地将货物送达目的地。然而在现实中，货物的类型是多种多样的，不同的货物对运输过程的要求也是不同的。例如，陶瓷、玻璃材质的货物易碎，需要在运输过程中避免挤压，需要轻拿轻放；再如，生鲜类的货物容易变质，可能需要通过冷链运输，有时需要加急运输。如图 9-34 所示，如果货物的货运单上除了收件地址、发件地址等固定内容外，还允许按需、灵活增加新的标签，物流系统便可以通过这些标签进一步了解货物的信息，从而提供更好的运输服务。例如，当货物为水产品时，增加"货物信息"标签并在其中的"货物类型"一栏中写入"生鲜"，在"运输需求"一栏中写入"冷链"和"加急"，物流系统无须拆开货物就可以直接通过这些标签了解货物的类型及运输需求，通过冷链及加急的方式来运输该货物。APN6 的思想与此类似。

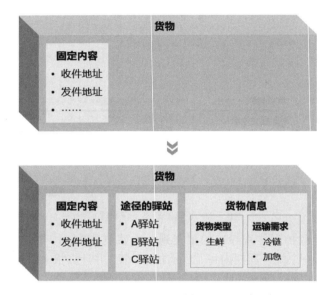

图 9-34   在货运单中增加货物类型及运输需求

说明：在本例中，"途径的驿站"这个标签的功能相当于 IPv6 中的 SRH 扩展头部。

随着 5G 和云时代的到来，各种具有差异化需求的应用层出不穷。过去，网络更多被单纯地视为管道，负责传输应用所产生的数据，网络与应用相互解耦发展。而现今，二者完全解耦的方式已经无法满足应用发展的需要，网络和应用相互感知的需求越来越强烈。

网络感知应用后，便能够在识别应用数据的基础上，结合 SRv6、网络切片等新技术，针对关键应用或关键用户提供差异化的 SLA 保障，结合 IFIT 等新技术呈现关键应用的流量特征，做到流量实时可视，实现针对应用的精细化资源调度，并能够在应用性能劣化时实现快速感知与定位，简化网络运维，保证业务体验。

APN6（Application-aware IPv6 Networking，应用感知的 IPv6 网络）利用 IPv6 报文自带的可编程空间，将应用感知信息以 APN 头部的方式携带进网络，使网络能够感知应用及其需求，进而为其提供精细的网络服务和精准的网络运维服务。应用感知信息主要包括应用感知标识和应用感知参数。

（1）应用感知标识（APN-ID）：便于网络区分不同应用流和某个/类应用的不同用户（组）等。在 APN6 方案中，该信息必选。

（2）应用感知参数（APN Parameters）：可以包括带宽、时延、抖动、丢包率等反映应用对网络性能需求的参数。在 APN6 方案中，该信息可选。

IETF草案"draft-li-apn-framework"定义了APN报文所携带的应用感知信息（APN Attribute）。APN6中的应用感知信息就相当于物流系统中的"货物信息"，而应用感知标识和应用感知参数就相当于"货物类型"和"运输需求"。

IPv6支持多种扩展头部，可以按需使用，并且支持定长累加，具备丰富的创新空间。IETF草案"draft-li-apn-ipv6-encap"描述了APN头部的具体位置，IPv6扩展头部HBH、DOH及SRH都可以用于携带APN头部。

9.6.2　APN6 技术方案简介

APN6主要有两种技术方案，分别是应用侧方案和网络侧方案。

1．应用侧方案

在应用侧方案中，应用客户端、应用服务器直接生成ANP6的应用感知信息（包括APN-ID等），并将应用感知信息封装在其发出的IPv6报文中。如图9-35所示，以应用客户端发往应用服务器的报文为例，报文从客户端发出时便已完成了APN6封装。报文到达网络后，以头节点为例，设备读取报文所携带的应用感知信息并提供相应的网络服务。例如，该应用要求网络提供低时延的转发路径，头节点在识别应用后将应用报文送入SRv6隧道，将报文沿着低时延路径转发到尾节点，再由后者解除SRv6封装。

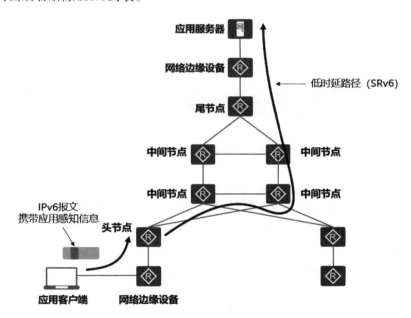

图 9-35　APN6 应用侧方案

应用侧方案要求应用客户端、应用服务器具备应用感知功能力，当其不具备该功能时可以使用网络侧方案。

2．网络侧方案

在网络侧方案中，APN-ID并非由应用客户端或应用服务器直接生成，而是由网络边界设备生成。在该方案中，应用报文到达网络边界设备后，设备对报文进行APN6封装并写入应用感知信息。如图9-36所示，以应用客户端发往应用服务器的报文为例，报文从客户端发出时并未携带任何应用感知信息。网络管理员需要提前在网络边界设备上进行策略配置，使用其他手段感知应用，如通过ACL匹配应用报文的五元组信息等，然后对报文进行APN6封装并写入应用感知信息。如此一来，网络中的设备便可基于应用感知信息对这些报文提供相应的服务。

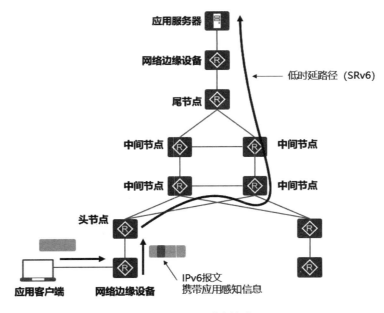

图 9-36　APN6 网络侧方案

9.7 本章小结

本章介绍IPv6+技术的基本概念和基本原理，主要包括以下内容。

（1）IPv6+是基于IPv6的创新与升级，包括网络技术体系创新、智能运维体系创新、网络商业模式创新。IPv6+为各商业场景下的运营商和企业提供了高度自动化、智能化的网络，用以实现海量连接并灵活承载多种业务。IPv6+的技术体系创新包括分段路由SRv6、组播BIERv6、网络切片、随流检测等新型网络协议，以及网络分析、网络自愈、自动调优等网络智能化技术，在广连接、超宽、自动化、确定性、低时延和安全六个维度全面提升IP网络功能。

（2）IPv4不具备路由规划功能，无法满足基于可用带宽选路等业务需求。MPLS通过在IP头部插入标签来指导数据转发，可提供VPN、TE等功能，但是具有依赖IGP和RSVP、管理复杂、部署困难等缺点。分段路由基于源路由理念，将路由分为多段，每一段路径用SID来标识，SID序列即构成完整的转发路径。SR-MPLS使用MPLS标签作为SID，简化了控制平面，减少了配置和维护开销，增强了网络容量扩展功能；但MPLS标签的限制导致可扩展性不足。SRv6使用IPv6地址作为SID，使用IPv6扩展头部SRH承载SID的有序列表，网络编程功能强，容易实现云网协同，跨域部署简单，能够支持大规模组网。

（3）组播主要用于一对多通信，支持流媒体等应用。IP组播协议包括两类，即组播成员管理协议（IGMP和MLD）和组播路由协议（PIM、MOSPF及MBGP）。现有的IPv4组播技术需要为组播流建立组播分发树，中间节点需要保存组播流状态，协议复杂，占用网络资源多，不适合大规模网络。新一代组播技术 BIER 将组播报文的目的节点集合以 BitString 的形式封装在报文头部，中间节点只需根据组播报文头部携带的 BitString 进行复制及转发，网络节点开销低，能够支持大规模的组播业务。BIER-MPLS 依赖于 MPLS 标签，跨域部署较难；BIERv6 则使用 IPv6 扩展头部封装携带 BitString 信息，具有更好的兼容性和可扩展性。

（4）不同类型的应用对网络性能的要求存在较大差异，使用传统的共享网络很难满足应用的差异化需求。在 IP 承载网络上，可使用网络切片方案，在物理网络上分隔出专用的切片，并进行资源预留来满足特定业务的需求。典型网络切片方案的核心组件包含网络切片全生命周期管理平台和支持切片技术的网络设备。全生命周期管理平台（如 iMaster NCE）负责网络切片拓扑规划，选择资源预留技术，并下发配置给相关网络设备；设备使用资源预留技术分配资源给网络切片。

（5）从网络运维的角度，需要实时检测网络的性能、感知网络中业务受损情况。目前，主流的检测技术有带内检测和带外检测两类。带外检测技术通过模拟业务报文并周期性发送探测报文来实现端到端路径的性能测量与统计。模拟报文不是真实的业务报文，且转发路径可能与真实业务流不一致，导致检测结果不准确。带内检测技术则通过对真实业务报文进行特征标记，实现对真实业务流的性能测量与统计。IFIT 结合了报文染色技术，提供真实业务流的端到端和逐跳 SLA 测量功能，可实时呈现网络性能指标及业务体验状况。

（6）要满足应用的差异化需求，网络节点需要能够识别出应用数据，如应用类型和网络性能需求等。应用感知技术 APN6 通过将应用感知标识 APN-ID 等信息写入 IPv6 扩展头部，使网络节点能够感知应用及其需求，从而提供精细的网络服务和精准的网络运维。应用感知信息可以由应用客户端或应用服务器生成和封装（应用侧方案）；也可以由网络边界设备生成和封装（网络侧方案）。

📝 9.8　思考与练习

9-1　什么是跨域 MPLS VPN？

9-2　请通过搜索引擎查询跨域 MPLS VPN 的 OptionA 方案的技术原理，并进行概要描述。

9-3　什么是源路由机制？

9-4　相对于传统的 MPLS，SR-MPLS 在哪些方面存在优势？

9-5　为什么说 SRv6 更容易实现云网融合？

9-6　在组播网络中，PIM 与 MLD 的作用分别是什么？

9-7　在 BIER 中，BitString 的作用是什么？

9-8　FlexE 的主要功能是什么？

9-9　请描述网络检测技术中的带内检测技术和带外检测技术各自的特点。

第 **10** 章
IPv6+分段路由

SRv6是基于源路由理念而设计的在网络上转发IPv6数据包的一种协议，是基于IPv6数据平面的SR。SRv6直接使用IPv6地址作为SID，这使得IPv6地址除了具备寻址的功能外，还隐含指令信息。SRv6可以通过在IPv6报文中插入一个SRH来实现其功能。SRH是一种IPv6 RH扩展头部，其中包含"Segment List"字段。在SRv6报文的转发过程中，中间节点不断地进行更新目的地址和偏移Segment List的操作来完成报文的逐段转发。

SRv6不仅继承了SR-MPLS在简化网络等方面的优点，而且比SR-MPLS具有更好的网络兼容性和可扩展性。

学习目标：

1. 掌握SR和SRv6的基本概念；
2. 理解SRv6的报文转发过程；
3. 了解常见的SRv6指令；
4. 了解SRv6 BE与SRv6 TE Policy的特点及应用场景；
5. 理解SRv6 BE和SRv6 TE Policy的工作原理。

知识图谱

10.1　SR 与 SRv6 概述

SR将报文的转发路径分为多个段（Segment），并且为每一个段分配相应的标识，该标识称为SID。对SID进行有序排列就可以得到一条完整的转发路径。

SR具有如下特点。

（1）SR使用SDN控制器或者IGP集中计算路由和分发标签，相比于传统的MPLS，不再需要RSVP-TE、LDP等协议，因此简化了协议的部署。

（2）SR可以直接应用于MPLS架构。

（3）SR基于源路由理念而设计，通过源节点即可控制数据包在网络中的转发路径。配合集中算路模块，即可灵活、简便地实现路径控制与调整。SR可提供网络与上层应用快速交互的功能。

（4）SR提供高效TI-LFA FRR保护，TI-LFA FRR能为SR隧道提供链路及节点的保护，当某处链路或节点出现故障时，流量会快速切换到备份路径，继续转发，从而最大程度上避免流量的丢失。

1．SR的基本概念：Segment

Segment是节点针对所收到的数据包要执行的指令（该指令包含在数据包头部）。如图10-1所示，网络管理员要求特定的业务流量沿着指定的路径进行转发，即流量到达R1后，R1将其沿着支持ECMP（Equal-Cost Multi-Path routing，等价多路径路由）的最短路径转发至R4，然后将报文从R4的GE0/0/2接口转发给R6，最后沿着支持ECMP的最短路径到达R8。上述过程将网络划分为三段，每一段可以通过一个指令来表达，有以下3条指令。

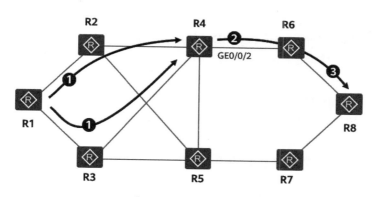

图 10-1　Segment 示例

（1）指令1：沿着支持ECMP的最短路径到达R4。

（2）指令2：沿着R4的GE0/0/2接口转发数据包。

（3）指令3：沿着支持ECMP的最短路径到达R8。

2．SR的基本概念：Segment ID

Segment ID（SID）用于标识Segment，它的格式取决于具体的数据平面。目前，SR支持两种数据平面，分别是MPLS和IPv6，其中基于MPLS数据平面的SR称为SR-MPLS，基于IPv6数据平面的SR则称为SRv6。在SR-MPLS中SID体现为MPLS标签，而在SRv6中SID则体现为IPv6地址。

在SR-MPLS中存在多种类型的Segment，其中Node Segment（节点段）用于标识特定的节点（Node），其对应的SID称为Node SID；Adjacency Segment（邻接段）用于标识网络中的某个邻接，其对应的SID称为Adjacency SID。图10-2展示了一个部署了SR-MPLS的网络，在该网络中R4、R8的Node SID分别为400和800，此外，R4为其GE0/0/2接口的邻接分配了Adjacency SID 1046。上述三个SID分别对应不同的指令。

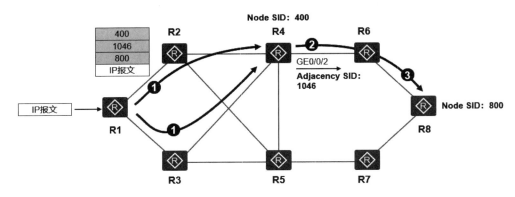

图 10-2　Segment ID 与 Segment List

说明：关于SR的内容，本书的重点是SRv6，并简化了SR-MPLS的工作原理及相关细节，不影响读者理解SRv6的技术原理。

（1）指令1（400）：沿着支持ECMP的最短路径到达R4。

（2）指令2（1046）：沿着R4的GE0/0/2接口转发数据包。

（3）指令3（800）：沿着支持ECMP的最短路径到达R8。

通过给网络中的邻接分配Adjacency SID，然后在头节点定义一个包含多个Adjacency SID的Segment List，就可以严格指定任意一条显式路径。Segment List是由一个或多个SID构成的有序列表。此外，Adjacency SID也可以与Node SID结合使用。在本例中，当IP报文到达R1后，为了让报文沿着支持ECMP的最短路径转发至R4，然后将报文从R4的GE0/0/2接口转发出去给R6，最后沿着支持ECMP的最短路径到达R8可以将400、1046及800这三个SID进行有序排列，构成图10-2所示的Segment List。当R1收到报文后，R1将报文进行MPLS封装，插入MPLS标签栈，其中栈顶标签为400，然后分别是1046和800。每个MPLS标签用于引导报文穿越网络中的某一段，所有MPLS标签一起用于引导报文沿着预先指定的路径穿过整个网络。当然，该路径是预先规划好的，可以由网络管理员提前在头节点R1上配置，也可以是SDN控制器进行路径计算并得到满足业务需求的路径后，将路径对应的Segment List下发到R1上形成的。总之，当报文到达R1后，R1在报文中插入Segment List，而网络中的设备便按照Segment List的指示进行报文转发，这个过程便体现了源路由的理念。

3．SR-MPLS与SRv6简介

在SR-MPLS中，Segment List被编码为MPLS标签栈，要处理的Segment位于栈顶，一个Segment处理完成后，对应的标签从标签栈中弹出。SR-MPLS如图10-3所示，IP报文到达头节点后，头节点将报文进行MPLS封装，压入MPLS标签栈后将MPLS报文转发给下一跳，下一跳设备收到MPLS报文后解析栈顶的MPLS标签，然后根据本地的MPLS标签转发表对报文进行标签

操作，这个操作包括标签置换、标签弹出等，然后将报文继续转发给它的下一跳，依次类推。报文转发路径上的所有设备都需要支持SR及MPLS标签转发。

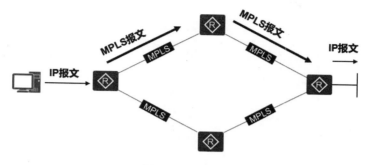

图 10-3　SR-MPLS

SRv6（见图10-4）是基于IPv6数据平面的SR。在SRv6报文转发的过程中，如果报文转发路径上的某个节点不支持SRv6，那么报文的目的地址就不会被设置为该节点，并且该节点的IPv6地址也不会出现在Segment List中。因此当报文到达该节点时，该节点只需在其路由表中查询报文的目的IPv6地址并转发报文即可，即使它不支持SRv6也不影响报文转发。

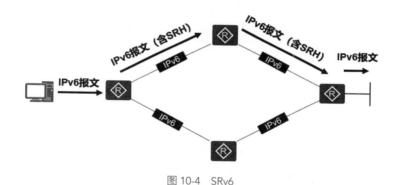

图 10-4　SRv6

10.2　SRv6 的基本原理

10.2.1　IPv6 SRH

IPv6扩展头部的设计为网络创新带来了无限的想象空间，许多新的网络技术应用在数据平面都非常巧妙地使用了IPv6的扩展头部。IPv6拥有多种扩展头部，每种扩展头部都拥有不同的功能。例如，RH扩展头部，该扩展头部对应的"Next Header"字段值为43，用于指定报文在前往目的地的途中需要经过的一个或多个中间节点。为基于IPv6实现SR，IPv6的RH扩展头部新增了一种类型，这便是SRH。RFC 8754文档 "IPv6 Segment Routing Header (SRH)"（IPv6分段路由头部）中定义了SRH扩展头的标准及格式，如图10-5所示。

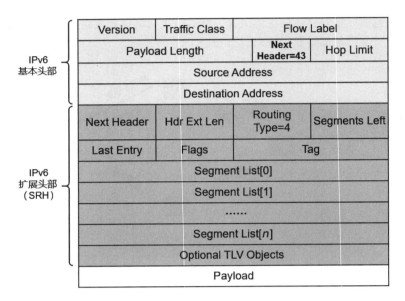

图 10-5　SRH 扩展头部格式

表10-1详细解释了SRH中各字段及其含义。

表 10-1　SRH 中各字段及其含义

字段名	长度	含义
Next Header	8bit	标识紧跟在SRH之后的报文头类型。常见的类型如下。 4：IPv4； 41：IPv6； 58：ICMPv6； 59：Next Header 为空
Hdr Ext Len	8bit	SRH头的长度。指不包括前8B（前8B为固定长度）的SRH的长度
Routing Type	8bit	表示RH扩展头部的类型。当该字段的值为4时，表示SRH
Segments Left	8bit	到达目的节点前仍然应当访问的中间节点数
Last Entry	8bit	在段列表中包含段列表的最后一个元素的索引
Flags	8bit	一些标志位
Tag	16bit	标识共享同一组属性的数据包
Segment List[0] ～ Segment List[n]	128bit	段列表。段列表从路径的最后一段开始编码，段列表中的每一个Segment都是一个IPv6地址。 Segment List[0]是路径的倒数第一个Segment； Segment List[1]是路径的倒数第二个Segment； …… Segment List[n-1]是路径的第二个Segment； Segment List[n]是路径的第一个Segment
Optional TLV Objects	长度可变	可选TLV部分，例如，Padding TLV 和HMAC（Hash-based Message Authentication Code，散列信息认证码）TLV

在IPv6 SRH扩展头部中，最关键的两个字段是"Segments Left"和"Segment List"，其中"Segments Left"表示到达目的节点前仍然应当访问的中间节点数，该字段可以理解为一个指针，指向"Segment List"中当前活跃的Segment。

"Segment List"是段列表，其表示形式为 Segment List[0] ～ Segment List[n]，从路径的最后一段开始编码。"Segment List"中的每一个 Segment 都是 IPv6 地址形式的。图 10-6 中展示了一个简单的示例，该示例仅用于理解"Segment List"与"Segments Left"，忽略了部分细节。在本例中，R1、R2 及 R3 分别配置了 IPv6 地址，该 IPv6 地址同时也作为特殊的 SID，我们可以简单地将其理解为节点的标识。头节点将 PC 发往 Cloud 的报文首先转发到 R1，然后分别送达 R2、R3，在收到报文后将报文作为 Payload，然后增加 SRH 扩展头部和新的 IPv6 基本头部。在 SRH 中，头节点依序将 R3、R2 及 R1 的 IPv6 地址作为 SID 写入"Segment List"，其中底部的 SID 2001:DB8:0:1::1 实际上对应本 SRv6 路径的第一个 Segment。然后，"Segments Left"字段值被设置为 2，指向了"Segment List"列表中的"Segment List[2]"，头节点将"Segment List[2]"复制到 IPv6 基本头部的"Destination Address"字段中。报文从头节点进入网络后，首先到达 R1，R1 将"Segments Left"字段值减 1，此时该字段指向"Segment List[1]"，即 2001:DB8:0:2::2，对应 R2 的 IPv6 地址。R1 使用该 SID 替换 IPv6 基本头部中的"Destination Address"字段，然后将报文转发出去。R1 与 R2 之间的设备收到该报文后，查询 IPv6 路由表并将报文转发到 R2。R2 采用类似的操作，使用"Segment List"中的下一个 SID 替换 IPv6 报文的"Destination Address"，最后将报文转发到 R3。

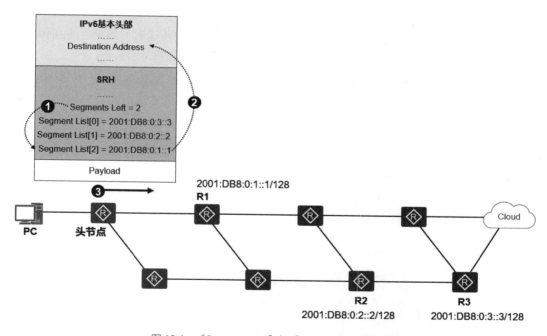

图 10-6　"Segment List"与"Segments Left"示例

相比 SR-MPLS，SRv6 具有更强大的网络编程功能，这种功能体现在 SRH 中。从整体上看，SRH 有三重可编程空间（见图 10-7）。

（1）SRv6 可以将多个 Segment 组合，形成 SRv6 路径，这使得网络能够实现流量转发路径可编程。

（2）对 SRv6 SID 128bit 地址的运用。SR-MPLS 的数据平面基于 MPLS 实现，MPLS 标签头部中的 4 个字段是定长的（包括 20bit 的"Label"字段、8bit 的"TTL"字段、3bit 的"Traffic Class"字段和 1bit 的"BoS"栈底位）。SRv6 SID 是 IPv6 地址形式，128bit 的 SID 可以灵活分段，并且每个段的长度也可以变化，因此 SRv6 具备更灵活的可编程功能。每个 SRv6 SID 可划分为 Locator、Function 和

Arguments，其中Locator主要用于定位；Function则既可以代表设备的处理行为，也可以表示某种业务；Arguments字段可以定义一些报文的流和服务等信息。本书将在后续章节中进一步介绍相关概念。

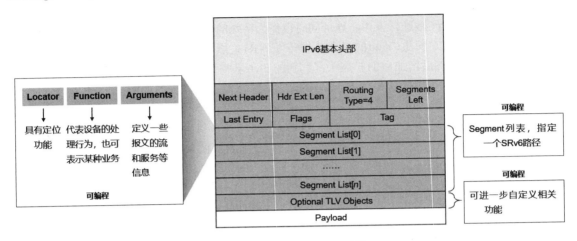

图 10-7　SRH 的三重可编程空间

（3）SRH中紧跟在Segment List后的可选TLV。报文在网络中传送时，如果需要在转发平面封装一些非规则类的信息（如Padding等），可以通过SRH中的可选TLV来实现。

10.2.2　SRv6 Segment

如图10-8所示，SRv6 Segment是IPv6地址形式，通常也称SRv6 SID。在本书中，SRv6 Segment和SRv6 SID会被混用。SRv6 SID由Locator、Function和Arguments三部分组成，其中Locator编码在SRv6 SID的L个最高有效位中，随后是长度为F的Function，最后是长度为A的Arguments。Locator的长度L是可变的，F和A可以是任意值，但是$L+F+A$必须小于或等于128bit；当$L+F+A$小于128bit时，SRv6 SID中剩余的位必须为0。

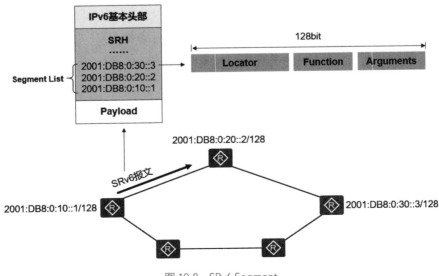

图 10-8　SRv6 Segment

1．SRv6 SID中的Locator

Locator是网络节点上所配置的一个IPv6前缀，具有定位功能，用于路由和转发报文到本节点，实现网络指令的寻址。Locator本身是一个IPv6网段，该网段下的所有IPv6地址都可以作为SRv6 SID使用。节点配置Locator之后可以生成到达Locator网段的路由，并且通过IGP协议在SRv6域内扩散；网络中其他节点便可以学习到路由始发节点通告的Locator网段路由，并通过Locator网段路由定位到路由始发节点。一个节点发布的所有SRv6 SID都可以通过该节点通告的Locator网段路由到达。

例如，一个设备配置了Locator 2001:DB8:ABCD::/64，然后基于这个Locator生成了SRv6 SID 2001:DB8:ABCD::1（假设该指令表示从指定的出接口将报文转发给指定的邻居），设备会将到达该Locator对应的路由2001:DB8:ABCD::/64通过IGP协议扩散出去。如此一来，其他设备便能通过IGP协议学习到该路由。携带上述SRv6 SID的报文便能根据该路由进行转发，最终到达这个设备。然后设备解析SRv6 SID，从指定的出接口将报文转发给指定的邻居。

Locator标识的位置信息有两个重要的属性：可路由和可聚合。可路由是比较好理解的，上文已经解释过了。可聚合意味着Locator路由被通告后，网络中的设备是可以对该路由进行聚合的（即执行路由汇总），并且路由聚合的过程不会影响SRv6 SID的操作，这样有助于优化网络设备的路由表规模。

例如，以下配置在设备上创建了名称为srv6_locator1的SRv6 Locator，其IPv6前缀是2001:DB8:ABCD::/64。

```
[Router] segment-routing ipv6
[Router-segment-routing-ipv6] locator srv6_locator1 ipv6-prefix 2001:DB8:ABCD:: 64
```

2．SRv6 Segment中的Function和Arguments

Function代表设备的指令，用于指示SRv6 SID的生成节点进行相应的功能操作。Function指令由设备预先设定，因此设备本身知道该指令对应的功能操作。不同的指令由不同的Function来标识，RFC 8986文档"Segment Routing over IPv6 (SRv6) Network Programming"（SRv6网络编程）中定义了包括End、End.X、End.DX4、End.DX6等在内的一系列知名指令。Function可以通过路由协议动态分配，也可以在设备上通过**opcode**命令静态配置。Arguments可以包含指令在执行时对应的参数，例如，可以定义流和服务等信息。

以下是一个在设备上手工配置End.X指令的示例。End.X支持将报文从指定的链路转发到三层邻接，后续章节中将详细介绍该指令。

```
[Router-segment-routing-ipv6] locator srv6_locator1 ipv6-prefix 2001:DB8:ABCD::
64 static 32
[Router-segment-routing-ipv6-locator] opcode ::1 end-x interface GigabitEthernet
3/0/0 next-hop 2001:DB8:200::1 no-flavor
```

在以上示例中，我们首先在设备上创建了名称为srv6_locator1的SRv6 Locator，其IPv6前缀是2001:DB8:ABCD::/64，然后通过**opcode**命令基于该Locator配置了Function（::1），该Function对应End.X类型的指令，且命令未指定Arguments，即Arguments为空。因此，SRv6 SID值为Locator与操作码::1的组合——2001:DB8:ABCD::1，它对应的指令为将报文从指定接口（GE3/0/0）转发给对应的邻居节点（2001:DB8:200::1）。

10.2.3　本地 SID 表

在设备上激活SRv6功能后，设备将维护一个本地SID（Local SID）表，该表包含本设备所生成的SRv6 SID信息。在实际中，设备的本地SID表通常包含多个表项，每个表项对应该设备所产生的一个SID，以及该SID对应的指令、该指令相关的转发信息等。在华为设备上使用**display segment-routing ipv6 local-sid forwarding**命令可查看SRv6本地SID表。

在图10-9所示的场景中，网络管理员在设备上部署了SRv6，可以手工在设备上配置SRv6 SID，也可以在设备上配置动态路由协议，并通过动态路由协议来产生SRv6 SID。无论采用什么方式，设备所产生的SRv6 SID都会存储在其本地SID表中。

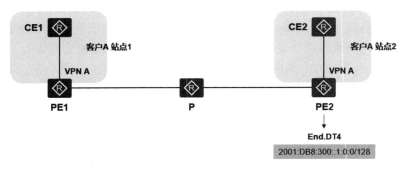

图 10-9　本地 SID 表的作用

在本例中，PE2的SRv6本地SID表如下：

```
<PE2> display segment-routing ipv6 local-sid forwarding
                My Local-SID Forwarding Table
                ------------------------------------
SID         : 2001:DB8:300::1:0:0/128      FuncType : End.DT4
LocatorName: as1                           LocatorID: 1
SID         : 2001:DB8:300::1:0:3D/128     FuncType : End
LocatorName: as1                           LocatorID: 1
SID         : 2001:DB8:300::1:0:3E/128     FuncType : End
LocatorName: as1                           LocatorID: 1
SID         : 2001:DB8:300::1:0:3F/128     FuncType : End.X
LocatorName: as1                           LocatorID: 1
......
Total SID(s): 5
```

从以上内容可以看到，PE2的SRv6本地SID表中有多个SID，并且存在多种类型的SID。不同类型的SRv6 SID代表不同的功能。以End.DT4为例，该类SID用于标识某个IPv4 VPN实例。在图10-9所示的网络中，PE1、P及PE2构成了一个IPv6骨干网络。该骨干网络具备提供L3VPNv4 over SRv6服务的功能，允许客户的IPv4站点在PE1、PE2上接入，并提供站点之间的三层通信功能，所有客户的IPv4报文在这个IPv6骨干网络中传输时会由PE1或PE2进行IPv6封装。目前，客户A的两个站点分别接入了PE1和PE2，PE1和PE2都为该客户创建了VPN实例，该实例的名称为A。PE2通过动态路由协议（如BGP）动态分配了一个End.DT4类型的SID 2001:DB8:300::1:0:0/128，对应PE2上的VPN A实例。于是，当客户A的站点1始发的IPv4报文要通过IPv6骨干网络从PE1发往PE2时，PE1对IPv4报文进行IPv6封装，即在报文外面增加一个新的IPv6头部，并视情况增加SRH扩展头部（本例未使用SRH），然后用2001:DB8:300::1:0:0作为报文的目的地址。当报文到达PE2后，PE2发现报文的目的地址对应本地SID表中的End.DT4指令，于是将报文解封装，并在End.DT4 SID表项对应的IPv4 VPN路由表中查询IPv4报文的目的地址，最后将报文转发到直连的CE设备。

说明：此处以L3VPNv4 over SRv6业务为例，介绍了SRv6承载L3VPNv4的功能。实际上使用SRv6可以实现多种业务，例如，L3VPNv6 over SRv6、公网IPv4 over SRv6、公网IPv6 over SRv6、EVPN VPWS over SRv6、EVPN VPLS over SRv6等。

在PE2上可以进一步查看End.DT4指令，如下所示。

```
<PE2> display segment-routing ipv6 local-sid end-dt4 forwarding
               My Local-SID End.DT4 Forwarding Table
               -----------------------------------
SID        : 2001:DB8:300::1:0:0/128          FuncType : End.DT4
VPN Name   : A                                VPN ID   : 3
LocatorName: as1                              LocatorID: 1
```

从以上输出可以看到，2001:DB8:300::1:0:0/128这个End.DT4 SID对应的一些转发信息，例如，该指令对应的VPN实例名称为A等。

10.2.4　SRv6 报文转发过程

在SRv6报文转发过程中，每经过一个SRv6处理节点，报文的SRH中"Segments Left"字段值减1，而报文的目的IPv6地址则变换为"Segments Left"所指向的"Segment List"中的SID，即"Segments Left"和"Segment List"共同决定目的IPv6地址信息。SRv6 SRH是从下到上逆序操作的，而且SRH中的SID在经过节点后也不会被弹出，因此SRH可以用于路径回溯。

在图10-10所示的例子中，R1、R2、R3及R4构成了一个IPv6骨干网络。该网络部署了SRv6，并为不同的客户提供VPN服务，客户A的两个IPv4站点分别接入R1和R4。IPv6骨干网络通过SRv6隧道来传输上述两个站点之间的IPv4通信流量（即图10-10中的Payload）。以站点1发往站点2的IPv4报文为例，IPv6骨干网络管理员希望报文从R1进入IPv6网络后，依序经过R2、R3，最后到达R4，并且报文需要在R4上对应于客户A的VPN实例中进行处理并转发到站点2。

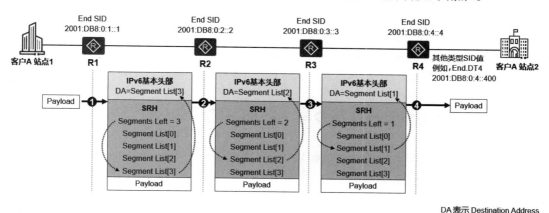

图 10-10　SRv6 报文转发过程

在实际中，图10-10中的Payload可以是普通的IPv4报文，也可以是普通的IPv6报文，此处以IPv4报文为例。为方便讲解SRv6报文的转发过程，以一个极端情况为例，即报文需要逐跳经过网络中的各台路由器，而在实际中往往仅需指定转发路径中的关键几跳即可。

（1）当站点1发往站点2的IPv4报文到达R1后，为使报文能够在IPv6网络中传输，并且沿着指定的路径到达R4，R1需要将IPv4报文作为Payload进行封装，增加新的IPv6头部并插入SRH；然后在SRH中分别设置"Segments Left"，以及"Segment List"，其中"Segment List"中所包含的

SID为报文从源到目的地过程中沿途所需经过的节点的End SID（端点SID，用于标识节点），以及报文到达最后一段R4后，R4需要执行的业务指令。在本例中，报文从头节点R1发出后，需要依序到达R2、R3和R4，在到达R4后，需要R4对报文进行解封装，然后在对应的VPN路由表中查询报文的目的IPv4地址并将Payload转发到站点2。以上每一个操作都对应一个指令，而每一个指令都对应一个SID，R1将这些SID地址逆序插入"Segment List"。此时"Segment List"如下：

① Segment List[0]=2001:DB8:0:4::400，该IPv6地址在R4上标识客户A对应的VPN实例。

② Segment List[1]=2001:DB8:0:4::4，该IPv6地址是R4的End SID。

③ Segment List[2]=2001:DB8:0:3::3，该IPv6地址是R3的End SID。

④ Segment List[3]=2001:DB8:0:2::2，该IPv6地址是R2的End SID。

R1在SRH中将"Segments Left"设置为3，即指向"Segment List"列表中的最后一个IPv6地址（该IPv6地址对应的指令实际上是最先执行的）。然后，R1将"Segment List[3]"对应的IPv6地址写入IPv6基本头部的"Destination Address"字段，再将报文转发出去。由于此时报文的目的IPv6地址是R2的地址，因此报文将通过路由到达R2。

（2）R2收到报文后，发现报文的目的IPv6地址为自己的地址，于是开始处理该报文。它在本地SID表中查询该IPv6地址，发现该地址对应一个End SID类型的表项，于是它将SRH中的"Segments Left"字段值减1（结果为2），并将IPv6基本头部中的"Destination Address"字段值更新为"Segments Left"所指向的"Segment List[2]"中的SID，然后R2将报文转发给R3。

（3）R3收到报文后，将"Segments Left"字段值减1（结果为1），然后将IPv6基本头部中的"Destination Address"字段值更新为"Segment List[1]"中的SID，然后将报文转发给R4。

（4）报文到达R4时，R4将"Segments Left"字段值减1后发现值已为0，便解析"Segment List[0]"，发现SID为2001:DB8:0:4::400，而该SID是自己产生的End.DT4 SID，于是R4将IPv6基本头部和SRH扩展头部解封装，然后在End.DT4 SID对应的VPN路由表中查询Payload的目的地址，将报文转发到站点2。

综上所述，在SRv6中，每经过一个SRv6节点，"Segments Left"字段值减1，IPv6基本头部中的"Destination Address"变换一次。"Segments Left"和"Segment List"字段共同决定目的IPv6地址。此外，节点对于SRv6 SRH是从下到上进行逆序操作的。

10.2.5　常见的 SRv6 指令与 SRv6 SID

RFC 8986文档"Segment Routing over IPv6 (SRv6) Network Programming（SRv6网络编程）"中定义了多种SRv6指令，由于篇幅有限，本书无法介绍所有指令。本节将介绍常见的SRv6指令与SRv6 SID，其中包括End、End.X（Layer-3 Cross-Connect）、End.DT4（Decapsulation and specific IPv4 table lookup）及End.DT6（Decapsulation and specific IPv6 table lookup）。

1．End

SRv6指令分为多种类型，它们都采用不同的命名，包括End、End.X、End.T等，其中End是最基础的SRv6指令。End（Endpoint）指令执行的动作很简单：将IPv6 SRH头部中的"Segments Left"字段值减1，然后根据"Segments Left"从SRH的"Segment List"中取出对应的SID并更新IPv6基本头部中的"Destination Address"字段，再查询IPv6路由表转发该报文。

End SID是与End指令绑定的SID，用于标识网络中的某节点（Node）。在图10-11所示的网络中，路由器PE1、PE2、P1及P2各自生成End SID，每台设备只为自己所产生的End SID形成SRv6

转发表项，即 End SID 本地有效。在本例中，对于 CE1 发往 CE2 的流量在穿越 PE1、PE2、P1 及 P2 构成的骨干网络时，如果要求流量从 PE1 转发至 P1，最终到达 PE2，那么可以在流量对应的报文到达 PE1 后插入 SRH，并且在 SRH 的"Segment List"中分别写入 P1 和 PE2 的 End SID。

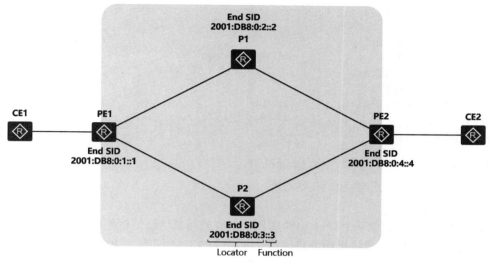

图 10-11　End SID 示例

2．End.X

End.X（Layer-3 cross-connect）支持将报文从指定的链路转发到三层邻接。该指令执行的动作：将"Segments Left"字段值减 1，然后根据"Segments Left"从 SRH 的"Segment List"中取出对应的 SID 并更新 IPv6 基本头部中的"Destination Address"字段，再将 IPv6 报文向 End.X 所绑定的三层邻接转发。

在图 10-12 所示的例子中，P1 产生了一个 End.X SID 2001:DB8:0:2::200，这个 SID 对应的 End.X 指令是将报文从本设备的 GE0/0/1 接口转发给 PE2。当 P1 收到的报文携带该 End.X SID，并且该 SID 为当前需处理的 SID 时，P1 会让报文执行上述操作。

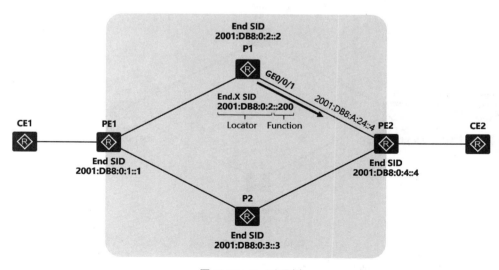

图 10-12　End.X 示例

此时，在P1上查看本地SID表中的End.X SID，可以看到如下信息：

```
[P1] display segment-routing ipv6 local-sid end-x forwarding

                        My Local-SID End.X Forwarding Table
              ------------------------------------

SID        : 2001:DB8:0:2::200/128           FuncType    : End.X
Flavor     : PSP
LocatorName : locator1                        LocatorID   : 16
ProtocolType: STATIC                          ProcessID   : --
UpdateTime : 2023-03-16 09:23:28.166
NextHop    :                    Interface :   ExitIndex:
2001:DB8:A:24::4                   GE0/0/1      0x0000000d

Total SID(s): 1
```

End.X可用于严格显式路径的TE等场景。

3. End.DT4

End.DT4 SID用于标识某个IPv4 VPN实例，对应的转发动作是将外层IPv6基本头部和SRH扩展报文头部解封装后，再将里面的IPv4报文在End.DT4 SID绑定的IPv4 VPN路由表中查表转发。End.DT4 SID主要在L3VPNv4场景中使用。End.DT4 SID可以通过静态配置生成，也可以通过BGP在Locator的动态SID范围内自动分配。

在图10-13所示的网络中，PE1、PE2、P1及P2所构成的IPv6骨干网络提供L3VPNv4服务，客户A的两个IPv4站点分别接入了PE1和PE2，PE1和PE2分别创建一个IPv4 VPN实例与客户A对应（VPN实例名称为CustomerA）。以PE2为例，End.DT4 SID 2001:DB8:0:4::4:4E与该VPN实例绑定。于是当PE2收到的报文携带该End.DT4 SID，并且该SID为当前需处理的SID时，PE2会将报文解封装，并在End.DT4 SID绑定的VPN路由表中查询报文的目的地址，然后将报文转发给CE2。

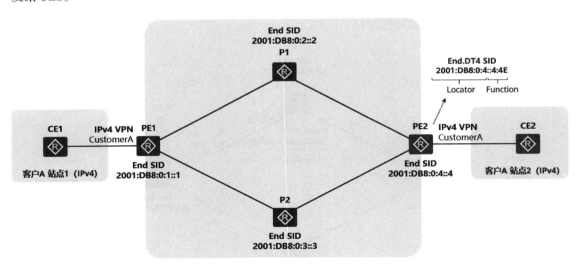

图 10-13　End.DT4 示例

此时，在PE2上查看本地SID表中的End.DT4 SID，可以看到如下信息：

```
[PE2] display segment-routing ipv6 local-sid end-dt4 forwarding

                    My Local-SID End.DT4 Forwarding Table
            ------------------------------------

  SID        : 2001:DB8:0:4::4:4E/128          FuncType : End.DT4
  VPN Name   : CustomerA                       VPN ID   : 17
  LocatorName: locator2                         LocatorID: 17

  Total SID(s): 1
```

4. End.DT6

End.DT6 SID用于标识某个IPv6 VPN实例，对应的转发动作是将外层IPv6基本头部和SRH扩展报文头部解封装后，再将里面的IPv6报文在 End.DT6 SID绑定的IPv6 VPN路由表中查表转发。End.DT6 SID可以通过静态配置生成，也可以通过BGP在Locator的动态SID范围内自动分配。

End.DT6的功能与End.DT4的功能相似，只不过前者主要在L3VPNv6场景使用。在图10-14所示的网络中，PE1、PE2、P1及P2所构成的IPv6骨干网络提供L3VPNv6服务，客户B的两个IPv6站点分别接入了PE1和PE2，PE1和PE2分别创建一个IPv6 VPN实例与客户B对应（VPN实例名称为CustomerB）。以PE2为例，End.DT6 SID 2001:DB8:0:4::6:6A与该VPN实例绑定。当PE2收到的报文携带该End.DT6 SID，并且该SID为当前需处理的SID时，PE2会将报文解封装，并将里面的IPv6报文查表转发，所查询的表便是该SID所绑定的VPN实例对应的IPv6路由表。

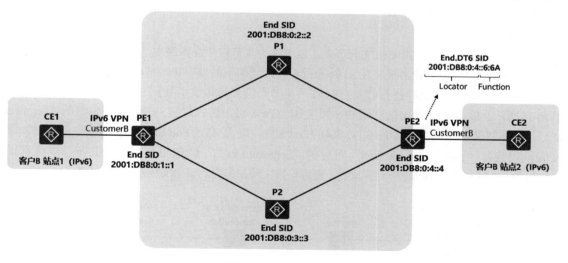

图 10-14　End.DT6 示例

此时，在PE2上查看本地SID表中的End.DT6 SID，可以看到如下信息：

```
[P1] display segment-routing ipv6 local-sid end-dt6 forwarding

                    My Local-SID End.DT6 Forwarding Table
            ------------------------------------

  SID        : 2001:DB8:0:4::6:6A/128          FuncType : End.DT6
  VPN Name   : CustomerB                       VPN ID   : 18
```

```
LocatorName: locator2                                    LocatorID: 17

Total SID(s): 1
```

10.2.6　SRv6 节点角色

在SRv6网络中存在多种节点角色。为帮助读者直观地理解各种角色，本节将结合图10-15所示的场景展开介绍。在本场景中，R1、R2、R3及R4构成了一个IPv6骨干网络，该骨干网络通过SRv6提供L3VPNv6服务，即允许不同的企业客户接入该骨干网络，并能够实现不同企业用户的IPv6路由和IPv6数据隔离。为达到这个目的，R1及R4成为PE设备并部署VPN业务。现在CE1要发送IPv6流量给CE2，流量将从R1进入骨干网络，网络管理员为流量指定了图10-15所示的转发路径，即要求流量从R1发出后，第一段先到达R3，最后到达R4，由R4将报文解封装后转发给CE2。

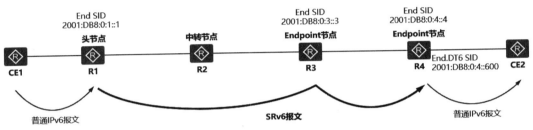

图 10-15　SRv6 网络中存在多种节点角色

SRv6节点角色主要有三类。

1. 源节点

SRv6源节点是指生成SRv6报文的节点，也可称为头节点。在本例中，R1便是目标流量的头节点，CE1发往CE2的原始IPv6报文在R1处进行封装，增加新的外层IPv6基本头部及SRH扩展头部。为了将报文沿着指定的路径进行转发，R1作为头节点需要将报文引导到SRv6 Segment List中。如图10-16所示，R1将CE1发出的普通IPv6报文作为Payload，然后封装SRH，并在SRH的"Segment List"中分别写入R4的End.DT6 SID、R4的End SID，以及R3的End SID，将"Segments Left"字段值设置为2，并将"Segments Left"对应的"Segment List[2]"的值更新到外层IPv6基本头部的"Destination Address"（目的地址）字段中，最后将报文转发出去。该报文会被路由到R2。

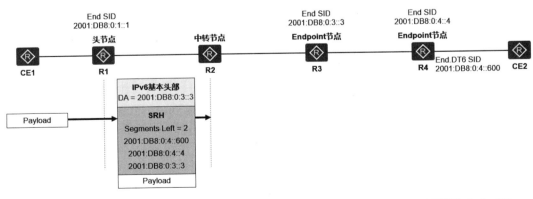

DA 表示 Destination Address

图 10-16　SRv6 头节点的操作

值得注意的是，头节点在执行SRv6报文处理时，为原始报文封装SRH并不是必须的。如果SRv6 Segment List只包含单个SID，并且无须在SRv6报文中添加更多信息或"Optional TLV Objects"字段，则头节点可以直接为原始报文封装一个外层IPv6基本头部，并将"Destination Address"设置为上述SID，无须再增加SRH。

头节点可以是生成IPv6报文且支持SRv6的主机，也可以是SRv6域的边界设备（如本例中的R1）。

2．中转节点

SRv6中转节点（Transit Node）是指转发SRv6报文但不进行SRv6处理的IPv6节点。在本例中，R2便是中转节点，它可以支持或者不支持SRv6，即使它仅支持基本的IPv6转发，也并不影响网络的运行。如图10-17所示，R1在封装CE1发往CE2的报文时，在报文的外层IPv6基本头部中写入的"Destination Address"是第一段R3的IPv6地址（R3的End SID）。因此当报文到达后，R2仅需查询IPv6路由表，然后将报文转发给R3即可。

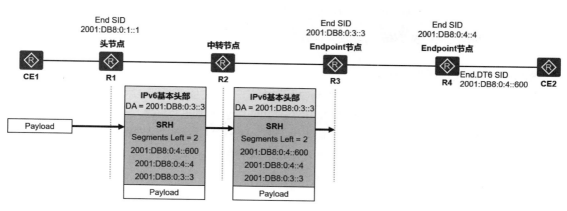

图 10-17　SRv6 中转节点的操作

3．Endpoint节点

SRv6端点节点（Endpoint Node）是指接收并处理SRv6报文的节点，其中该报文的"Destination Address"必须是设备本地配置的SID。在本例中，R3及R4都是Endpoint节点，如图10-18所示。R3作为CE1发往CE2的流量在穿越骨干网络时的第一段的目的节点，在收到SRv6报文后发现报文的目的地址2001:DB8:0:3::3为本地IPv6地址，并且是End SID，于是执行End指令操作，将"Segments Left"字段值减1（结果为1），然后将"Segment List[1]"的值更新到IPv6基本头部的"Destination Address"字段中，最后将报文转发出去。R4收到报文后，发现报文的目的地址命中本地SID表中的End SID，因此将报文的"Segments Left"字段值减1，然后将报文的"Destination Address"变更为2001:DB8:0:4::600；而该地址命中本地SID表中的End. DT6 SID，于是解封装SRH和IPv6基本头部，然后查询End.DT6 SID对应的VPN路由表，将报文转发给CE2。

值得注意的是，节点角色与其在SRv6报文转发中承担的任务有关。同一个节点可以是不同的角色，比如，某节点在某个SRv6路径里可能是SRv6源节点，在其他SRv6路径里可能是中转节点或者Endpoint节点。

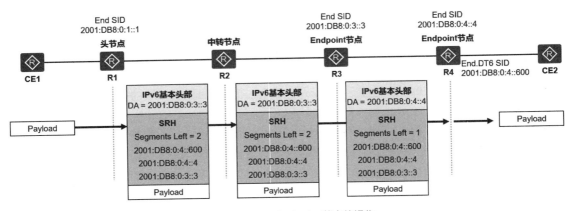

图 10-18　SRv6 Endpoint 节点的操作

10.3　SRv6 BE 与 SRv6 TE Policy

SRv6工作模式包括以下两种。

（1）SRv6 BE（Segment Routing IPv6 Best Effort）。

（2）SRv6 TE Policy（Segment Routing IPv6 Traffic Engineering Policy）。

两种模式都可以用来承载传统业务，比如，L3VPN、EVPN L3VPN、EVPN VPLS、EVPN VPWS、公网IP等。

10.3.1　SRv6 BE

从SRv6 BE的名称可以看出，它采用的是尽力而为（Best Effort）的工作方式。SRv6 BE依赖IGP协议所计算的最短路径来获得SRv6的转发路径。此外，SRv6 BE仅使用一个业务SID来指引报文在网络中的转发。

在图10-19所示的网络中，PE1、PE2及其他路由器构成了一个IPv6骨干网络，该网络为不同的客户提供L3VPNv4服务。L3VPNv4指的是三层IPv4 VPN业务，提供对应服务的骨干网络允许多个客户的站点接入。不同的客户对应不同的VPN，相同客户的不同站点通过该骨干网络实现路由信息交互及三层通信，并且客户之间的路由与数据相互隔离。

传统的BGP/MPLS IP VPN也是一种L3VPN，在该方案中使用MP-BGP在骨干网络上发布VPN路由，使用MPLS在骨干网上转发VPN报文。L3VPN Over SRv6 BE是另一种L3VPN，使用该技术能实现与BGP/MPLS IP VPN相似的功能，并且在协议层面实现了简化。L3VPN Over SRv6 BE通过SRv6 BE路径来传输L3VPN数据，此处的L3VPN包括IPv4 VPN和IPv6 VPN。在L3VPN Over SRv6 BE方案中，骨干网络无须部署MPLS、LDP等协议，在典型场景下只需在部署IPv6的基础上，通过IGP协议扩散设备的Locator网段路由，然后在PE上激活SRv6，并在PE之间通过MP-BGP通告携带End.DT4或End.DT6的VPN路由即可。

在图10-19中，PE1及PE2分别连接着相同客户的两个IPv4站点，PE2通过MP-BGP生成End.DT4 2001:DB8:0:2::200，这个SID与该VPN客户在PE2上所对应的VPN实例绑定。此时，若使用SRv6 BE来实现10.1.1.0/24与10.2.2.0/24之间的互通,以从10.1.1.0/24发往10.2.2.0/24的IPv4报文为例,报文到达PE1后,PE1可以为该报文封装一个新的IPv6外层头部,并且直接在头部中写入目的IPv6地址2001:DB8:0:2::200,然后将这个新的IPv6报文转发到网络中。PE1及PE2所处的骨干网络中运行的IGP经过计算发现了两条从PE1到PE2的等价最短路径,因此报文沿着此路径以负载分担的方式到达PE2。然后,PE2将IPv6报文解封装,将里面的IPv4报文转发到站点2。

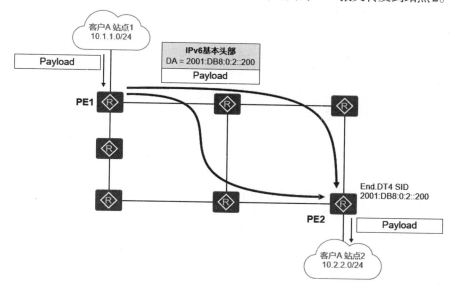

图 10-19　L3VPNv4 Over SRv6 BE

SRv6 BE没有流量工程功能,一般用于承载普通VPN业务,以便快速开通业务。

10.3.2　SRv6 BE 的基本原理

本节以L3VPNv4 over SRv6 BE为例,介绍SRv6 BE的基本原理。在图10-20所示的网络中,PE1、P及PE2构成了IPv6骨干网络,该骨干网络需实现L3VPNv4 over SRv6 BE业务。PE1、PE2分别接入了客户A的两个IPv4站点。客户A要求两个站点之间的路由信息、数据报文能够通过中间的IPv6骨干网络进行承载。

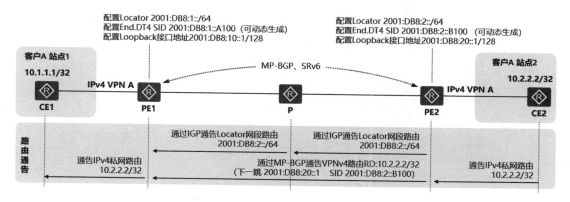

图 10-20　L3VPNv4 over SRv6 BE 的路由通告示例

网络管理员在PE1和PE2上为该客户创建了VPN实例A，在这两台PE之间建立MP-BGP对等体关系用于实现VPNv4路由信息交互，在骨干网络中部署IGP协议用于实现骨干网络内部的IP可达性。此外，还在PE与直连的CE之间部署动态路由协议，用于在二者之间交互IPv4私网路由。

本节重点关注CE2的路由通告至CE1、CE1的业务报文发往CE2的过程。

1．路由通告阶段

（1）网络管理员分别在PE1和PE2上配置了Locator，其中PE1的Locator是2001:DB8:1::/64，PE2的Locator则是2001:DB8:2::/64。PE1和PE2的业务SID将在该Locator的范围内生成。PE2通过IGP协议将Locator网段路由2001:DB8:2::/64通告给P、PE1。P和PE1将路由加载到IPv6路由表中。此时，通过该路由，PE1到2001:DB8:2::/64的IP可达性已经没有问题。

（2）PE2在Locator的范围内生成VPN实例A对应的SID 2001:DB8:2::B100（该SID的类型为End.DT4 SID），并在本地SID表中记录该SID的表项。在实际应用中，这个End.DT4 SID通常由运行在PE2上的MP-BGP动态生成。

（3）CE2需要通过中间的IPv6骨干网络，将本地路由10.2.2.2/32通告到远端的CE1。CE2首先通过与PE2之间所运行的动态路由协议将10.2.2.2/32路由通告给对方。

（4）PE2收到CE2发布的私网IPv4路由10.2.2.2/32后，在私网IPv4路由前缀的基础上增加RD值，将私网IPv4路由转换成VPNv4路由，然后通过MP-BGP将VPNv4路由通告给PE1，与路由一并被通告的还有该路由绑定的其他信息，包括路由的下一跳、路由绑定的End.DT4 SID 2001:DB8:2::B100，以及路由的RT值等。

（5）PE1收到PE2通告的VPNv4路由后，将路由所携带的RT值与本地VPN实例的RT值进行比对，该值匹配PE1上已有的VPN实例A的RT值，于是PE1将VPNv4路由转换成IPv4路由10.2.2.2/32，然后将路由加载到VPN实例A的路由表中，并通告给CE1。

2．数据转发阶段

（1）如图10-21所示，CE1向CE2发送一个IPv4报文，报文的源地址为10.1.1.1，目的地址为10.2.2.2。报文首先被发往PE1。

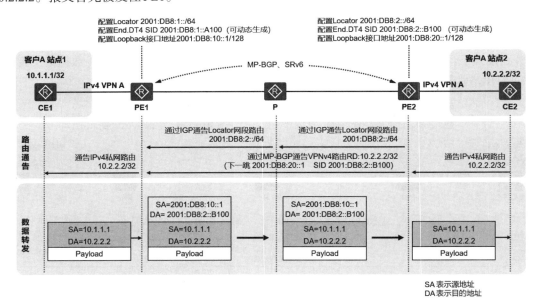

图 10-21　L3VPNv4 over SRv6 BE 的数据转发示例

（2）PE1在绑定了VPN实例A的接口上收到CE1发出的IPv4报文，在该实例对应的VPN路由表中查询报文的目的地址，找到匹配的路由表表项并从表项中找到下一跳地址及出接口信息。在本例中，路由表表项的下一跳地址为PE2的End.DT4 SID 2001:DB8:2::B100，出接口为SRv6 BE。然后PE1将CE1发出的IPv4报文进行封装，增加新的IPv6头部，将2001:DB8:2::B100写入头部中的目的地址字段。

（3）PE1通过骨干网络中运行的IGP协议已经学习到了去往PE2的Locator网段的路由2001:DB8:2::/64，于是它将报文按照路由指引转发给P；后者也通过IGP协议学习到了相应的路由，因此查询路由表后将报文转发给PE2。

（4）PE2收到报文后，发现报文的目的IPv6地址匹配本地SID表中的End.DT4指令，于是将报文的外层IPv6报文头部解封装，并在End.DT4指令所关联的VPN实例的路由表中查询IPv4报文的目的地址，然后将报文转发给CE2。

10.3.3　SRv6 TE Policy

SRv6 TE Policy是在SRv6技术基础上发展的一种新的隧道引流技术。SRv6 TE Policy通过在数据转发过程中的头节点封装一个有序的指令列表（路径信息）来指导报文穿越网络，如图10-22所示。

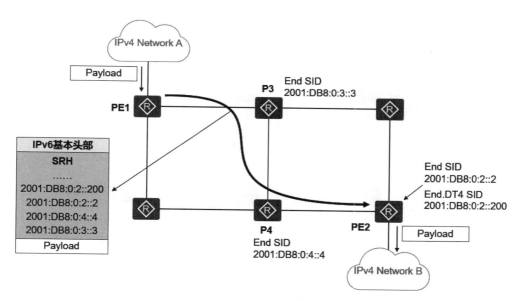

图 10-22　SRv6 TE Policy 的示例

与SRv6 BE采用尽力而为的传输策略不同，SRv6 TE Policy指定了流量所需经过的特定路径，例如，指定流量通过一条低时延或高带宽的路径，从而为该流量对应的业务提供满足需求的服务质量。SRv6 TE Policy可以使用End SID、End.X SID，或者Binding SID等进行组合。关于Binding SID，读者可以通过查询相关资料了解其概念。

在图10-22所示的例子中，6台路由器构成了IPv6骨干网络，该骨干网络需实现L3VPNv4 over SRv6 TE Policy业务。基于业务意图，网络管理员希望IPv4 Network A发往IPv4 Network B的流量到达PE1后，沿着PE1-P3-P4-PE2的路径进行转发。因此当PE1收到原始报文后，为其封装SRH，并在"Segment List"写入2001:DB8:0:2::200、2001:DB8:0:2::2、2001:DB8:0:4::4及2001:DB8:0:3::3这4个SID，这些SID分别是PE2的End.DT4 SID和End SID、P4的End SID及P3的End SID。

SRv6 TE Policy用于实现流量工程，提升网络服务质量，满足业务的端到端需求。SRv6 TE Policy和SDN相结合，可以更好地契合业务驱动网络的大潮流，也是SRv6主推的工作模式。

10.3.4　SRv6 TE Policy 的基本原理

1．SRv6 TE Policy 的配置方式

SRv6 TE Policy存在多种配置方式，网络管理员可以通过命令行的方式在设备上静态配置SRv6 TE Policy，或者通过SDN控制器纳管设备后，在SDN控制器上进行静态SRv6 TE Policy配置，然后由SDN控制器通过NETCONF（Network Configuration Protocol，网络配置协议）下发到设备上。除此之外，也可以由SDN控制器基于网络拓扑和业务需求动态生成SRv6 TE Policy，然后将其通过BGP IPv6 SR-Policy传递给设备。

以SDN控制器（iMaster NCE）进行路径计算的场景为例，如图10-23所示，工作流程可分为如下几步。

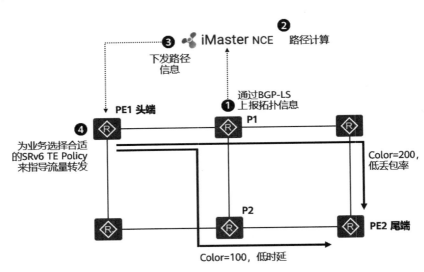

图 10-23　SDN 控制器下发 SRv6 TE Policy

（1）路由器通过BGP-LS（BGP Link State）将网络拓扑信息、SRv6 SID信息等上报给SDN控制器。拓扑信息包括节点链路信息、链路的开销/带宽/时延等TE（流量工程）属性，这些信息有助于SDN控制器实时感知网络的整体状况。

（2）SDN控制器对收集到的拓扑信息进行分析，在收到业务需求之后，进行基于约束的路径计算，得到满足需求的转发路径。

（3）SDN控制器与头节点（见图10-23中的PE1）建立BGP IPv6 SR-Policy地址族的BGP对等体关系，然后通过BGP将路径信息下发给头节点，头节点生成SRv6 TE Policy。在本例中，SDN控制器在网络中以PE1为头端，以PE2为尾端生成多个SRv6 TE Policy，每个SRv6 TE Policy可以对应不同的路径，不同的SRv6 TE Policy通过不同的Color（颜色）进行标识。例如，值为100

的 Color 对应低时延路径，值为 200 的 Color 对应低丢包率的路径。关于 Color 的具体概念，后续章节中会介绍。

（4）头节点为业务选择合适的 SRv6 TE Policy 来指导流量转发，即将业务流量引导到满足业务需求的 SRv6 TE Policy 上。例如，某业务的流量从 PE1 进入网络，从 PE2 离开网络，该业务要求流量通过低时延路径进行转发，那么可以将流量引导到 Color 值为 100 的 SRv6 TE Policy。当业务报文到达头节点时，头节点将报文进行封装，封装 SRH 并在其中写入 SRv6 TE Policy 对应的 Segment List。报文从头节点进入网络后，各路由器按照 SRv6 报文中携带的信息，执行自己发布的 SID 的指令。

说明：BGP-LS 是收集网络拓扑等信息的一种新方式。在 BGP-LS 出现之前，SDN 控制器为了收集网络拓扑信息，通常需要运行 IGP 协议，如 OSPF 或 IS-IS 等，并与网络设备建立邻居关系，从而通过 IGP 协议来收集网络拓扑信息。这种方式要求 SDN 控制器支持 IGP 协议及其算法，对控制器要求较高；当网络中存在多个 IGP 域时，SDN 控制器要完整地收集全网拓扑信息将面临挑战；此外，如果网络中存在多种 IGP 协议，又增加了 SDN 控制器的负担及数据分析的复杂度。BGP-LS 特性产生后，IGP 协议发现的拓扑信息由 BGP 协议汇总后上送给控制器，可以使拓扑收集更加简单、高效。BGP-LS 在原有 BGP 的基础上，引入了一系列新的 NLRI 来携带链路、节点和 IPv4/IPv6 前缀相关信息。

SDN 控制器与网络设备建立 BGP IPv6 SR-Policy 地址族的 BGP 对等体关系后，可以将其计算得到的路径信息（Segment List）等以路由的形式通过 BGP 通告给网络设备。

2．SRv6 TE Policy 的标识与模型

一个 SRv6 TE Policy 由一个三元组（Headend,Color,Endpoint）标识。

（1）Headend（头端）：SRv6 TE Policy 生成的节点。图 10-23 中，两个 SRv6 TE Policy 的头端为 PE1。

（2）Color（颜色）：一种 BGP 扩展 Community 属性，用于标识某一种业务意图（如低延时、大带宽等）。当 BGP 路由被通告时，可通过该扩展 Community 属性来携带 Color 值。当 BGP 路由所携带的 Color 值与某个 SRv6 TE Policy 相同时，该路由便可使用这个 SRv6 TE Policy。在图 10-23 所示的网络中，Color 值为 100 和 200 的两个 SRv6 TE Policy 分别部署后，当 PE1 发送数据到达 PE2 所连接的某网段时，网络管理员若希望流量沿着低时延路径转发，那么可以通过部署路由策略，使得 PE2 通过 BGP 将到达该网段的路由通告给 PE1 时，携带值为 100 的 Color 属性。

（3）Endpoint（尾端）：SRv6 TE Policy 的目的地址。图 10-23 中两个 SRv6 TE Policy 的尾端为 PE2（的地址）。

Color 和 Endpoint 信息通过配置添加到 SRv6 TE Policy，业务网络头端通过路由携带的 Color 属性和下一跳信息来匹配对应的 SRv6 TE Policy，以实现业务流量转发。

一个 SRv6 TE Policy 可以包含多个候选路径（Candidate Path），如图 10-24 所示。候选路径携带优先级属性（Preference）。优先级最高的有效候选路径是 SRv6 TE Policy 的主路径，优先级次高的有效路径为 SRv6 TE Policy 的备份路径。一个候选路径可以包含多个 Segment List，每个 Segment List 携带权重（Weight）属性。每个 Segment List 都是一个显式 SID 栈，Segment List 可以指示网络设备转发报文。多个 Segment List 之间可以形成负载分担，Weight 属性用于控制流量在多个 Segment List 路径中的流量分担比例。

说明：Segment List 的权重值是可配置的，默认为 1。

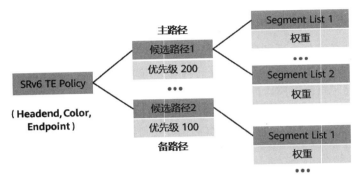

图 10-24　SRv6 TE Policy 结构

10.4 本章小结

本章介绍分段路由SRv6的概念和原理，主要包括以下内容。

（1）SR将报文的转发路径分为多个段（Segment），为每个段分配相应的标识SID，SID的有序排列即对应一条完整的转发路径。SRv6使用IPv6地址作为SID，使用IPv6扩展头部SRH来包含指令信息。

（2）SRH有两个关键字段："Segment List"和"Segments Left"。"Segment List"是段列表，即路径上所经过的IPv6地址的列表；"Segments Left"表示到达目的节点前仍需要访问的中间节点数，类似一个指针，指向"Segment List"中当前活跃的SID。"Segments Left"和"Segment List"字段共同决定IPv6报文中的目的地址。

（3）常用的SRv6指令包括End、End.X、End.DT4及End.DT6。End是基础指令；End SID标识一个IPv6节点；End.X则支持将报文从指定的链路转发到三层邻接；End.DT4支持IPv4 VPN；End.DT6则支持IPv6 VPN。

（4）SRv6节点主要有三类角色：源节点（又称头节点）是指生成SRv6报文的节点；中转节点是指转发SRv6报文但不进行SRv6处理的节点；Endpoint节点则是指接收并处理SRv6报文的节点。

（5）SRv6工作模式分为两种：SRv6 BE采用尽力而为的工作方式，依赖IGP协议生成的最短路径来获得SRv6的转发路径；SRv6 TE Policy则通过在头节点封装一个有序的指令列表来指定流量所需经过的特定路径，并且可实现流量工程，提升网络服务质量，满足业务的端到端需求。

10.5 思考与练习

10-1　请结合SRH扩展头部中的"Segment List"与"Segments Left"字段，描述SRv6报文的转发过程。

10-2　请描述SRv6的三重可编程空间。

10-3　请描述SRv6 SID中各部分的作用。

10-4　解释End、End.X、End.DT4和End.DT6各指令的含义。

10-5　请分析SRv6 BE和SRv6 TE Policy的差异。

第 **11** 章

IPv6+ 网络切片

　　随着 5G 技术的广泛应用及深入发展，网络上涌现出了大量的创新业务，这些业务对于网络的需求不尽相同，甚至于可能存在较大差异。当 IP 网络同时承载这些业务时，如何满足众多业务的多样化、差异化、复杂化需求是 IP 网络所要面临的挑战。在此背景下，业界提出了网络切片方案。网络切片方案通过将一个物理网络划分为互相隔离的多个专用逻辑网络来满足不同业务的需求。

学习目标：

1. 掌握网络切片的基本概念；
2. 掌握网络切片方案架构和技术分层；
3. 理解网络切片方案技术原理和工作机制；
4. 掌握主流的资源预留技术，包括 FlexE 和信道化子接口。

知识图谱

11.1 网络切片方案架构

端到端的网络切片方案包含多种技术与应用。从整体网络架构上来看，典型的网络切片方案的核心组件主要包含网络切片全生命周期管理平台（如 iMaster NCE）、网络基础设施及网络切片实例，如图 11-1 所示。

1. 网络切片全生命周期管理平台

iMaster NCE 是自动驾驶网络管理与控制系统，它实现了物理网络与业务意图的有效连接。向下实现全局网络的集中管理、控制和分析，面向业务意图实现资源云化、全生命周期自动化及数据分析驱动的智能闭环；向上提供开放网络 API（Application Programming Interface，应用程序编程接口）与 IT 快速集成。iMaster NCE 的目标是构筑智简网络，从网络自动化迈向网络自适应，最终实现网络自治。

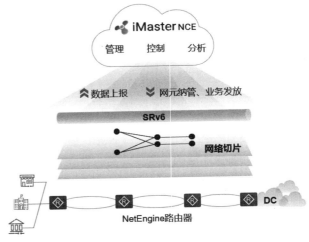

图 11-1　网络切片方案架构

在 IP 骨干网或城域网中引入 iMaster NCE，并通过 iMaster NCE 集中管理网络中的路由器等设备，可以解决传统网络中端到端业务发放慢、网络资源使用效率低、应用创新难、运维复杂等问题。通过 iMaster NCE 可以实现自动化部署业务、屏蔽配置细节、减少用户输入，还可以通过全局优化提升网络利用率、通过局部优化快速恢复拥塞链路。

iMaster NCE 可以实现对网络切片的全生命周期管理，包括网络切片的规划、配置、维护和优化。网络管理员可以通过 iMaster NCE 规划切片网络的物理链路、转发资源、业务 VPN 实例和隧道，iMaster NCE 能够对网络切片的配置和参数设置提供指导。iMaster NCE 还负责部署切片实例（包括创建切片接口、配置切片带宽、配置 VPN 实例和隧道），并实现切片网络的可视化、SLA 保障、故障运维、业务自愈、质差（网络服务质量变差）根因分析等功能。iMaster NCE 通过对切片转发资源的预测、切片内流量的优化、切片弹性伸缩等各种操作，平衡切片的资源与网络需求，满足业务 SLA 要求。

通过 iMaster NCE 管理网络，其理念与 SDN 的理念一致，因此 iMaster NCE 也称为 SDN 控制器。

2. 网络基础设施

网络基础设施也指物理网络，主要包括各种转发设备（如 NetEngine 路由器）和它们之间的链路。在网络切片方案中，转发设备的网络接口必须支持切片功能。

资源预留技术将物理网络中的转发资源划分为相互隔离的多份资源，分别提供给不同的网络切片使用，避免或者控制不同网络切片之间的资源竞争与抢占，它是网络切片方案提供差异化 SLA 保障的关键。常用的资源预留技术包括 FlexE 接口和信道化子接口。网络管理员可以根据实际情况，选择合适的资源预留技术。

3. 网络切片实例

通过网络切片方案，可以基于一个共享的物理网络生成不同的网络切片实例。网络管理员可以按需订制网络切片的逻辑拓扑，并将切片的逻辑拓扑与为切片分配的网络资源整合在一起，构成满足业务需求的网络切片。简单来说，一个网络切片实例就是一个逻辑网络，这个逻辑网络的带宽资源是独享的，与其他网络切片是完全隔离的。每一个网络切片实例可以分配给某一类特定的业务或某个特定的 VPN 使用。

11.2　网络切片技术分层概述

网络切片技术可以分为多个平面，如图 11-2 所示。其中，控制器是网络切片的全生命周期管理平台，主要对应管理平面；网络设备主要对应控制平面、数据平面和转发平面。控制平面与数据平面可统一称为网络切片的实例层，转发平面也可称为网络切片的网络基础设施层。转发平面、数据平面及控制平面都有多种技术或协议可供选择，网络管理员根据实际的部署场景和需求在不同的平面选择合适的技术进行灵活组合便可以形成一个端到端的网络切片方案。

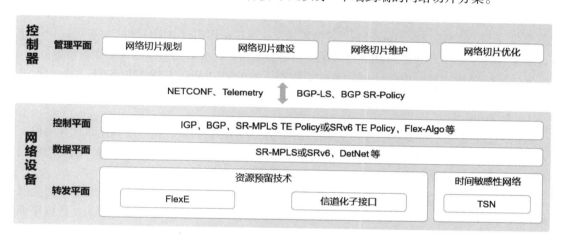

图 11-2　网络切片技术分层

1．管理平面

网络切片的管理平面可以提供网络切片的全生命周期管理功能，该平面对应的功能主要由控制器来负责。网络切片基于一个共享的物理网络生成多个逻辑意义上的网络切片，每一个网络切片都有其对应的拓扑结构，这导致切片的管理复杂度高，因此切片管理的自动化、智能化至关重要。

以 iMaster NCE 为例，它通过 NETCONF 纳管网络设备，通过 Telemetry 从网络设备上高速采集数据。设备通过"推模式"周期性地主动向 iMaster NCE 上报设备的接口流量统计、CPU 或内存数据、IFIT 统计数据等信息。相比于传统网络管理协议 SNMP（Simple Network Management Protocol，简单网络管理协议）那样的"拉模式"（即一问一答式交互），Telemetry 的主动推送方式可以提升检测数据的实时性，避免轮询方式对采集器自身及网络流量的影响。iMaster NCE 使用 BGP-LS 采集网络拓扑信息。此外，iMaster NCE 基于网络拓扑和业务需求动态生成 SR Policy（SR-MPLS TE Policy 或 SRv6 TE Policy），然后将其通过 BGP SR-Policy 传递给设备。

2．控制平面

控制平面的主要功能是分发和收集各网络切片的拓扑、资源、属性及状态信息，并基于网络切片的拓扑和资源约束进行路由及路径的计算与发放，将不同网络切片的业务流按需映射到对应的网络切片实例。控制平面计算出的路径信息便是用于控制业务流量转发的，转发路径上的网络设备通过对应的切片资源为流量提供服务。

工作在控制平面的协议有很多。在典型的IP承载网络中，网络设备运行OSPF或IS-IS实现承载网络内部的IP可达性，并收集网络拓扑、链路状态、TE等信息；BGP也是IP承载网络中常用的控制平面协议，例如，用于在PE设备之间传递路由等信息。此外，网络设备也可以通过BGP汇总IS-IS等路由协议发布的拓扑信息，然后与控制器建立BGP对等体，通过BGP-LS将拓扑信息通告给控制器。

传统IGP协议只能采用SPF算法计算到达目的网络的最短路径（Cost值最小的路径）。这个基于链路Cost值的SPF算法是固定的，不便于根据用户的需求去计算最优的路径，无法满足业务的不同需求。例如，自动驾驶需要极低时延的网络，需要IGP根据时延进行路径计算；再如，有些链路的费用很高，在计算路径时需要排除掉。这些约束条件可能会被组合在一起。为了提高灵活性，用户可能希望自己定制计算IGP路径的算法，以满足自己的不同需求。用户可以定义一个算法值来标识一个固定的算法，这样当一个网络里所有设备使用相同的算法时，这些设备的计算结果仍旧是一致的，不会导致环路。由于算法不是来自标准化组织，而是由用户自己定义的，因此称为Flex-Algo（Flexible Algorithm，灵活算法）。通过使用Flex-Algo特性，IGP可以根据链路的Cost值、时延、TE约束等自动计算满足不同需求的路径，灵活地实现流量工程的需求。

激活网络切片功能的设备还可以接收控制器下发的SR Policy（SR-MPLS TE Policy或SRv6 TE Policy），生成符合各种业务需求的转发路径。

3．数据平面

数据平面的主要功能是在业务报文中携带网络切片的标识信息，指导不同网络切片的报文按照对应的转发表项进行报文的转发处理。数据平面需要提供一种通用的抽象标识，从而能够与网络基础设施层的网络资源进行关联。

SR-MPLS与SRv6是已经成熟且已被大规模部署的技术，目前，网络切片在数据平面主要采用SR-MPLS或SRv6。当然，网络切片需要在SR-MPLS和SRv6的功能基础之上，在数据平面做一些扩展。

DetNet（Deterministic Networking，确定性网络）技术的目的在于对第3层网络进行增强，以便更可靠地传送数据包，并提供对时延更强的控制能力。DetNet不采用类似TCP的重传方式，以避免由于数据包的重传而带来的额外时延。它的核心设计是通过多网络路径传送多份冗余的数据包以最大限度地减少数据包所有副本都丢失的可能性。顾名思义，确定性网络DetNet的主要目标不是追求将时延降至最低，而是保证时延低于某个上限值。DetNet在数据平面可以使用IP或MPLS来实现其功能，并可能用于切片。DetNet的标准还在进一步完善中；关于DetNet的进一步信息，读者可自行查阅资料进行学习。

4．转发平面

转发平面的主要任务是采用适当的资源预留技术，把网络资源按照适当的颗粒度划分为相互隔离的多份资源，并提供给不同的切片网络使用。目前，主流的资源预留技术包括FlexE与信道化子接口，本书将在后续的内容中对其进行详细介绍。转发平面的另一项较新技术是TSN（Time Sensitive Networking，时间敏感性网络）。TSN提供一种通过以太网传输时间敏感信息的方法，旨在减少数据在以太网中的传输时延。

将不同的控制平面、数据转发平面协议或技术进行组合可以形成不同的网络切片方案。目前，主流的网络切片方案有基于亲和属性的网络切片方案和基于Silce ID的网络切片方案，后续章节会对它们进行介绍。

11.3 网络切片的转发平面原理

网络切片转发平面的技术主要是各种资源预留技术。资源预留技术主要用于实现网络资源（如接口带宽等）的预留及隔离。简单来说，按照隔离的程度，资源隔离可以分为软隔离和硬隔离。软隔离是指不同的网络切片共享同一组网络资源。硬隔离是指为不同的网络切片分配独享的网络资源，从而保证不同网络切片所承载的业务数据可以使用独立的网络资源，避免网络切片之间的相互影响。硬隔离技术可以有效地保证网络切片的服务质量。硬隔离技术主要有 FlexE 和信道化子接口等，本节主要介绍这两种硬隔离技术。

11.3.1 FlexE

FlexE 是承载网实现业务隔离承载和网络切片的一种接口技术。FlexE 技术将一个大带宽的以太网物理接口按时隙池化，通过时隙资源池灵活划分出若干子通道接口（FlexE 接口），实现对接口资源的灵活、精细化管理。关于时隙及资源池化的概念将在后续的内容中介绍。每个 FlexE 接口之间的带宽资源严格隔离，等同于物理接口。FlexE 接口相互之间的时延干扰极小，可提供超低时延。例如，基于一个 100Gbit/s 的以太网接口通过 FlexE 技术形成 1 个 50Gbit/s、2 个 25Gbit/s 的 FlexE 接口，分别用于承载 3 种类型的业务。

标准以太网技术（IEEE 802.3）主要对应 TCP/IP 对等模型的下面两层，即物理层（PHY）和数据链路层，MAC 层是数据链路层的一个子层，如图 11-3 所示。在标准以太网中，PHY 层和 MAC 层是一对一的关系，假如一个以太网接口的带宽为 100Gbit/s，那么 MAC 层对应的带宽也为 100Gbit/s。FlexE 在标准以太网接口的

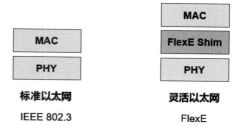

图 11-3　标准以太网与灵活以太网

PHY 层和 MAC 层之间插入了 FlexE Shim，实现了 MAC 层与 PHY 层解耦，使得 M 个 MAC 可映射到 N 个 PHY，从而实现了灵活的速率匹配。以一个 100Gbit/s 的以太网接口为例，通过 FlexE Shim 可以将这个接口的 PHY 池化为 20 个 5Gbit/s 的时隙，而业务接口可以灵活地从 20 个 5Gbit/s 时隙资源池中申请独立的带宽资源。自从 OIF（Optical Internetworking Forum，光互联网论坛）在 2015 年首次提出 FlexE 以来，FlexE 就受到了业界的广泛关注。

1. FlexE 的通用架构

在 FlexE 的通用架构中包含 3 个对象，分别是 FlexE Group、FlexE Shim 和 FlexE Client。下面以一个简单的例子来说明这 3 个对象的具体功能。

在一个企业的 IP 承载网上，有 NE1 和 NE2 两台广域路由器，它们通过 2 个 100Gbit/s 的以太网接口与对方相连，即 NE1 和 NE2 之间的物理链路可用带宽总共为 200Gbit/s，如图 11-4 所示。此时，企业中新增加了两个业务，要求通过 NE1 和 NE2，以及二者之间的这两条物理链路统一承载这些新业务的流量，其中应急指挥业务要求保证带宽 10Gbit/s，办公业务要求保证带宽 25Gbit/s，这两个业务都要求所分配的带宽资源是独占的，不能受到其他业务的影响，另外要保证不同业务之间完全隔离。

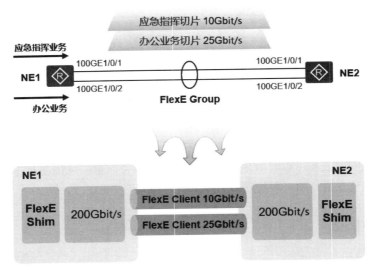

图 11-4　FlexE 的通用架构

在这个部署场景中涉及 FlexE 的 3 个角色。

（1）FlexE Group：FlexE Group 本质上就是将多个以太网物理接口绑定，以便支持更高的速率。在本例中有 2 个 100Gbit/s 的物理接口加入了 FlexE Group。加入 FlexE Group 中的物理接口称为成员接口，每个成员接口都有唯一的 PHY Number。FlexE Group 的成员接口是 IEEE 802.3 标准定义的各种速率的以太网物理接口，这些接口常见的速率包含 10Gbit/s、25Gbit/s、40Gbit/s、50Gbit/s、100Gbit/s、200Gbit/s 及 400Gbit/s 等。随着 IEEE 802.3 标准的发展，未来业界可能推出更高速率的以太网接口标准，FlexE Group 也将与时俱进，继续支持这些更高速率的接口。总之，FlexE Group 是若干绑定的 Ethernet PHY 的集合。

（2）FlexE Client：FlexE Client 是最终用户可观察到的以太网接口，相当于传统业务接口。每个 FlexE Client 可根据带宽需求被灵活配置。FlexE Client 接口产生之后，用户便可以直接对该接口进行配置，如配置 IP 地址等。在图 11-4 中，以 NE1 为例，我们将物理接口 100GE1/0/1 和 100GE1/0/2 加入同一个 FlexE Group 中形成 200Gbit/s 的资源池，FlexE 默认将带宽池化为 5Gbit/s 粒度的资源。用户可以基于业务需求创建一个用于应急指挥业务的 FlexE Client 并为其分配 10Gbit/s 的带宽资源，即 2 个 5Gbit/s 粒度的资源；再创建一个用于办公业务的 FlexE Client 并为其分配 25Gbit/s 的带宽资源，即 5 个 5Gbit/s 粒度的资源。

（3）FlexE Shim：作为插入标准以太网架构中 MAC 层与 PHY 层中间的一个额外逻辑层，FlexE Shim 通过基于时隙分配器 Calendar 的 Slot 分发机制实现 FlexE 技术的核心架构，这种分发机制实现了 PHY 带宽资源的池化，并将带宽资源池提供给不同的 FlexE Client。

2．FlexE Shim 的工作原理

以 100GE PHY 组成的 FlexE Group 为例，如图 11-5 所示，FlexE Shim 把 100GE PHY 划分为 20 个 Slot（时隙）的数据承载通道，每个 Slot 所对应的带宽为 5Gbit/s，FlexE Client 可以按照 5Gbit/s 的整数倍进行带宽的灵活分配。Client1 和 Client2 分别分配到 5 个 Slot，各获得 25Gbit/s 的带宽；Client3 分配到 6 个 Slot，获得 30Gbit/s 的带宽。

具体到比特层面，每一个 Slot 时隙承载一个 64B/66B 原子比特块（Block），FlexE Client 原始数据流中的以太网帧以 64B/66B 原子数据块为单位进行切分。这些原子数据块通过 FlexE Shim 分

配机制，映射到对应的Slot中。这种工作机制是基于TDM（Time-Division Multiplexing，时分复用）的技术，可以实现切片之间的硬隔离。

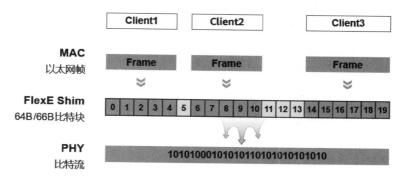

图 11-5　FlexE Shim 的工作原理

3．FlexE 的三大功能

（1）捆绑。FlexE支持捆绑多个采用IEEE 802.3标准的物理接口，使多个PHY一起工作，以支持更大的速率。如图11-6所示，将2个100GE物理接口捆绑，实现200Gbit/s的MAC层速率。

图 11-6　FlexE 的捆绑功能

（2）通道化。基于IEEE 802.3标准的物理接口的通道化是指多个低速率数据流共享一个PHY或多个PHY。如图11-7所示，在1个10GE物理接口上承载两个5Gbit/s MAC层速率的数据流。

图 11-7　FlexE 的通道化功能

（3）子速率。子速率是指单一低速率MAC数据流共享一路或多路PHY，并通过特殊定义的块（Block）实现降速工作，如图11-8所示，在1个100GE物理接口上仅仅承载50Gbit/s MAC数据流。子速率功能在某种意义上是通道化功能的一个子集。

图 11-8　FlexE 的子速率功能

11.3.2 信道化子接口

1. HQoS

传统的QoS采用一级调度方式，单个接口只能区分业务优先级，即只能实现基于业务优先级的队列，而无法区分不同的用户。例如，用户A的视频业务和用户B的视频业务都被标识为同一个优先级，那么它们将使用同一个接口队列，不同用户的流量彼此之间竞争同一个队列资源，无法对接口上单个用户的单个流量进行区分服务，如图11-9（a）所示。

图 11-9　QoS 与 HQoS 的调度示意图

HQoS（Hierarchical Quality of Service，层次化服务质量）采用多级调度的方式，可以精细区分不同用户和不同业务的流量，提供区分的带宽管理。HQoS主要增加了以下几种队列。

（1）FQ：用于暂存一个用户各优先级中的一个优先级的数据流。每个用户的数据流都可以划分为1～8个优先级，即每个用户可以使用1～8个FQ。不同用户之间不能共享FQ。FQ用于对用户的各种业务进行细分，控制用户的业务类型和带宽在各业务之间的分配。

（2）SQ：用于区分用户，对每个用户的带宽进行限速。一个SQ代表一个用户。每个SQ固定对应8种FQ业务优先级，这1～8个FQ共享该SQ的带宽。

（3）GQ：可以把多个用户定义为一个用户组GQ。例如，可以把相同总带宽需求的用户归为一个GQ。

（4）VI：对FQ队列，除了FQ->SQ->GQ调度外，还进行父GQ调度，也称为虚端口调度。此处的虚端口只是调度器的名称（调度器对多个队列进行调度），并不是通常说的"虚拟端口"。虚端口可以对应子接口，也可以对应物理接口或其他。不同应用，虚端口所指的对象不同。

HQoS的层次化表现为多个FQ业务流队列可组成一个SQ（Subscriber Queue，用户队列），多个SQ可组成一个GQ用户组队列，每一级队列都可配置带宽和优先级调度，如图11-9（b）所示。HQoS通过采用这种多级调度的方式，可以精细区分不同用户和不同业务的流量，提供差异化的带宽管理。

当基于物理接口（主接口）创建子接口时，HQoS虽然能对不同用户和不同业务的流量提供不同质量的服务，但是当主接口流量过大时，子接口之间会相互抢占带宽，进而对子接口和HQoS的调度产生影响。这时可以设定一种子接口，为该子接口分配的带宽不能被抢占，使其独享带宽资源。结合HQoS机制，实现该子接口调度隔离，这类子接口就是信道化子接口。

2．信道化子接口

如图11-10所示，信道化子接口在普通子接口模型基础上结合HQoS机制，独占HQoS GQ/VI调度树和带宽，实现严格的调度隔离。使用信道化子接口技术，可以在一个物理接口上划分出多个带宽可自定义的子接口，每个子接口的带宽是独占的。

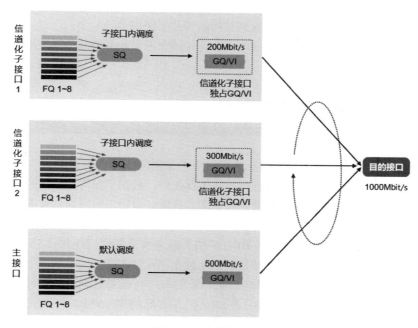

图 11-10　信道化子接口

3．信道化子接口的带宽保证

信道化子接口的工作原理之一是采用了带宽扣减技术。如图11-10所示，一个1000Mbit/s的以太网物理接口（见图11-10中的目的接口）分别配置200Mbit/s和300Mbit/s信道化子接口后，该物理接口将为这2个信道化子接口分别保留200Mbit/s和300Mbit/s的带宽及转发资源，因此主接口带宽从1000Mbit/s扣减为500Mbit/s。带宽扣减过程在信道化子接口使能过程中自动实现。

从用户角度来看，这种信道化子接口在设备的命令行界面可以直接显示和操作，显示格式类似于GigabitEthernet 0/1/0.1。信道化子接口与普通的接口一样具备带宽和管理属性，因此能够结合控制器实现资源管理，并提供资源预留功能。信道化子接口可以应用在网络侧，为网络切片提供独立的资源。

4．信道化子接口的缓存

普通的物理接口所配置的缓存是所有业务共享的，存在不同业务相互争夺缓存空间的现象。而信道化子接口拥有独立的子接口缓存，子接口的缓存可以在网络拥塞的情况下保存待发送的数据，由于每一个信道化子接口都拥有专用的缓存，因此可以隔离不同子接口之间的干扰。

11.4　网络切片的控制平面原理

网络切片控制平面的主要功能是分发和收集各网络切片的拓扑、资源等属性及状态信息，并基于网络切片的拓扑和资源约束进行路由及路径的计算与发放，将不同网络切片的业务流按需映射到对应的网络切片实例。网络切片控制平面包括以下主要任务。

（1）收集关于物理网络拓扑和网络资源的信息，并根据需要将其在网络节点之间扩散。当存在控制器时，也将这些信息上报给控制器，以便控制器根据这些信息进行业务路径计算。

（2）创建网络切片实例，并为切片实例分配合适的网络资源，生成切片拓扑信息。

（3）将网络切片实例的参数和属性数据同步到控制器，或者扩散到切片实例中的其他网络节点。

（4）将业务流或者业务VPN实例引导到具体的切片实例中。

（5）在网络切片实例对应的网络拓扑中，计算并建立满足业务需求的转发路径（如SRv6 TE Policy）。

11.5 网络切片的数据平面原理

网络切片数据平面的主要功能是在业务报文中携带网络切片的标识信息，指导不同网络切片的报文按照该网络切片的转发表项进行报文的转发处理。数据平面需要提供一种通用的抽象标识，从而能够与转发平面提供的网络资源进行关联。目前，应用于网络切片数据平面的技术主要有SR-MPLS和SRv6。

在SRv6网络切片方案中，通过IPv6 HBH扩展头部来携带网络切片ID（Slice ID）信息，指定报文通过哪个切片承载。本节主要介绍该方案在数据平面的实现。

IPv6 HBH扩展头部用来携带需要被转发路径上的每一跳设备处理的信息，它对应的"Next Header"字段值为0。一个包含IPv6 HBH及SRH扩展头部的SRv6报文的格式如图11-11所示。表11-1展示了HBH扩展头部中各字段的含义。

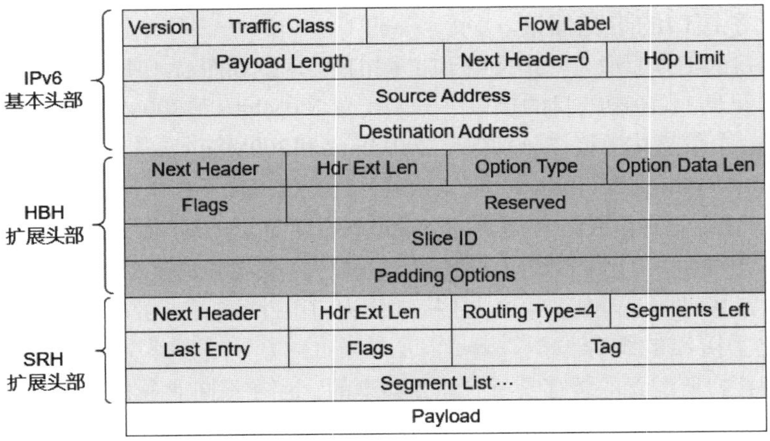

IPv6 基本头部			
Version	Traffic Class	Flow Label	
Payload Length		Next Header=0	Hop Limit
Source Address			
Destination Address			

HBH 扩展头部
Next Header	Hdr Ext Len	Option Type	Option Data Len
Flags		Reserved	
Slice ID			
Padding Options			

SRH 扩展头部
Next Header	Hdr Ext Len	Routing Type=4	Segments Left
Last Entry	Flags	Tag	
Segment List …			
Payload			

图 11-11　封装 HBH 及 SRH 扩展头部之后的 IPv6 报文格式

表 11-1　HBH 扩展头部字段

字段名	长度/bit	含义
Next Header	8	用来标识紧跟在HBH扩展头部之后的报文头部类型
Hdr Ext Len	8	HBH扩展头部的长度
Option Type	8	表示当前选项的类型为切片选项

续表

字段名	长度/bit	含义
Option Data Len	8	表示切片选项"Value"字段的长度，包括"Flags + Reserved + Slice ID"这几个字段，不包含"Padding Options"字段，单位为B
Flags	8	切片选项的标志位。其中，最高位"S"代表"Strict Match"，此标记用来指示是否必须严格匹配切片ID才能对报文进行处理
Reserved	24	预留字段
Slice ID	32	切片ID，节点根据切片ID查找对应的切片资源接口或子通道
Padding Options	长度可变	填充选项，用于HBH扩展头的8B对齐

当节点收到携带了HBH扩展头部的报文后，将解析出其中的Slice ID，如此就能知道这个报文应该通过哪个网络切片承载。

11.6　网络切片的管理平面原理

在实际项目中，需要部署网络切片的IP承载网络的规模通常都比较庞大，涉及的设备数量也较多。由于每个网络切片都具备自己的拓扑结构，每个切片拓扑都对应复杂的路径信息和丰富的网络属性，如果采用传统命令行方式进行网络切片的配置及维护，相应的工作量大且容易出错，因此在典型场景中，通常会部署控制器（如iMaster NCE）来实现网络切片方案管理平面对应的功能。完成iMaster NCE与网络设备的对接工作后，iMaster NCE便可以了解整个物理网络的设备资源、设备接口资源、链路带宽资源等，实现网络资源的统一编排和管理。网络管理员可以通过iMaster NCE的图形化界面规划、部署、维护和优化网络切片，如图11-12所示。iMaster NCE支持网络切片的极简创建、一键式扩容或缩容操作（通过本功能可快速对FlexE链路、信道化子接口链路等分别进行带宽调整），大大提高了网络的运维效率和体验。

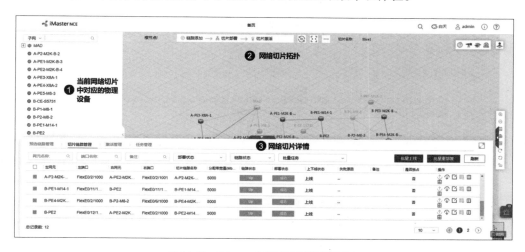

图 11-12　iMaster NCE 的切片管理界面

iMaster NCE具有网络切片的全生命周期管理功能，具体包括以下几个。

（1）网络切片规划：完成切片网络的物理链路、转发资源、业务VPN和隧道规划，指导切片网络的配置和参数设置。

（2）网络切片部署：完成切片实例部署，包括创建切片接口、配置切片带宽、配置 VPN 和隧道等。网络管理员可以基于 iMaster NCE 创建切片接口（包括物理接口、FlexE 接口或信道化子接口），完成网络切片的基础配置生成并将配置下发到网络设备上，设备则通过 BGP-LS 将切片拓扑上报给控制器。

（3）网络切片维护：监控网络切片的流量、链路状态、业务质量等，通过图形化界面呈现网络状态。当发生网络拥塞或故障时，可以通过 iMaster NCE 进行业务转发路径调整或优化。在网络切片的维护过程中，IFIT、Telemetry 等技术也常被采用。

（4）网络切片优化：实现网络切片带宽调优或切片扩容。

11.7 网络切片方案

11.7.1 基于亲和属性的网络切片方案

在部署了端到端切片的网络中，对于单个网络设备而言，为了实现带宽资源预留，设备需采用 FlexE、信道化子接口等技术将物理接口切分为多个相互隔离的逻辑接口，那么设备如何区分和使用不同的网络切片接口、如何将本地的这些接口信息通告给邻居设备，以便建立起整张切片拓扑呢？

图 11-13 展示的是基于亲和属性的网络切片方案（以数据平面使用 SRv6 为例）。基于亲和属性的网络切片方案使用亲和属性（Affinity）作为切片标识，每个亲和属性对应一个网络切片。

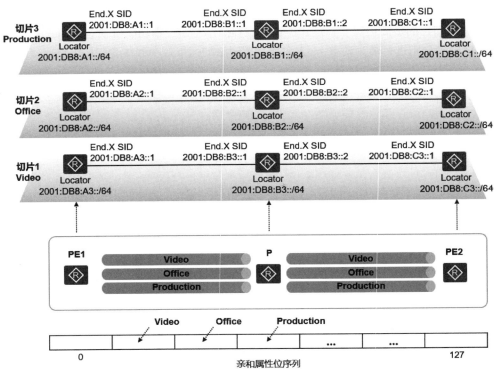

图 11-13　基于亲和属性的网络切片方案（在数据平面使用 SRv6）

说明：亲和属性主要用于流量工程（TE）中，它涉及两个概念，一个是亲和属性，另一个是链路管理组属性（AdminGroup），二者各自对应一个128bit长度的数值（该数值可以通过十六进制数的格式表达，如0x10001）。链路管理组属性由网络管理员配置在设备的接口上，作为TE链路属性通过扩展后的IGP协议发布到IGP域内的其他节点，链路管理组属性中的每一个比特位都可以单独表示链路的一个属性（如该链路的稳定性等）；而亲和属性则配置在TE隧道接口上，亲和属性需要和链路管理组属性联合使用。为TE隧道配置亲和属性后，设备在计算隧道对应的路径时，会将亲和属性和网络中各接口的链路管理组属性进行比较，决定是选择还是避开某些属性的链路，例如，可以指定亲和属性中的某一个比特位用于表示链路的稳定性：网络管理员在网络中某些时常出现振荡的链路接口上配置管理组属性，并将该比特位置位，用于表示链路不稳定，然后网络管理员在为某个业务配置TE隧道时，如果希望该业务的流量不经过不稳定的链路，那么可以为隧道配置亲和属性，并在亲和属性中将上述比特位设置为0，最后配置检查该比特位。由此，设备在进行路径计算时便会绕过不满足要求的链路。

在图11-13中，我们将亲和属性的bit1命名为"Video"，bit2命名为"Office"，bit3命名为"Production"，分别对应3个网络切片，然后在PE1、P和PE2对应的接口上配置链路管理组属性，通过相应的配置将链路管理组属性中对应的3个比特位置位。这样，便可以通过3个不同的亲和属性来对应3个切片的逻辑网络拓扑。

当使用基于亲和属性的网络切片方案时，报文在转发过程中不会携带任何标识来体现其所对应的切片。在本方案中，网络管理员首先为设备的每个切片逻辑接口（网络切片接口）都分配唯一的IPv6地址（该地址也作为SRv6 SID，当报文的目的地址为该SID时，便可以将报文对应到某个切片），并配置对应的带宽。此外，还需为每个网络切片接口配置链路管理组属性。网络切片接口的IP地址、链路管理组属性和其他链路信息可以被IGP扩散到网络中，同时也通过BGP-LS上报给控制器。控制器收集整个网络的链路状态信息后，可以基于每种亲和属性形成独立的网络切片视图，并在每个网络切片拓扑内计算用于该切片所承载业务的、基于约束的显式路径。控制器将计算出的显式路径映射为由SRv6 SID组成的Segment List并将其下发到业务流量对应的头节点，形成SRv6 TE Policy用于指导报文在网络中进行转发。最后，业务流量被引流到对应切片的SRv6 TE Policy中。此时，若基于路由Color属性引流，那么当业务流量对应的路由Color属性及其他相关参数与SRv6 TE Policy匹配时，业务流量就可以导入指定的SRv6 TE Policy进行转发，并使用切片内所预留的资源进行转发。

在基于亲和属性的网络切片方案中，首先，通过不同的SRv6 TE Policy将业务报文引导到对应的切片网络，使用SRv6 SID来体现对应的网络切片，网络管理员需要在每台设备上为每个网络切片分配不同的SRv6 Locator，并且每个网络切片接口都需要配置唯一的IPv6地址作为SRv6 SID，在大型IP承载网中这必然带来较大的规划、配置及维护工作量。其次，当网络切片的数量较多时，基于亲和属性的方案在控制平面会产生大量的链路状态信息，也使设备的转发表项成倍增加，设备将变得不堪重负。最后，在大型IP承载网中，数据转发路径可能会经常调整，这时需要控制器重新计算路由并下发大量SRv6 TE Policy给设备，这对控制器和设备来说也是很大的挑战。因此，基于亲和属性的方案比较适合小型IP承载网络的切片场景。

采用基于亲和属性的网络切片方案可以结合Flex-Algo使用，利用Flex-Algo灵活计算路由的特点，替代一部分SRv6 TE Policy的功能，避免大量SRv6 TE Policy计算和下发对控制器与设备的影响。

11.7.2 基于 Slice ID 的网络切片方案

在基于 Slice ID 的网络切片方案中，无论创建多少个网络切片都只需要一套 IPv6 地址，网络管理员不需要为每个切片单独进行地址规划和配置。同时，多个网络切片共享同一个路由进程，链路状态信息和路由转发表项不会因切片数量增加而增加。基于 Slice ID 的方案能够支撑更多的网络切片。

图 11-14 展示的是基于 Slice ID 的网络切片方案。在本方案中 3 台物理设备组成一个 IP 承载网，网络中部署了 SRv6，每台设备从它们相连接的接口中划分出 3 个网络切片接口（如 FlexE 接口、信道化子接口），每个网络切片接口都配置全网唯一的 Slice ID，相邻两台设备通过网络切片接口形成一条切片链路，而使用同一个 Slice ID 的多条切片链路形成一个切片网络拓扑。

在本方案中，每个网络切片都有一个独立的拓扑，Slice ID 则用来区分每个网络切片。在控制平面中，业务流量对应的头节点通过 SRv6 TE Policy 来指导数据转发。SRv6 TE Policy 可以通过静态配置生成，也可以由控制器通过 BGP IPv6 SR-Policy 下发。在静态配置场景中，Slice ID 和 Segment List 是以静态配置方式配置在 SRv6 TE Policy 中的；在控制器下发场景中，控制器下发 SRv6 TE Policy 路由时携带 Segment List 和 Slice ID 信息。

在数据平面中，业务流量对应的头节点在确定了业务流量所承载的网络切片后，给每个被识别的业务报文打上 Slice ID。头节点为业务报文封装 SRH 头部及 HBH 头部，并在 HBH 头部中写入 Slice ID，然后查询路由表，将报文从对应的网络切片接口转发出去。中间设备在收到携带 Slice ID 的 IPv6 报文后，读取 Slice ID，选择对应的网络切片转发资源来处理报文，然后决定从哪个网络切片接口转发数据，最后按照常规 SRv6 流程进行查表转发。

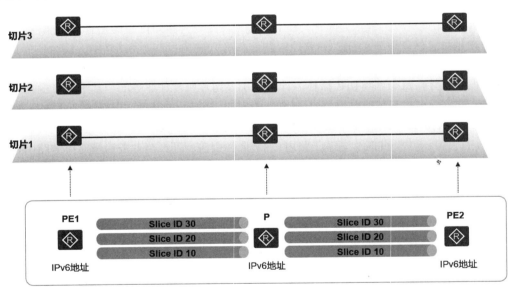

图 11-14　基于 Slice ID 的网络切片方案

11.8 本章小结

本章描述网络切片的概念和原理，主要包括以下内容。

（1）当一个IP网络同时传输多种业务时，网络切片方案能够将该物理网络划分为互相隔离的多个专用逻辑网络来满足不同业务的需求。

（2）典型网络切片方案的核心组件包含网络切片全生命周期管理平台、网络基础设施及网络切片实例。iMaster NCE（又称SDN控制器）实现对网络切片的全生命周期管理，包括网络切片的规划、配置、维护和优化。网络基础设施是指物理网络，主要包括支持网络切片的各种转发设备及设备之间的链路。网络切片实例是基于一个共享物理网络的一个逻辑网络，其带宽资源独享，与其他网络切片完全隔离。每一个网络切片实例可以分配给某一类特定的业务或某个特定的VPN使用。

（3）网络切片技术分为4个平面，其中，控制器对应管理平面，网络设备主要对应控制平面、数据平面和转发平面。

（4）转发平面采用资源预留技术，把网络资源按照适当的颗粒度划分为相互隔离的多份资源，提供给不同的切片网络使用。目前，主流的资源预留技术是FlexE和信道化子接口。FlexE技术将一个大带宽的以太网物理接口按时隙划分，构成资源池，从而灵活地划分出多个提供不同速率、带宽资源独立的子通道接口，以实现对接口带宽资源的灵活、精细化管理。信道化子接口技术能够在一个物理接口上划分出多个带宽可自定义且独占的子接口，结合采用多级调度的HQoS机制，可以精细区分不同用户和不同业务的流量，提供差异化的带宽管理。

（5）控制平面的主要功能是收集、分发和上报各网络切片的拓扑、资源等信息，基于网络切片的拓扑和资源约束进行路由及路径的计算与发放，将不同网络切片的业务流按需映射到对应的网络切片实例。

（6）数据平面的主要功能是在业务报文中携带网络切片的标识信息，指导不同网络切片的报文按照该网络切片的转发表项进行报文的转发处理。目前，应用于数据平面的主要技术包含SR-MPLS和SRv6。在SRv6网络切片方案中，通过IPv6 HBH扩展头部来携带网络切片ID（Slice ID）信息，指定报文通过哪个切片承载。

（7）管理平面提供全生命周期管理功能，网络管理员可以通过控制器的图形化界面规划、部署、维护和优化网络切片，快速对FlexE链路、信道化子接口链路等分别进行带宽调整。

（8）常见的网络切片方案有基于亲和属性的方案和基于Slice ID的方案。基于亲和属性的方案中，使用亲和属性作为切片标识，每个切片逻辑接口对应唯一的IPv6地址，可以基于每种亲和属性形成独立的网络切片拓扑结构。网络切片接口的IP地址、链路管理组属性和其他链路信息由IGP扩散到网络中，通过BGP-LS上报给控制器。该方案由于配置管理较复杂、扩散的信息量大，仅适合小型IP承载网络的切片场景。而在基于Slice ID的方案中，只需要一套IPv6地址，多个网络切片共享一个路由进程，因此能够支撑更多的网络切片。

📝 11.9　思考与练习

11-1　什么是FlexE？这种技术的主要工作原理是什么？

11-2　网络切片与传统QoS技术有什么区别？

11-3　FlexE和信道化子接口在业务隔离效果上有哪些差别？

11-4　在基于Slice ID的网络切片方案中，部署了切片功能的设备是如何区分不同切片网络的？

第 **12** 章

IPv6+ 新型组播

伴随着IPTV、视频会议、远程教育、远程医疗、在线直播等业务的蓬勃发展，组播技术得到了广泛的应用。如今，SRv6等技术在单播技术领域中不断演进并被大规模部署，组播在IPv6和网络可编程等方向上的下一代技术的研究也成为一个重要课题。

BIER是一种新的组播技术。BIER通过将组播报文目的节点的集合以比特串（BitString）的方式封装在报文头部进行发送，BIER网络的中间节点根据BitString对报文进行复制及转发。在BIER中，中间节点不需要为每条组播流量建立组播分发树及保存组播流状态，以减少对资源的占用，支持大规模的组播业务。

基于MPLS架构的BIER也可称为BIER-MPLS，其部署需依赖MPLS，因此对于尚未激活MPLS或不支持MPLS的网络而言，要引入BIER技术来实现组播业务就显得较为困难。随着IPv6的大规模部署，业界提出了BIERv6。BIERv6使用了BIER的技术架构，利用IPv6报文头部可扩展的优势，使用IPv6扩展头部携带BitString等BIERv6相关的信息。BIERv6将BIER协议与Native IPv6报文转发相结合，不需要显式建立组播树，也不依赖于MPLS，是基于IPv6的组播方案；网络中不支持BIERv6的节点可以透明传输BIERv6报文、无缝融入SRv6网络，简化了协议的复杂度。

学习目标：

1. 理解和掌握BIERv6的基本概念；
2. 理解BIERv6的技术原理和优势；
3. 了解BIERv6的典型应用。

知识图谱

12.1 BIERv6 的基本概念

在详述 BIERv6 的技术原理之前，本节首先介绍 BIERv6 的基本概念。

（1）Domain（域）：Domain 是指支持 BIERv6 转发的网络域。Sub-Domain（子域）则是指支持 BIERv6 转发的网络子域。一个 Domain 可以包含一个或多个 Sub-Domain，如图 12-1 所示。为了简单起见，设定在本书的例子中，一个 BIERv6 Domain 均只包含一个 Sub-Domain。

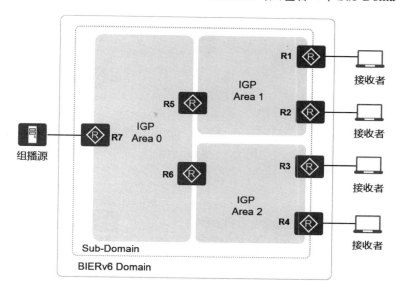

图 12-1　BIERv6 Domain 与 BIERv6 Sub-Domain

（2）BFR（Bit Forwarding Router，比特转发路由器）：是指按 BIERv6 流程转发报文的路由器。在 BFR 中，BFIR（Bit Forwarding Ingress Router，比特转发入口路由器）和 BFER（Bit Forwarding Egress Router，比特转发出口路由器）都是 BIERv6 Sub-Domain 中的边界节点。在典型的场景中，IP 组播报文从 BFIR 进入 BIERv6 域，BFIR 负责为组播报文封装 BIERv6 头部。组播报文从 BFER 转出 BIERv6 域，BFER 负责对报文进行解封装。

（3）BFR-ID（Bit Forwarding Router Identifier，比特转发路由器标识符）：BFR-ID 是指为 BFR 手工配置的 ID，其取值范围为 1 ～ 65535。仅 BFER 需要配置 BFR-ID，如图 12-2 所示。

（4）BIERv6 头部：当 BFIR 收到普通的 IP 组播报文后，会为报文封装 BIERv6 头部，生成 BIERv6 组播报文，然后将该报文转发到 BIERv6 域中，如图 12-3 所示。

（5）BitString：BIERv6 将组播报文目的节点的集合以 BitString 的方式封装在 BIERv6 头部中发送，BitString 中的每一个比特位代表一个组播报文目的节点。BFIR 收到 IP 组播报文后，为报文封装 BIERv6 头部，而在该头部中便会写入相应的 BitString。BIERv6 报文在 BIERv6 网络中转发时，始终携带 BIERv6 头部，而 BFR 则根据报文中的 BitString 对报文进行复制及转发。如图 12-3 所示，R7 是某个组播流的 BFIR，当它收到组播报文并对报文进行 BIERv6 封装时会写入对应目的节点集合的 BitString，本例中 R1、R2、R3 及 R4 均作为有组播流量需求的 BFER 节点，R7 会将这 4 个 BFER 在 BitString 中的对应比特位置 1。以 R1 为例，其 BFR-ID 为 1，它对应 BitString 中的最低比特位，R7 将该比特位置 1；R2、R3 及 R4 同理。因此，组播组对应的 BitString 为 "…01111"。

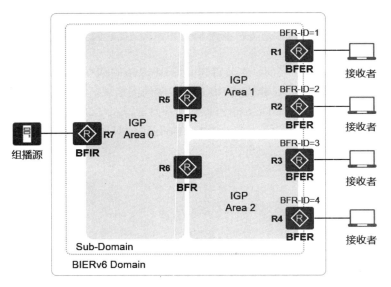

图 12-2　BFR 与 BFR-ID

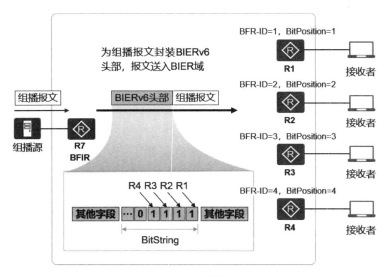

图 12-3　BIERv6 头部与 BitString

（6）BSL（BitString Length）：BitString 的长度。华为设备当前支持的 BitString 长度为 64、128 或 256bit，网络管理员可根据实际情况灵活配置。

（7）Set：在 BIERv6 中，BitString 中的每一个比特位代表一个组播报文目的节点。但是 BSL 长度有限，当前最多只有 256bit，难以满足大规模网络部署需求。为了解决该问题，BIERv6 引入 Set。Set 是指一组 BFR 的集合，每个 Set 使用 Set ID 进行标识，一个 Set 内的 BFR 数量不超过 BSL。以 256bit 的 BSL 为例，当 Set ID 为 0 时，BitString 可以对应 256 个 BFR-ID；Set ID 为 1 时，则对应另外的 256 个 BFR-ID，依次类推。因此，Set 的引入使得 BIERv6 能够满足大规模组网需求。

（8）BitPosition：BIERv6 节点通过 Set ID 和 BitString 唯一确定接收组播报文的一组节点，

BFER在BitString中对应的位置称为BitPosition。网络管理员为BIERv6网络配置BSL并为每个BFER指定BFR-ID后，节点自动根据每个BFER的BFR-ID数值映射为BitString中的某一个比特位（BitPosition），同时计算出BFER所属的Set ID。通过BFR-ID计算出BitPosition和Set ID的算法会在后续章节中进行进一步的介绍。

（9）BIRT（Bit Index Routing Table，比特索引路由表）：BIRT的表项指示了当前节点到每个BFER的BFR邻居，BFR通过BIRT表项可以获知到达目的节点的下一跳信息。图12-4展示了R7的BIRT表。其中，BFR-ID是网络管理员手工为BFR分配的ID；BFR-Prefix是为BFR分配的BFR前缀（IPv6地址），相当于Router-ID，要求在一个Sub-Domain内唯一，且必须为一个主机地址（而非网段前缀），BFR-Prefix of Dest BFER是指目的节点BFER的BFR前缀；BFR-NBR（BFR-Neighbor，BFR邻居）是指到达目的BFER节点的下一跳邻居BFR。在本例中，R7是组播流量的BFIR，R1、R2、R3及R4作为连接接收者的BFER，以R7为例，从其BIRT表中的第一行可以看出，R7在接收到组播源发送的组播流量后，若需要将组播流量转发到目的节点R1，则下一跳BFR邻居为R5，其中R1的BFR-ID为1，BFR-Prefix为2001:DB8:1::1/128。第二行表示R7若需要将组播流量转发到目的节点R2，下一跳BFR邻居仍然为R5，其中R2的BFR-ID为2，BFR-Prefix为2001:DB8:1::2/128，第三行和第四行同理。

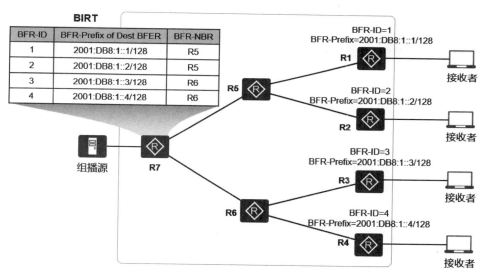

图 12-4　BIRT

（10）BIFT（Bit Index Forwarding Table，比特索引转发表）：BIFT是每个BFR转发BIERv6组播报文的关键数据表，其表项依赖BIRT生成，每个BIFT表项包含BFER的BFR-ID、到达该BFER的下一跳BFR-NBR邻居，以及F-BM（Forwarding BitMask，转发位掩码）等信息，其中BFR-ID及BFR-NBR信息源于BIRT，而F-BM则是通过将BIRT中具有相同Set ID和相同BFR-NBR的表项对应的BitString进行"或（Or）"运算后获得的结果，因此从某种意义上说，F-BM体现了通过某个BFR-NBR能够到达的BFER集合这个信息。

图12-5所展示的BIFT表项源于图12-4中的BIRT所提供的信息。其中，BFR-ID 1和BFR-ID 2的Set ID和BFR-NBR都相同，二者对应相同的F-BM。总之，BIFT主要用于将BFR-ID映射到对应的F-BM和BFR-NBR。在BIERv6报文处理过程中，BIFT中的F-BM等信息将参与计算，计算的结果将影响设备的BERv6报文复制与转发操作。关于这部分内容，将在后续章节中详细介绍。

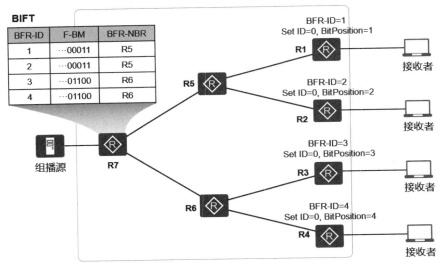

图 12-5　BIFT

12.2　BIERv6 的数据平面原理

12.2.1　BIERv6 报文头部

BIERv6使用了BIER的技术架构，并且利用IPv6协议报文头可扩展的优势，将携带BitString信息的BIERv6报文头封装在IPv6扩展头中。如图12-6所示，BIERv6报文是由IPv6基本头部、DOH扩展头部及Payload构成。

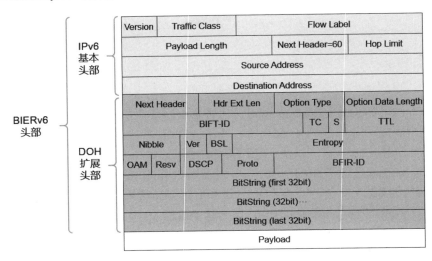

图 12-6　BIERv6 报文格式

在IPv6基本头部中，重点看以下3个关键字段。

（1）Next Header（下一个报头）：值为60，表示紧跟在此IPv6基本头部之后的报文头类型为DOH。BIERv6在数据平面使用了IPv6扩展头部DOH。

（2）Source Address（源地址）：BIERv6报文的源地址，该地址同时也能指示组播报文所属的组播VPN实例或者组播公网实例。

（3）Destination Address（目的地址）：BIERv6报文的目的地址，该地址对应BIER转发节点的IPv6地址，表示需要在本节点进行BIERv6转发处理。当BIERv6网络中的节点收到携带DOH扩展头部的BIERv6报文时，如果报文的目的地址并非本地地址，则节点在其路由表中查询报文的目的地址并直接转发报文，该节点可以支持或者不支持BIERv6；仅当BIERv6网络中的BFR收到的BIERv6报文的目的地址与本节点的End.BIER SID相同时，BFR才会对报文执行BIERv6处理流程。后续章节中将介绍End.BIER SID。

在DOH头部中，重点看以下4个关键字段。

（1）BIFT-ID：表示BIFT的ID，长度为20bit，由4bit BSL+8bit Sub-Domain+8bit Set ID组成。

（2）TTL（Time to Live）：长度为8bit，用于表示报文经过BIERv6转发处理的跳数。每经过一个BIERv6转发节点后，TTL值减1。当TTL为0时，报文被丢弃。

（3）BSL：长度为4bit，表示BitString长度。目前支持的BSL有64、128、256bit三种。当BSL的值为二进制数"0001"时，表示BSL为64bit；当BSL的值为"0010"时，表示BSL为128bit；当BSL的值为"0011"时，表示BSL为256bit，其他的值为保留值。在一个BIERv6 Sub-Domain内，允许配置一个或多个BSL。

（4）BitString：用于标识组播报文目的节点的集合。

在BIERv6报文中所封装的Payload便是组播报文。该组播报文可以是IPv4组播报文，也可以是IPv6组播报文。

12.2.2　End.BIER SID

BIERv6定义了一种称为End.BIER的新型SID，该SID应用于BIERv6网络，它作为目的IPv6地址，指示设备处理报文中的BIERv6扩展头。End.BIER SID长度为128bit，分为两个部分，即Locator和其他位（见图12-7），Locator的定义与SRv6一致。

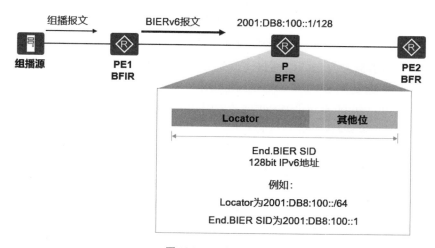

图12-7　End.BIER SID

如图 12-7 所示，当组播源发送的组播报文到达 BFIR（PE1）之后，PE1 将组播报文进行封装，将下一跳节点 BFR-NBR（P）的 End.BIER SID 作为 BIERv6 报文的外层 IPv6 目的地址。当 P 设备收到该报文以后，会解析 IPv6 基本头部并获取到目的地址，确定目的地址为本地的 End.BIER SID 之后，便按照 BIERv6 流程处理报文。在本例中，P 设备的 Locator 为 2001:DB8:100::/64，设备基于该 Locator 产生的 End.BIER SID 为 2001:DB8:100::1。

12.2.3　BIERv6 报文发送

组播源发出的组播报文到达 BFIR PE1 后，PE1 对报文进行 BIERv6 封装，并将报文转发到网络中，网络中的其他设备按照报文所携带的 BitString 进行报文复制与转发，PE2 及 PE3 收到 BIERv6 报文后再将报文解封装，然后转发给接收者，如图 12-8 所示。其具体过程如下。

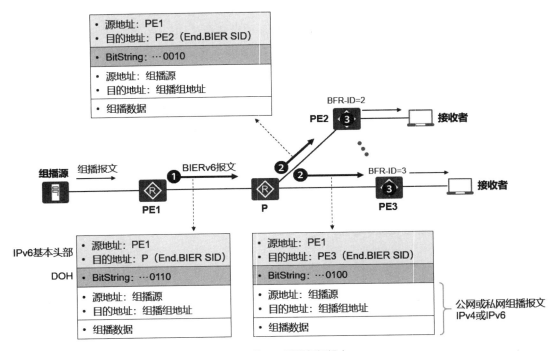

图 12-8　按 Set 发送组播报文

（1）PE1 接收到组播源发送的组播报文后进行 BIERv6 报文封装，BIERv6 报文的源地址是 PE1 的地址，目的地址是 BFR-NBR（P）的 End.BIER SID，报文的 DOH 扩展头部中写入 BFER PE2 与 PE3 对应的 BitPosition 置位的 BitString "…0110"。在本例中，PE2 对应 BitString 中的最低第 2 位，PE3 则对应最低第 3 位。

（2）报文到达 P 节点后，P 节点发现目的地址对应自己的 End.BIER SID，于是按照 BIERv6 流程来处理报文，它根据 BitString 中的信息对报文进行复制，然后将到达 PE2 的 BitString "…0010"、到达 PE3 的 BitString "…0100"分别写入对应报文的 DOH 头部中，同时，将 PE2、PE3 的 End.BIER SID 分别作为对应报文的目的 IPv6 地址，报文源地址则保持不变，然后将报文发送出去。

（3）PE2 及 PE3 收到 BIERv6 报文后，根据 BitString 判断出自己为 BIERv6 报文的目的节点，于是对报文进行解封装，然后将组播报文发送出去。

12.3 BIERv6 的控制平面原理

BIERv6的控制平面主要实现的功能包括以下几项。

（1）向网络中通告节点的BFR-prefix、Sub-Domain ID、BFR-ID、End.BIER SID、BSL等信息。

（2）在节点上生成BIRT表项，并基于BIRT生成BIFT表项。

（3）解决BIERv6网络主机加入组播组的问题。

本节将针对上述内容分别进行介绍。

12.3.1 IS-ISv6 for BIERv6

BIERv6节点需要向网络中通告本节点的BFR-prefix、Sub-Domain ID、BFR-ID、End.BIER SID、BSL，以及路径计算算法等信息，这些信息将帮助设备生成BIRT表项及BIFT表项。IS-IS可以用于实现该功能。当然，这需要IS-IS本身做一些扩展（我们将其称为IS-ISv6 for BIERv6），以便在通告链路状态信息的基础上通告上述信息（见图12-9）。BIERv6节点通过路径计算获知当前节点到每个BFER的BFR-NBR，从而生成BIRT内容。

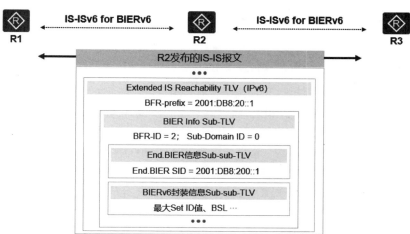

图 12-9　IS-ISv6 for BIERv6

IS-ISv6针对BIERv6做了一些扩展，几个关键的TLV如下。

（1）Extended IS Reachability TLV（IPv6）：用于向其他节点通告本节点的BFR-prefix。

（2）BIER Info Sub-TLV：用于通告Sub-Domain ID和BFR-ID等信息。

（3）End.BIER信息Sub-sub-TLV：用于通告End.BIER SID。

（4）BIERv6封装信息Sub-sub-TLV：用于通告Max SI（最大Set ID）、BSL和BIFT-ID起始值。

12.3.2　BIFT 表项的生成

BIRT的表项指示了当前节点到每个BFER的BFR邻居，BFR通过BIRT表项可以获知到达目的节点的下一跳信息。

（1）BIERv6网络中的每个BFR通过IS-ISv6 for BIERv6中定义的TLV，向其他BFR节点通告本地BFR-prefix、Sub-Domain ID、BFR-ID、BSL及路径计算算法等信息。每个BFR节点通过路径计算获知当前节点到每个BFER的BFR-NBR，并生成BIRT内容。节点生成BIRT表项后，通过将BIRT中具有相同Set ID和相同BFR-NBR的表项对应的BitString进行"或"运算后获得F-BM。图12-10展示了R6的BIRT。为了简单起见，这里直接使用设备的名称代替BFER的BFR-Prefix。

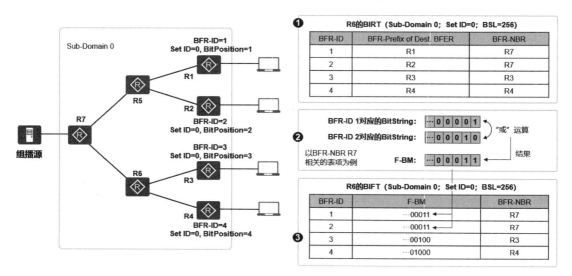

图 12-10　BIFT 表项的生成

（2）R6的BIRT中包含4个表项。以前两个表项为例，它们表示通过BFR-NBR R7可以到达R1和R2。R1和R2对应的BFR-ID分别为1和2，而它们对应的BitString分别为"…00001"和"…00010"。接下来，R6将基于BIRT表项生成BIFT表项。如图12-10所示，R6将BFR-NBR都为R7的这两个表项对应的BFER相关的BitString执行"或"运算，得到F-BM "…00011"。BFR-ID为3和4的BIRT表项中，BFR-NBR均不同，所以对应的F-BM仍然保持为原有的BitString "…00100"和"…01000"。

（3）R6在BIFT表项中写入BFR-ID、F-BM和NFR-NBR等信息。

12.3.3　BIERv6 网络中的主机加入组播组

我们已经知道，BitString中的每一个比特位代表一个组播报文目的节点。组播流量对应的BFIR负责维护组播组对应的BitString。默认情况下，BitString中的所有比特位均设置为0，仅当BFIR收到BFER发送过来的针对某个组播组对应的Join（加入）报文时，BFIR才将该组播组对应的BitString中与BFER对应的比特位置1。如图12-11所示，R1、R2、R3及R4都是BFER，现在我们以R4为例来介绍主机加入组播组的过程。

（1）R4所连接的网段中出现某组播组的接收者（如IPTV业务中某终端用户申请观看某频道节目），该接收者向直连的BFER R4发送主机申请报文（如MLD报文），申请加入该组播组。

（2）R4收到接收者发出的申请报文后，会直接向BFIR R7发送Join报文。

（3）R7收到Join报文后，会将R4在BitString中对应的比特位置1，此时该组播组对应的BitString为"…01101"。如果后续又有新的BFER申请加入该组播组，那么BitString可以根据情况进行动态调整。

（4）当R7收到组播源发送的组播报文后，将报文进行BIERv6封装，并在DOH扩展头部中写入新的BitString。携带BitString的BIERv6报文进入网络后，将沿着图12-11所示的路径从R7转发到各个连接着接收者的BFER。

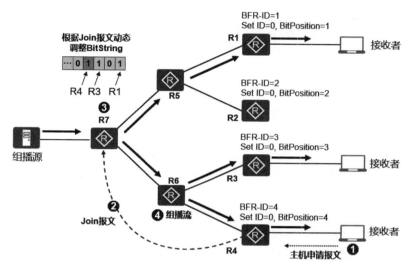

图 12-11　BIERv6 网络中的主机加入组播组

12.4 BIERv6 的转发平面原理

12.4.1 从 BFR-ID 到 Set ID、BitString 的映射

经过前面的介绍，读者已经知道在BIERv6中，BitString中的每一个比特位代表一个组播报文目的节点。但是BSL长度有限，为了满足大规模网络部署需求，BIERv6引入了Set。BIERv6节点通过Set ID和BitString唯一确定接收组播报文的一组节点。网络管理员为BIERv6网络配置BSL并为每个BFER指定BFR-ID后，节点自动根据每个BFER的BFR-ID数值计算出BFER在BitString中的BitPosition，同时计算出BFER所属的Set ID。

每个BFER的BitPosition和Set ID计算公式如下（其中，mod、int分别表示取余数和向下取整）：

BitPosition =（BFR-ID - 1）mod BSL + 1

Set ID = int [（BFR-ID - 1）÷ BSL]

如图12-12所示，以BSL为256bit为例，一个Set内的BFR数量最多为256个。BFR-ID为1的BFER对应的BitPosition =（1-1）mod 256 + 1，值为1，因此该BFER对应的BitPosition为BitString中的最低比特位；此外，该BFER对应的Set ID = int [（1-1）÷ 256]，值为0。于是，

BFR-ID为1的BFER对应的Set ID和BitPosition分别为0和1。同理，BFR-ID为257的BFER对应的Set ID和BitPosition均为1。虽然二者对应的BitPosition相同，但是Set ID不同。

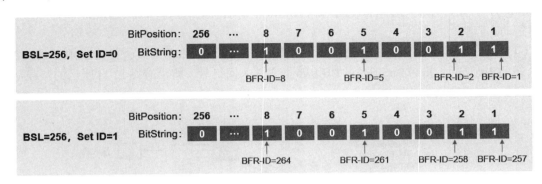

图12-12　BFR-ID 与 BitString、Set ID 的关系（以 BSL 为 256bit 为例）

设备通过Set ID和BitString可以唯一确定一组节点。当一个组播报文的目的节点属于多个Set时，BFIR按所属Set的数量复制该组播报文，将不同Set ID逐一写入各BIERv6报文头的"BIFT-ID"字段内。

图12-13所示，假设BSL为256bit，R1的BFR-ID为1，对应的Set ID为0，BitPositon为1；R2的BFR-ID为2，对应的Set ID为0，BitPositon为2；依次类推，一直到R256（在图12-12中并未体现），其BFR-ID为256，对应的Set ID为0，BitPosition为256。由于一个Set内最多只能容纳256台设备，因此第257台设备R257就归属到另外一个Set了，其BFR-ID为257，但是Set ID为1，BitPositon为1。如果一个BIERv6组播报文的目的节点是BFR-ID为1和2的这两个BFER，则BFIR只需要发送一个Set ID为0、BitString为"…00011"的组播报文即可。而如果一个BIERv6组播报文的目的节点是BFR-ID为1和257的这两个BFER，则BFIR需要发送一个Set ID为0、BitString为"…00001"的组播报文，以及一个Set ID为1、BitString为"…00001"的组播报文。

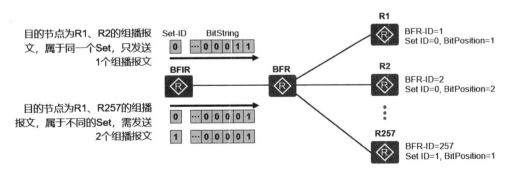

图 12-13　按 Set 发送组播报文

12.4.2　BIERv6 报文处理流程

在BIERv6网络中，每个BFR接收BIERv6组播报文后，首先解析报文的目的IPv6地址，如果该地址为本地的End.BIER SID，则按照BIERv6流程对报文进行处理（见图12-14），否则在路由表中查询该地址，然后转发该报文。

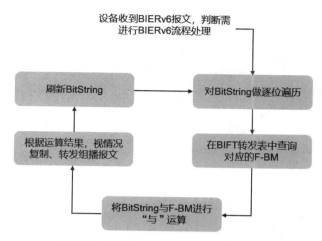

图 12-14　按照 BIERv6 流程对报文进行处理

（1）BFR 识别出报文中的目的地址为本地的 End.BIER SID，判定为需按 BIERv6 流程处理。

（2）BFR 解析出报文中的 BitString，从低比特位到高比特位对 BitString 进行逐位遍历，依次找到值为 1 的位，根据该位对应的 BFR-ID，在 BIFT 中找到对应的 F-BM，将 F-BM 与 BitString 执行"与"运算，得到一个新的 BitString。注意，该 BitString 与设备所收到的 BIERv6 组播报文的原始 BitString 可能存在差异。

（3）根据上述 BitString 运算结果，选择如下转发流程。

① 如果 BitString 值为 0，即所有 BitPosition 均为 0，表示设备的 BFR-NBR（BIFT 表项中的 BFR-NBR，即 BFR 邻居）不需要该组播报文，则不进行报文复制与转发。

② 如果 BitString 值不为 0，且 BFR-NBR 不为当前节点，则复制组播报文，将 BitString 写入报文的 BIERv6 头部中，将 BFR 邻居的 End.BIER SID 作为报文的目的地址，然后向该 BFR-NBR 转发该报文。

③ 如果 BitString 值不为 0，且 BFR-NBR 为当前节点，则复制组播报文，并判断 BitString 中值为 1 的当前 BitPosition 是否对应当前节点。如果是，则剥去组播报文的 BIERv6 头部，然后将报文转发出 BIERv6 网络，否则，丢弃该组播报文。

（4）将当前 BFR-ID 在 BIFT 中对应的 F-BM 进行逆操作，即比特位中的 1 变为 0、0 变为 1，将逆操作之后的 F-BM 与原始 BitString 执行"与"运算，得到一个新的 BitString。

（5）对新的 BitString 重复步骤（2）～步骤（4）。

接下来，将通过一个简单的例子来介绍 BIERv6 转发流程。在图 12-15 所示的网络中，R8 是某个组播流量的 BFIR，R1、R2、R3 及 R4 是 BFER，它们的 BFR-ID 分别为 1、2、3 和 4，BitPosition 也分别为 1、2、3 和 4，其中 R2、R3 及 R4 已经连接着组播接收者，并向 R8 完成了加入申请。上述 BFER 对应的 Set ID 均为 0。当 R8 收到组播报文后，会将报文进行 BIERv6 封装，并在 BIERv6 头部中写入 BitString "…1110"，然后将报文转发给 R7。

接下来，以 R7 为例进行详细说明，具体处理过程如下。

（1）R7 收到 BIERv6 组播报文之后，识别出报文目的地址为本地的 End.BIER SID，判断需要按 BIERv6 流程处理报文。R7 解析报文中的 BitString，然后从低比特位到高比特位对 BitString 进行逐位遍历，找到值为 1 的位，最低位为 0，于是直接跳过，接着遍历后发现最低第二位是 1，该位对应的 BFR-ID 为 2。

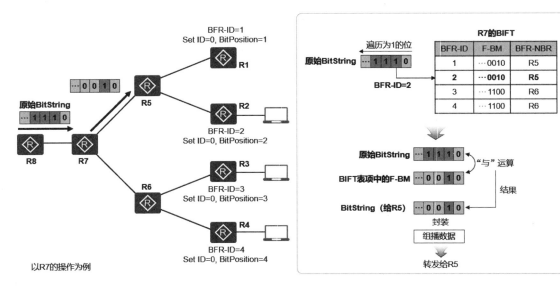

图 12-15　BIERv6 报文处理流程 1

（2）R7 在 BIFT 中查询 BFR-ID 为 2 的表项，将表项中的 F-BM "…0010" 与 BitString "…1110" 执行 "与" 运算，得到 BitString "…0010"。

（3）R7 发现计算得到的 BitString 值不为 0，且 BIFT 表项中 BFR-NBR（R5）不是当前节点，于是复制一份组播报文，将 BitString "…0010" 写入报文的 "BitString" 字段中，将邻居 R5 的 End.BIER SID 写入报文的 "Destination Address" 字段中，然后将报文转发给 R5。

（4）如图 12-16 所示，R7 将 BIFT 中 BFR-ID 为 2 的表项的 F-BM "…0010" 进行逆操作，得到 "…1101"，然后将计算结果与原始 BitString "…1110" 进行 "与" 运算，得到新的 BitString "…1100"。该操作的意义就是将上一步中已经发出的组播报文所覆盖的 BFER 在 BitString 中对应的比特位清除（设置为 0）。

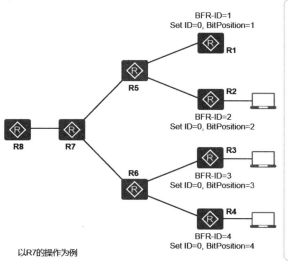

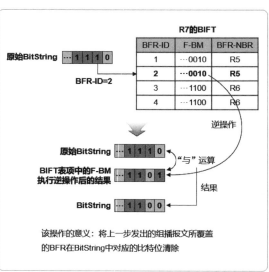

图 12-16　BIERv6 报文处理流程 2

（5）针对新的BitString "…1100"，R7继续进行从低比特位到高比特位的遍历，找到值为1的位，如图12-17所示，该比特位对应的BFR-ID为3，R7在BIFT中查询对应的表项，将表项中的F-BM "…1100" 与BitString "…1100" 进行 "与" 运算，得到BitString "…1100"。

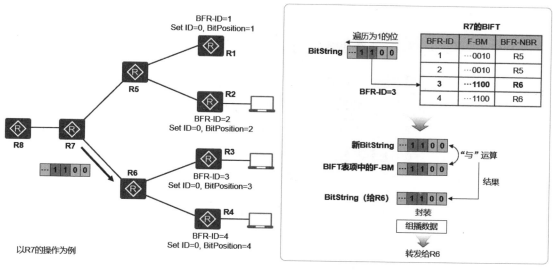

图 12-17　BIERv6 报文处理流程 3

（6）R7发现BitString值不为0，且BIFT表项中的BFR-NBR（R6）不是当前节点，于是复制一份组播报文，将BitString "…1100" 写入报文的 "BitString" 字段中，将R6的End.BIER SID写入报文的 "Destination Address" 字段中，然后向R6转发此报文。

（7）R7将BIFT中BFR-ID为3的表项的F-BM "…1100" 进行逆操作，得到 "…0011"，然后将计算结果与当前的BitString "…1100" 进行 "与" 运算，得到BitString "…0000"，如图12-18所示。R7发现BitString中的所有比特位均为0，这表示已经没有其他的BFR需要该组播数据了，因此停止复制、转发行为，转发过程结束。

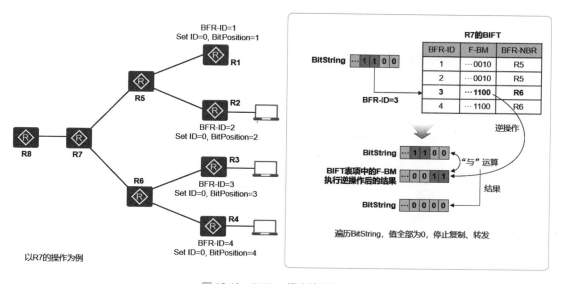

图 12-18　BIERv6 报文处理流程 4

其他BFR收到BIERv6报文后，采用类似的操作进行处理，完整的BIERv6报文转发过程如图12-19所示。

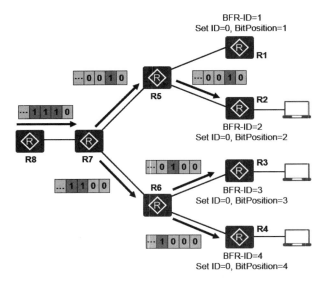

图 12-19　完整的 BIERv6 报文转发过程

12.5　BIERv6 在气象行业中的应用

　　BIERv6作为新一代组播技术可以应用在多种场景中，如气象行业。气象行业网络规模庞大，涉及国家级、省级、地市级、县级等气象部门，是一个覆盖范围非常广的广域网络系统。传统方案大多采用点对点的单播方式进行数据传输，网络负担重、通信效率低。气象总局可以通过部署BIERv6的网络，如图12-20所示，以组播的方式将数据同步给全国各地的气象分局，即使网络中有不支持组播通信的设备，气象数据也能顺畅传输，保证气象数据高效传输。

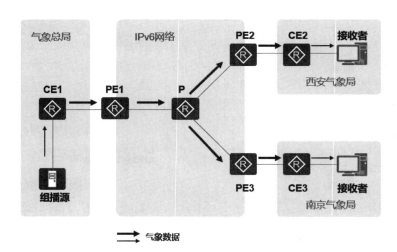

图 12-20　BIERv6 在气象行业中的应用

12.6 本章小结

本章主要介绍了 IPv6+ 新型组播技术 BIERv6，主要包括以下内容。

（1）BIER 是一种新型组播技术，组播报文目的节点的集合以 BitString 的方式封装在报文头部进行发送，不需要显式建立组播树，也不需要在中间节点维护每条组播流状态，解决了传统组播中间节点需要维护组播状态所带来的资源消耗、扩容困难、管理复杂等问题。

（2）BIERv6 是基于 IPv6 的组播方案，利用 IPv6 报文头部携带 BitString，BitString 中的每一个比特位代表一个组播报文目的节点。BFR 是按 BIERv6 流程转发报文的路由器，BFR 根据报文中的 BitString 复制及转发报文，通过 BIRT 表和 BIFT 表获知到达目的节点的下一跳信息并复制、转发报文。

（3）BIERv6 技术架构包括数据平面、控制平面和转发平面。BIERv6 数据平面利用 DOH 扩展头部携带组播转发的相关信息，目的 IPv6 地址指示需要进行 BIERv6 转发处理的 BFR 地址。BIERv6 控制平面负责实现组播相关信息的通告、节点上 BIRT 表和 BIFT 表的生成及主机加入组播组的相关控制操作。BIERv6 转发平面网络中，每个 BFR 接收组播报文后，通过识别报文中的 BitString，然后结合对应 BIFT 内容完成报文转发。

📝 12.7 思考与练习

12-1 BIERv6 使用了 IPv6 的哪一种扩展头部？

12-2 BIERv6 为什么能够跨越不支持 BIERv6 的网络设备？

12-3 BIRT 和 BIFT 在 BIERv6 中的作用是什么？它们都包含哪些内容？其中的表项是如何生成的？

12-4 在图 12-21 所示的网络中，R7 是某个组播流的 BFIR。R1、R2 和 R3 是 BFER，它们在 BitString 对应的 BitPosition 如图 12-21 所示。R7 在收到组播报文后，将报文进行 BIERv6 封装，然后将 BIERv6 报文转发到网络中，请结合本例，分析 BIERv6 报文在网络中传输时所携带的 BitString 的变化。

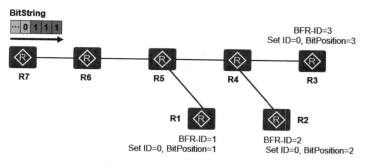

图 12-21　理解 BIERv6 转发流程

第 **13** 章

IPv6+ 随流检测

5G和云技术的广泛应用加速了各行各业的数字化进程，也催生了各种新兴的应用，这给IP网络带来前所未有的运维压力，也给IP网络的服务质量保障带来新的挑战。带内检测技术通过对真实业务报文进行特征标记或在真实业务报文中嵌入检测信息，实现对真实业务流的性能测量与统计。IFIT是一种基于真实业务流的带内随流检测技术。IFIT提供真实业务流的端到端及逐跳SLA（包括丢包率、时延、抖动等）测量功能，并配合Telemetry实时上送检测数据，最终通过iMaster NCE的可视化界面直观地向用户呈现逐包或逐流的性能指标。IFIT可显著提升网络运维及性能监控的及时性和有效性。

⏻ 学习目标:

1. 理解IFIT的检测原理，包括丢包检测原理及时延检测原理；
2. 理解IFIT结合Telemetry的数据上报原理；
3. 理解IFIT报文封装格式；
4. 理解IFIT的端到端统计方式和逐跳统计方式的工作原理，以及两者之间的差异；
5. 了解IFIT的技术价值。

知识图谱

13.1 IFIT 的检测原理

图13-1展示了IFIT的基本工作原理。当视频监控发往视频云的业务报文到达入站节点R1时，R1对报文进行周期性染色，并通过Telemetry上报IFIT统计数据给iMaster NCE。当采用IFIT端到端统计方式时，业务报文的入站节点R1及出站节点R3将作为检测点，通过Telemetry上报检测数据给iMaster NCE；当采用逐跳统计方式时，业务报文途径的每一跳设备，包括R1、R2及R3都将作为检测点。本书将在后续章节中详细介绍上述两种统计方式及二者的应用场景。iMaster NCE通过可视化的方式呈现检测结果，网络管理员可以通过图形化界面查看业务SLA。

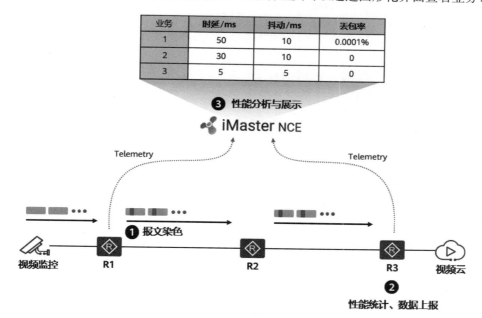

图 13-1　IFIT 的基本工作原理

13.1.1　IFIT 报文头部结构

IFIT通过在真实业务报文中插入IFIT报文头部来实现其功能。在IFIT报文头部中，存在用于标识业务流的字段，以及用于报文染色的标志位，其中包括丢包测量染色标志位和时延测量染色标志位。IFIT的报文染色功能实际上就是对业务报文进行标记，即将上述染色标志位置0或置1。IFIT的丢包检测和时延检测功能通过对目标业务报文的染色及统计来实现。

IFIT可以用于MPLS网络，也可以用于SRv6网络，本书主要介绍后者。在SRv6网络中应用时，IFIT可以通过在IPv6的SRH中增加Optional TLV以携带检测数据，也可以通过在IPv6的DOH中增加Optional TLV以携带检测数据。对于采用SRH的方式，设备在业务报文中插入SRH扩展头部，SRH中包含Segment List和Optional TLV等，而IFIT就封装在Optional TLV中，如图13-2所示。

在IFIT报文头部中，"SRH TLV Type"字段的值为固定值130，标识IFIT报文头的开端，占用8bit。"Length"字段用于指示IFIT报文头部的整体长度。"Flow ID"字段用于唯一地标识一条业务流。"L"字段是丢包测量染色标志位，也称为L染色位。"D"字段是时延测量染色标志位，也称为D染色位。"L"和"D"这两个字段的长度均是1bit，通过将这两个字段的值设置为0或者1，可以实现报文染色，从而实现IFIT的丢包统计和时延统计功能。"E"字段长度为1bit，用于表示IFIT使用的是端到端统计方式或逐跳统计方式。"F"字段长度为1bit，用于控制对业务流进行单向或双向检测。此外，IFIT还支持通过"TimeStamp"字段上报时间戳信息，以便实现时延检测。

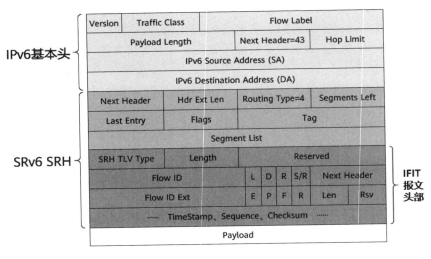

图 13-2   IFIT 报文头部结构

13.1.2   丢包检测原理

IFIT主要通过IFIT报文头部中的L染色位，即丢包测量染色标志位来实现丢包检测功能。

以图13-3为例，R1为某个业务流的入站节点，R2为出站节点。为精确统计该业务流从R1进入中间的传输网络并从R2离开该网络过程中的丢包率，可以在某一个统计周期内统计所有进入网络的业务报文数量，以及离开网络的业务报文数量。二者的差值就是这个统计周期内的丢包数量。

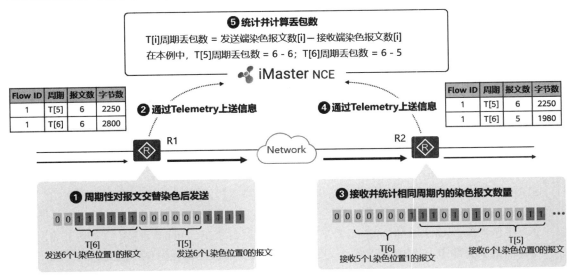

图 13-3   丢包检测原理

　　在使用 IFIT 进行丢包检测之前，入站节点与出站节点需要进行时钟同步，这是由于 IFIT 的丢包统计是基于时间周期进行测量的。针对需要检测的业务流，使用唯一的 Flow ID 进行标识，然后在每个统计周期内统计收到的报文数量和字节数，然后通过 Telemetry 将上述信息结合周期 ID 上报到 iMaster NCE。当使用 IFIT 进行丢包检测时，检测周期的时间通常要求达到秒级的精度，此时可使用 NTP（Network Time Protocol，网络时间协议）来实现设备之间的时钟同步。当使用 IFIT 进行时延统计时，通常要求时间精度达到微秒（μs），此时便需要使用 IEEE 1588v2 这样的精确时间同步协议。

　　以图 13-3 为例，IFIT 丢包统计的原理如下。

　　（1）当目标业务流到达入站节点 R1 后，R1 为该业务流对应的报文封装 IFIT 头部，并周期性地对业务报文进行交替染色，然后按路由器的正常处理流程进行转发。例如，在统计周期 T[5]，R1 在 IFIT 头部中将 L 染色位设置为 0，在统计周期 T[6] 则将 L 染色位设置为 1，在下一个统计周期又将 L 染色位设置为 0，如此交替地将进入网络的报文进行染色。R1 将染色后的报文转发到中间网络，在 T[5] 周期、T[6] 周期内分别发送了 6 个报文。

　　（2）R1 一方面对报文进行交替染色并转发，另一方面将目标业务流的信息进行统计，并通过 Telemetry 上报给 SDN 控制器 iMaster NCE。上报的信息包括业务流对应的 Flow ID、本周期的 ID、本周期内的报文数量，以及本周期内的报文字节数等。

　　（3）当目标业务流对应的报文到达出站节点 R2 后，R2 会在每个周期内对接收的染色报文进行统计。值得注意的是，目标业务流的出站节点是在接收到本统计周期内第一个带有 Flow ID 的业务报文并触发生成统计实例后，才开始统计本周期内接收到的染色报文。细心的读者可能会发现，R2 的统计周期比 R1 的要长一些，这是因为在一个大型的 IP 承载网络中，最先发出的报文有可能并不是最早到达接收端目的地的，即先出发的报文可能会晚于后出发的报文到达目的地，这种现象称为报文的乱序。报文未按发出的顺序到达接收方，对业务通常不会存在直接影响，因为接收方可以通过其他方式将报文恢复为正确的次序（如通过 TCP 序列号等）。但是当 IFIT 对报文进行统计时，由于报文乱序的存在，就有可能出现出站节点在与入站节点相同的统计周期内漏过了部分乱序报文，而导致丢包统计结果的误差。为避免这种误差，假设统计周期为 T，那么出站节点的统计周期为 $T-1/3T \sim T+2/3T$，即出站节点在一个周期内统计染色报文时，会将统计周期延后 $2/3T$，相当于通过这段延长的时间来等待那些晚到达的报文。同样的道理，为了统计到那些提前到达的染色报文，将出站节点的统计周期提前 $1/3T$。

　　（4）R2 将目标业务流的信息进行统计，并通过 Telemetry 上报给 SDN 控制器 iMaster NCE。

　　（5）iMaster NCE 在接收到 R1、R2 上报的相关信息后，就可以计算每个周期内的丢包数量了。其中，$T[i]$ 周期丢包数 = 发送端染色报文数 $[i]$ − 接收端染色报文数 $[i]$。在图 13-3 的示例中，可以计算出丢包数量：

　　① $T[5]$ 周期丢包数 =6−6=0；

　　② $T[6]$ 周期丢包数 =6−5=1。

　　说明：此处发送端指的是入站节点 R1，接收端指的是出站节点 R2。

　　同理，还可以计算出在某个时间周期内具体丢了多少字节的数据，什么时间丢的包，总丢包率是多少等相关指标。

13.1.3　时延检测原理

　　IFIT 的时延检测精度很高，因此要求网络中所有运行 IFIT 的设备上报精确的时间戳。在进行时延检测时，设备运行的时钟同步协议需采用精确时间协议，如IEEE 1588v2。

在每一个检测周期内，IFIT入站节点选择目标业务流中的一个业务报文插入IFIT头部，并将D染色位设置为1，目标业务流经过的相关节点收到这个染色报文时要进行打卡，即记录自己收到染色报文的时刻并将相关统计信息上传iMaster NCE。由于IFIT检测节点都进行了时间同步且时间精度高，因此iMaster NCE不仅能判断时间戳归属哪个检测周期，还能检测出网络轻微的抖动。

以图13-4为例，IFIT时延检测的原理如下。

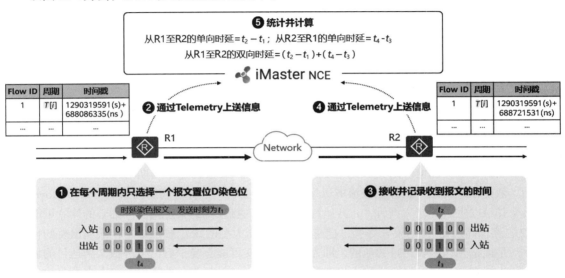

图 13-4　时延检测原理

（1）目标业务流的入站节点R1收到对应的报文后，在每一个周期 $T[i]$ 内，只对被检测流的一个报文进行染色（表示要测量时延），然后将报文发出，并记录时间周期 $T[i]$、报文发出的时刻 t_1。下一个周期到来时，重复该步骤。

（2）R1将统计信息通过Telemetry上报给iMaster NCE，其中包括目标流的Flow ID、周期ID及时间戳等信息。

（3）目标流的出站节点R2在收到染色报文后，记录时间戳 t_2。

（4）R2将统计信息通过Telemetry上报给iMaster NCE。

（5）在统计时延指标时，管理员通常会关注网络的双向时延，这时R2可以将回程报文进行染色，并记录下发送的周期信息、发送报文的时刻 t_3，然后把信息上报给iMaster NCE。R1在收到回程的染色报文时（ t_4 时刻），按同样的步骤记录相关信息并将信息上报给iMaster NCE。iMaster NCE根据收到的IFIT数据进行统计和计算：

① 从R1到R2的单向时延 $= t_2 - t_1$；

② 从R2到R1的单向时延 $= t_4 - t_3$；

③ 从R1到R2的双向时延 $= (t_2 - t_1) + (t_4 - t_3)$。

说明：上文描述的时延检测原理中，IFIT检测节点在每个周期内只选择目标业务流的一个报文进行染色，这种模式称为时延的（采样）检测机制。另一种检测机制可以在每个周期内对所有报文进行染色和统计，这种机制称为时延的（逐包）检测机制，这种检测机制的检测结果会更加精确。

13.2 IFIT 的数据上报

iMaster NCE 为了及时获取 IFIT 检测节点的检测数据，会主动与 IFIT 检测节点建立数据的传送通道，所使用的技术是 Telemetry。Telemetry 是一种从设备上高速采集数据的技术，网络设备通过"推模式"周期性地主动向采集器（此处为 iMaster NCE）上传检测数据，提供更实时、更高速、更精确的网络监控功能。具体来说，Telemetry 按照 YANG 模型组织数据，按照 GPB（Google Protocol Buffer）格式编码，并通过 gRPC（Google Remote Procedure Call）协议传输数据，Telemetry 使得数据的采集更加高效，采集器与网络设备之间的对接更加便捷。

传统的网络管理协议如 SNMP，采用的是"拉模式"，即采集器与网络设备之间是一问一答的交互，采集器每次下发查询请求，网络设备都需要解析一次请求报文，这种方式的采集效率低、采集周期长。相比 SNMP，Telemetry 具有如下优势。

（1）采用"推模式"，由网络设备主动推送数据，降低采集器的压力。

（2）以亚秒级的周期推送数据，避免出现因推送周期太长而造成数据不准确的现象。

（3）采集器可以监控大量网络设备，弥补传统网络采用"拉模式"而造成监控能力的不足。

Telemetry 报文的输出数据示例（静态检测流＋五元组）如下：

```
{"node_id_str":"HUAWEI","subscription_id_str":"subscript","sensor_path":"huawei-
ifit:ifit/huawei-ifit-statistics:flow-statistics/flow-statistic","proto_path":"huawei_
ifit.Ifit","collection_id":29,"collection_start_time":"2020-02-20 23:41:16.647","msg_
timestamp":"2020-02-20 23:41:16.721","data_gpb":{"row":[{"timestamp":"2020-02-20
23:41:16.647","content":"{"flow-statistics":{"flow-statistic":[{"flow-id":"1179649",
"direction":"Direction_INGRESS","address-family":"AddressFamily_IPV4","source-ip":
"10.1.1.1","destination-ip":"10.1.1.2","source-mask":24,"destination-mask":24,
"source-port":0,"destination-port":0,"protocol":255,"vpn-name":"vpn1","if-index":
8,"error-info":0,"interval":10,"period-id":"158221327","packet-count":"82237",
"byte-count":"9046070","timestamp-second":1582213260,"timestamp-nanosecond":
43014419,"ttl":255,"dscp":255}]}}","path":{"node":[]}}],"delete":[],"generator":
{"generator_id":0,"generator_sn":0,"generator_sync":false}},"collection_end_
time":"2020-02-20 23:41:16.647","current_period":0,"except_desc":"OK","product_
name":"NetEngine 8000 M","encoding":"Encoding_GPB","data_str":""}
```

13.3 IFIT 的统计方式

IFIT 检测功能支持端到端（End-to-End，E2E）和逐跳（Trace）两种统计方式。

端到端统计方式是指 IFIT 对于一个特定的承载网络进行端到端的性能统计。该方法通过在网络流量入接口和出接口上部署检测点实现，适用于需要对业务进行端到端整体质量监控的检测场景。

逐跳统计方式则将检测点部署在网络中所有支持 IFIT 的节点上，将端到端的网络划分为更小的检测区段，适用于需要对网络中故障点进行定位的场景或对关键业务流量进行逐跳监控的检测场景。

1．端到端统计方式

端到端统计方式只需要在目标业务流的入站节点部署 IFIT 检测点触发检测，并在出站节点激活 IFIT 功能即可实现。在这种情况下，仅出站节点和入站节点感知 IFIT 报文并上报检测数据，中间节点不需要启用 IFIT 功能，也不需要处理 IFIT 字段。因此这种统计方式对中间节点没有任何处理压力，中间节点按正常流程转发报文即可，如图13-5所示。

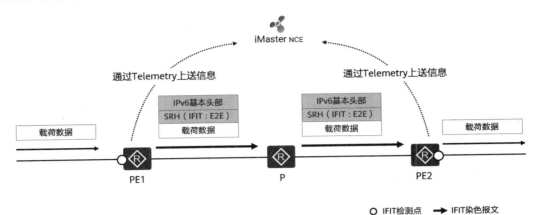

图 13-5　IFIT 的端到端统计方式

2．逐跳统计方式

当承载网络中发生网络故障需要精确定位时，或者承载网络中的网络质量指标变差需要查找事故源头时，就可以使用逐跳统计方式。逐跳统计方式需在入站节点部署IFIT检测点触发检测，同时在业务流途经的所有支持IFIT的中间节点上激活IFIT功能。这种模式相当于把检测点部署在承载网络的各节点上，将端到端的网络划分为更小的检测区段，可以非常精确地定位到故障发生的位置，如图13-6所示。

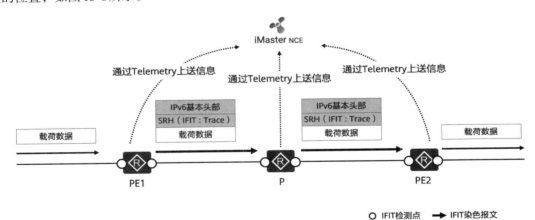

图 13-6　IFIT 的逐跳统计方式

在实际应用中，通常会组合使用端到端统计方式与逐跳统计方式。当基于端到端统计方式获得的检测数据达到阈值时，自动触发逐跳统计方式，从而还原业务流的真实转发路径，并对故障点进行快速定界和定位。

13.4　IFIT 的方案实现

IFIT提供真实业务流的端到端及逐跳SLA测量功能，并配合Telemetry实时上送检测数据，最终通过 iMaster NCE 可视化界面直观地向用户呈现逐包或逐流的性能指标。IFIT 可显著提高网络运维及性能监控的及时性和有效性。

图 13-7 是在一个 IP 承载网络上部署 IFIT 逐跳统计后，通过 iMaster NCE 提供的可视化运维界面所呈现的检测结果。从该界面中，网络管理员可以非常直观地观测到承载网络中每一个节点、每一段链路的实时时延、丢包率等指标。在处理网络故障和网络质差问题时，可基于 IFIT 逐跳检测结果，快速定位问题发生的位置和起因。此外，iMaster NCE 可以回放 7 × 24h 的历史 SLA 数据，让承载网络得以自证清白。

图 13-7　IFIT 结合 iMaster NCE 实现运维可视化

13.5　IFIT 的技术价值

1．高精度、多维度检测真实业务质量

IFIT 检测的结果能够反馈真实业务流的实时网络服务质量，该技术相比于传统的带外检测技术，其检测结果更加令人信服。IFIT 可以还原报文的真实转发路径，精准检测每个目标业务流的时延、丢包、抖动等多维度的信息，其中丢包检测精度可达 10^{-6} 量级，时延检测精度可达微秒级（即 10^{-6}s）。

在日常的网络运维工作中，15% 的静默故障往往需要耗费运维人员超过 80% 的运维时间。静默故障指的是导致业务体验受损，但没有达到触发告警门限且未被有效定位的故障。静默故障可能是由网络产生丢包，或者时延变大，或者出现抖动等导致的。这些现象通常发生的时间短，很难被网管系统发现并告警，且很难复现，因此会消耗网络运维人员大量的时间和精力来定位。关于静默故障，最常见的例子是在开视频会议时，偶尔会出现声音与影像不同步现象或语音出现短暂的卡顿，传统的网管系统很难发现这类网络故障，即使发现了，网络管理人员也会因为故障现象不能复现而束手无策。而采用 IFIT 配合 Telemetry，则可实时发现这类故障，实时监控网络 SLA，快速实现故障定界和定位。在 iMaster NCE 的图形化界面上，还能回放 7 × 24h 的历史 SLA 数据，使网络故障无处遁形。

2．灵活适配大规模多类型业务场景

IFIT 对现网兼容性好，部署简单，能适配大型规模、多类型的业务场景。

（1）兼容性好。如前所述，IFIT 报文头部可以封装在 IPv6 的 HBH 扩展头部中，也可以封装在 IPv6 的 SRH 扩展头中，因此携带 IFIT 信息的报文本身依然是一个标准的 IPv6 报文，即使不支持 IFIT 功能的节点，也能正常转发这些报文。

（2）部署简单。采用 IFIT 的端到端统计方式，可以让网络管理员实时、全面地监控整网质量，当检测到故障或者网络质量指标劣化并超出阈值时，IFIT 可以自动切换至逐跳检测方式。在这种场景下，网络管理员只需在目标业务流的入站节点按需定制 IFIT 端到端和逐跳检测，中间节点和出站节点一次性激活 IFIT 即可完成部署，部署过程比较简单。

（3）适配多业务。IFIT 基于 IPv6 扩展头的封装能适配丰富的网络类型，适用于二层或三层网络，也支持多种隧道类型，可以较好地满足现网的需求。另外，IFIT 定义了在 MPLS 网络中的封装格式，能够在 MPLS 网络中部署。

3．构建闭环的智能运维系统

IFIT 与 Telemetry、大数据分析及智能算法这几大技术相结合，可共同构建闭环的智能运维

系统（见图13-8）。智能运维系统支持基于真实业务的异常主动感知、故障自动定界、故障快速定位和故障自愈恢复等。

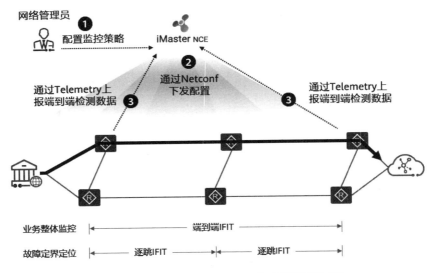

图 13-8　基于 IFIT 及 iMaster NCE 构建智能运维系统

其具体运维过程如下。

（1）网络管理员在iMaster NCE上全网激活IFIT并进行Telemetry订阅，根据需要选择目标业务流的入站节点及出站节点、链路并配置IFIT监控策略。

（2）iMaster NCE将监控策略转换为设备命令，通过Netconf下发给设备。

（3）设备生成IFIT端到端监控实例，入站节点及出站节点分别通过Telemetry上报IFIT统计数据给 iMaster NCE；iMaster NCE基于其大数据平台处理，可视化呈现检测结果。

（4）如图13-9所示，当丢包或时延数据超过阈值时，iMaster NCE自动将统计方式从端到端检测调整为逐跳检测，并下发更新后的策略给设备。

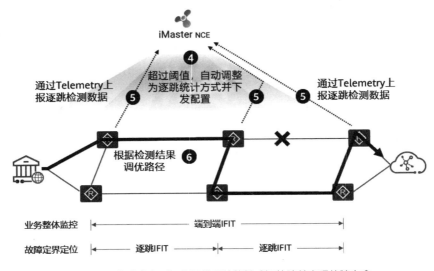

图 13-9　故障发生时智能运维系统能够感知故障并实现故障自愈

（5）目标业务流转发路径上的设备通过 Telemetry 逐跳上报 IFIT 统计数据给 iMaster NCE。

（6）iMaster NCE 基于 IFIT 统计数据进行智能分析，结合设备 KPI、日志等异常信息推理识别潜在起因，给出处理意见并上报工单；同时，通过对业务路径进行调优，从而保障业务质量，实现故障自愈。

13.6　本章小结

本章主要介绍了 IPv6+ 随流检测技术 IFIT，主要包括以下内容。

（1）IFIT 是一种基于真实业务流的带内随流检测技术，可提供真实业务流的端到端及逐跳 SLA（包括丢包率、时延、抖动等）测量功能，并配合 Telemetry 实时上送检测数据，通过 iMaster NCE 的可视化界面直观地向用户呈现逐包或逐流的性能指标。

（2）IFIT 通过在真实业务报文中插入 IFIT 报文头部来实现。在 SRv6 网络中应用时，IFIT 在 IPv6 报文的 SRH 扩展报头中增加 Optional TLV 以携带检测数据，其中有两个染色标志位 L 和 D，分别用于标志丢包测量和时延测量染色，以实现 IFIT 的丢包统计和时延统计功能。

（3）要进行丢包检测，需要在入站节点为业务流对应的报文封装 IFIT 头部，周期性地对业务报文进行交替染色，并统计周期内进入的报文数量；出站节点在每个周期内对接收的染色报文进行统计。入站节点和出站节点均将统计到的报文数量上报给 iMaster NCE，一个周期内进入网络的报文数量和离开网络的报文数量的差值就是该周期的丢包数量。

（4）要进行时延检测，在一个检测周期内，入站节点选择业务流中的一个业务报文插入 IFIT 头部，并设置时延染色标志，将该报文进入网络的时间上报 iMaster NCE；出站节点记录自己收到染色报文的时刻并上报 iMaster NCE，两个时间的差值就是该报文在网络中传输的单向时延。

（5）网络设备使用 Telemetry 高速采集数据，并通过"推模式"周期性地主动向 iMaster NCE 上报检测数据，以提供更实时、更高速、更精确的网络监控功能。

（6）IFIT 检测功能支持两种统计方式：端到端统计和逐跳统计。

📝 13.7　思考与练习

13-1　与传统的带外检测技术如 Ping、Tracert 相比，IFIT 检测技术有哪些优势？

13-2　什么是 Telemetry？它与 SNMP 有什么区别？

13-3　请简单描述 IFIT 的丢包检测原理。

13-4　请简单描述 IFIT 的时延检测原理。

13-5　在 IFIT 进行丢包检测时，为什么 IFIT 目标业务流的出站节点在进行染色报文统计时将统计周期延长？

13-6　IFIT 的端到端统计方式和逐跳检测方式有什么区别？

附录

英文缩写词

本附录罗列了本书中的英文缩写词。

3GPP（3rd Generation Partnership Project，第三代合作伙伴计划）

5G（5th Generation Mobile Communication Technology，第五代移动通信技术）

6PE（IPv6 Provider Edge，IPv6 提供商边缘）

6VPE（IPv6 VPN Provider Edge，IPv6 VPN 提供商边缘）

ABR（Area Border Router，区域边界路由器）

ACL（Access Control List，访问控制列表）

AFI（Address Family Identifier，地址族标识符）

AH（Authentication Header，认证报头）

AP（Access Point，接入点）

API（Application Programming Interface，应用程序编程接口）

APN（Application-aware Networking，应用感知网络）

APN6（Application-aware IPv6 Networking，应用感知的 IPv6 网络）

App（Application，应用程序）

AR（Augmented Reality，增强现实）

ARP（Address Resolution Protocol，地址解析协议）

AS（Autonomous System，自治系统）

ASBR（Autonomous System Boundary Router，自治系统边界路由器）

ASIC（Application Specific Integrated Circuit，专用集成电路）

ATM（Asynchronous Transfer Mode，异步传输模式）

BFR（Bit Forwarding Router，比特转发路由器）

BFR-ID（Bit Forwarding Router Identifier，比特转发路由器标识符）

BFR-NBR（BFR-Neighbor，BFR 邻居）

BGP（Border Gateway Protocol，边界网关协议）

BIER（Bit Index Explicit Replication，基于比特索引的显式复制）

BIERv6（Bit Index Explicit Replication IPv6 Encapsulation，IPv6 封装的比特索引显式复制）

BIFT（Bit Index Forwarding Table，比特索引转发表）

BIRT（Bit Index Routing Table，比特索引路由表）

BoS（Bottom of Stack，栈底）

BSL（BitString Length，BitString 长度）

CCSA（China Communications Standards Association，中国通信标准化协会）

CE（Customer Edge，客户边界）

CERNET（China Education and Research Network，中国教育和科研计算机网）

CLNP（ConnectionLess Network Protocol，无连接网络协议）

CPU（Central Processing Unit，中央处理器）

CRC（Cyclic Redundancy Check，循环冗余校验）

CSPF（Constrained Shortest Path First，带有约束条件的最短路径优先）

DAD（Duplicate Address Detection，重复地址检测）

DetNet（Deterministic Networking，确定性网络）

DHCP（Dynamic Host Configuration Protocol，动态主机配置协议）

DHCPv6（Dynamic Host Configuration Protocol for IPv6，IPv6 动态主机配置协议）

DM（Dense Mode，密集模式）

DMZ（Demilitarized Zone，非军事区）

DNS（Domain Name System，域名系统）

DDoS（Distributed Denial of Service，分布式拒绝服务）

EBGP（External BGP，外部 BGP）

ECMP（Equal-Cost Multi-Path routing，等价多路径路由）

EGP（Exterior Gateway Protocol，外部网关协议）

eMBB（enhanced Mobile Broadband，增强型移动宽带）

ESL（Electronic Shelf Label，电子价签）

ESP（Encapsulating Security Payload，封装安全载荷）

F-BM（Forwarding BitMask，转发位掩码）

FEC（Forwarding Equivalence Class，等价转发类）

FIB（Forwarding Information Base，转发信息表）

Flex-Algo（Flexible Algorithm，灵活算法）

FlexE（Flexible Ethernet，灵活以太网）

FQ（Flow Queue，流队列）

FRR（Fast ReRoute，快速重路由）

FTP（File Transfer Protocol，文件传输协议）

FW（Firewall，防火墙）

GE（Gigabit Ethernet，千兆以太网）

GPS（Global Positioning System，全球定位系统）

GQ（Group Queue，用户组队列）

GRE（Generic Routing Encapsulation，通用路由封装）

GSMA（Global System for Mobile communications Association，全球移动通信系统协会）

GTSM（Generalized TTL Security Mechanism，通用 TTL 安全保护机制）

GUA（Global Unicast Address，全球单播地址）

HBH（Hop-by-Hop Options Header，逐跳选项报头）

HMAC（Hash-based Message Authentication Code，散列信息认证码）

HQoS（Hierarchical Quality of Service，层次化服务质量）

IANA（Internet Assigned Numbers Authority，互联网数字分配机构）

IBGP（Internal BGP，内部 BGP）

ICMP（Internet Control Message Protocol，网际控制报文协议）

ICMPv6（Internet Control Message Protocol for the IPv6，IPv6 网际控制报文协议）

ICT（Information and Communication Technology，信息和通信技术）

IEEE（Institute of Electrical and Electronics Engineers，电气和电子工程师协会）

IETF（Internet Engineering Task Force，因特网工程任务组）

IGMP（Internet Group Management Protocol，网际组管理协议）

IGP（Interior Gateway Protocol，内部网关协议）

IKE（Internet Key Exchange，因特网密钥交换）

INT（In-band Network Telemetry，带内网络遥测）

IOAM（In-band Operation，Administration and Maintenance，带内操作管理和维护）

IoT（Internet of Things，物联网）

IP FPM（IP Flow Performance Measurement，IP 流性能监控）

IP（Internet Protocol，网际协议）

IPS（Intrusion Prevention System，入侵防御系统）

IPSec（Internet Protocol Security，IP 安全）

IPSG（IP Source Guard，IP 源防护）

IPv4（Internet Protocol Version 4，网际协议版本 4）

IPv6（Internet Protocol Version 6，网际协议版本 6）

IS（Intermediate System，中间系统）

IS-IS（Intermediate System-to-Intermediate System，中间系统到中间系统）

ISO（International Organization for Standardization，国际标准化组织）

ISP（Internet Service Provider，互联网服务提供商）

IT（Information Technology，信息技术）

ITU（International Telecommunication Union，国际电信联盟）

LAN（Local Area Network，局域网）

LDP（Label Distribution Protocol，标签分发协议）

LLA（Link-Local Address，链路本地地址）

LLDP（Link Layer Discovery Protocol，链路层发现协议）

LSA（Link Status Advertisement，链路状态通告）

LSDB（Link-State Database，链路状态数据库）

LSP（Label Switched Path，标签交换路径）

LSP（Link-State Packet，链路状态报文）

LSR（Label Switch Router，标签交换路由器）

MAC（Media Access Control，媒体访问控制）

MAN（Metropolitan Area Network，城域网）

MLD（Multicast Listener Discovery，组播侦听者发现）

mMTC（massive Machine Type Communication，大规模机器通信）

MP_REACH_NLRI（Multi-Protocol Reachable Network Layer Reachability Information，多协议可达 NLRI）

MP_UNREACH_NLRI（Multi-Protocol Unreachable Network Layer Reachability Information，多协议不可达 NLRI）

MP-BGP（Multi-Protocol Extensions for Border Gateway Protocol，支持多协议扩展的BGP）

MPLS（Multi-Protocol Label Switching，多协议标签交换）

MTU（Maximum Transmission Unit，最大传输单元）

NA（Neighbor Advertisement，邻居通告）

NAC（Network Access Control，网络接入控制）

NAT（Network Address Translation，网络地址转换）

NDP（Neighbor Discovery Protocol，邻居发现协议）

NET（Network Entity Title，网络实体名称）

NETCONF（Network Configuration Protocol，网络配置协议）

NLPID（Network Layer Protocol Identifier，网络层协议标识符）

NLRI（Network Layer Reachability Information，网络层可达性信息）

NQA（Network Quality Analysis，网络质量分析）

NS（Neighbor Solicitation，邻居请求）

NSAP（Network Service Access Point，网络服务接入点）

NTP（Network Time Protocol，网络时间协议）

OAM（Operation，Administration and Maintenance，操作、管理和维护）

OIF（Optical Internetworking Forum，光互联网论坛）

OSI（Open System Interconnection，开放系统互连）

OSPF（Open Shortest Path First，开放式最短路径优先）

OUI（Organizationally Unique Identifier，组织唯一标识符）

P（Provider，服务提供商）

P2P（Point-to-Point，点到点类型）

PA（Provider-Aggregated，提供商可聚合）

PC（Personal Computer，个人计算机）

PDU（Protocol Data Unit，协议数据单元）

PE（Provider Edge，提供商边缘）

PI（Provider-Independent，提供商无关）

PIM（Protocol Independent Multicast，协议无关组播）

PMTUD（Path MTU Discovery，Path MTU发现）

PoE（Power over Ethernet，以太网供电）

PPP（Point-to-Point Protocol，点对点协议）

QoS（Quality of Service，服务质量）

RA（Router Advertisement，路由器通告）

RD（Route Distinguisher，路由区分码）

RFID（Radio Frequency Identification，射频识别）

RH（Routing Header，路由报头）

RIP（Routing Information Protocol，路由信息协议）

RIPng（RIP next generation，下一代RIP）

RIR（Regional Internet Registry，区域互联网注册）

Router-ID（Router Identification，路由器标识符）

RPF（Reverse Path Forwarding，反向路径转发）

RR（Route Reflector，路由反射器）

RS（Router Solicitation，路由器请求）

RSVP-TE（Resource Reservation Protocol for Traffic Engineering，基于流量工程扩展的资源预留协议）

RT（Route Target，路由目标）

SAFI（Subsequent Address Family Identifier，后续地址族标识符）

SDN（Software-Defined Networking，软件定义网络）

SID（Segment Routing Identifier，分段标识符）

SLA（Service Level Agreement，服务等级协议）

SLA（Site Local Address，站点本地地址）

SLAAC（StateLess Address Auto Configuration，无状态地址自动配置）

SM（Sparse Mode，稀疏模式）

SNMP（Simple Network Management Protocol，简单网络管理协议）

SPF（Shortest Path First，最短路径优先）

SQ（Subscriber Queue，用户队列）

SR（Segment Routing，分段路由）

SRH（Segment Routing Header，分段路由报头）

STA（Station，工作站）

STP（Spanning Tree Protocol，生成树协议）

TCP（Transmission Control Protocol，传输控制协议）

TDM（Time-Division Multiplexing，时分复用）

TE（Traffic Engineering，流量工程）

TEDB（TE DataBase，流量工程数据库）

TI-LFA（Topology-Independent Loop-free Alternate，拓扑无关无环路备份）

TLV（Type-Length-Value，类型 - 长度 - 值）

TSN（Time Sensitive Networking，时间敏感性网络）

TTL（Time To Live，生存时间）

TWAMP（Two-Way Active Measurement Protocol，双向主动测量协议）

UDP（User Datagram Protocol，用户数据报协议）

ULA（Unique Local Address，唯一本地地址）

URL（Uniform Resource Locator，统一资源定位符）

URLLC（Ultra-Reliable Low-Latency Communication，超高可靠超低时延通信）

VI（Virtual Interface Queue，虚拟口队列）

VLAN（Virtual Local Area Network，虚拟局域网）

VLANIF（VLAN Interface，VLAN接口）

VM（Virtual Machine，虚拟机）

VPN（Virtual Private Network，虚拟专用网）

VR（Virtual Reality，虚拟现实）

VRF（Virtual Routing and Forwarding，虚拟路由转发）

VXLAN（Virtual eXtensible Local Area Network，虚拟扩展局域网）

WAC（Wireless Access Controller，无线接入控制器）

WAN（Wide Area Network，广域网）

WLAN（Wireless Local Area Network，无线局域网）